Mathe, Märkte und Millionen

Mathe, Märkte und Millionen

Ralf Korn · Bernd Luderer

Plaudereien über Finanzmathematik
zum Mitdenken und Mitrechnen

2., erweiterte Auflage

 Springer

Ralf Korn
Fachbereich Mathematik
TU Kaiserslautern
Kaiserslautern, Deutschland

Bernd Luderer
Fakultät für Mathematik
TU Chemnitz
Chemnitz, Deutschland

ISBN 978-3-658-23716-5   ISBN 978-3-658-23717-2   (eBook)
https://doi.org/10.1007/978-3-658-23717-2

Die Deutsche Nationalbibliothek verzeichnet diese Publikation in der Deutschen National-
bibliografie; detaillierte bibliografische Daten sind im Internet über http://dnb.d-nb.de abrufbar.

Einbandabbildung: © https://stock.adobe.com/de/images/blue-chart/22813553?prev_url=detail

Springer ist ein Imprint der eingetragenen Gesellschaft Springer Fachmedien Wiesbaden GmbH
und ist ein Teil von Springer Nature
Die Anschrift der Gesellschaft ist: Abraham-Lincoln-Str. 46, 65189 Wiesbaden, Germany

Den beiden kritischsten Lesern, unseren Ehefrauen,
in Dankbarkeit gewidmet

Vorwort

Mathematik – abstrakt, staubtrocken, realitätsfern, unverständlich und nichts für Sie? Falsch, ganz falsch! Das ist ein absolut unzutreffendes Klischee. Gerade die angewandte Mathematik hält viele überaus spannende und praxisrelevante Fragestellungen bereit. Dass sich die Beschäftigung mit ihnen lohnt, soll dieses Büchlein zeigen. In fünf Dutzend Geschichten sollen Sie, lieber Leser, in lockerer und dennoch mathematisch exakter Weise in die bunte Welt der Finanzmathematik und der Finanzmärkte entführt werden.

An Mathematikkenntnissen wird lediglich Schulwissen vorausgesetzt, nur in wenigen Erzählungen sind Grundkenntnisse der Differenzialrechnung von Vorteil. Mitdenken und Mitrechnen sind ausdrücklich erwünscht. Die Geschichten sind weitgehend unabhängig voneinander, denn das vorliegende Buch will kein Lehrbuch sein. Häufig benötigte Formeln, ein Glossar sowie einführende Literatur sind am Ende des Buches zusammengestellt, während speziellere Quellen in den einzelnen Erzählungen zu finden sind. Die zweite Auflage wurde um zahlreiche Geschichten zur Portfoliooptimierung und Versicherungsmathematik sowie um einen Theorieteil erweitert. Für diese Geschichten sind Grundkenntnisse der Wahrscheinlichkeitsrechnung vorteilhaft, wie sie im Anhang bereitgestellt werden.

Unser Dank gilt Dr. A. Börsch und G. Schallenkamp für sorgfältiges Lesen des Manuskripts, technische Hilfestellung und zahlreiche nützliche Hinweise. Dem Verlag Springer Spektrum sind wir dankbar für die Aufnahme des Werkes in das Verlagsprogramm.

Ralf Korn, Kaiserslautern
Bernd Luderer, Chemnitz   Oktober 2018

Inhaltsverzeichnis

Produkte und Strategien – moderne Finanzmathematik   91

Nur Rechte und keine Pflichten – Optionen   141

Die Mischung macht's – Portfoliotheorie   185

Teil 1

Lotto spielen, Löwen fangen, Steuern zahlen – elementare Mathematik

1 »Wir schenken Ihnen die Mehrwertsteuer!« Wie groß ist der gewährte Rabatt wirklich?

Das Ehepaar Wagner sieht sich nach neuen Wohnzimmermöbeln um. Am Einrichtungshaus prangt ein riesiges Werbebanner:

> *Wir schenken Ihnen die Mehrwertsteuer auf Ihren Möbelkauf!*

»Das kommt uns gerade recht«, freut sich Frau Wagner, »da können wir 19 % sparen. Ausgezeichnet!«

»Da steckt bestimmt ein Trick dahinter.« Herr Wagner ist skeptisch. »Die ziehen bestimmt nicht einfach 19 % vom Verkaufspreis ab. Ich werde zu Hause einmal nachrechnen.«

Angenommen, ein Möbelstück kostet P Euro. Dann beträgt sein Preis abzüglich der Mehrwertsteuer von 19 % nur noch $P_1 = \frac{P}{1{,}19}$, denn schlägt man die Mehrwertsteuer auf diesen niedrigeren Betrag wieder drauf, ergibt sich gerade $P_1 + \frac{19}{100} \cdot P_1 = 1{,}19 P_1 = P$. Will man nun den Rabatt r berechnen, der hinter der Werbeaktion steckt, hat man vom Ansatz $P_1 = P \cdot (1 - r)$ auszugehen, was auf die Beziehung $P(1 - r) = \frac{P}{1{,}19}$ und nach Kürzen mit P auf $1 - r = \frac{1}{1{,}19}$ bzw.

$$r = 1 - \frac{1}{1{,}19} = \frac{1{,}19 - 1}{1{,}19} = \frac{0{,}19}{1{,}19} = 0{,}1597 = 15{,}97\,\%$$

führt.

»Ich habe es doch gewusst«, triumphiert Herr Wagner, »ein Trick ist dabei, 19 % sind es nicht, es sind nur knapp 16 %.«

»Aber 16 % sind doch auch nicht schlecht«, beschwichtigt ihn seine Gattin.

»Ja, schon. Aber es sind keine 19 %, wie einem suggeriert wird«, grummelt Herr Wagner. Irgendwie ist er trotzdem unzufrieden.

© Springer Fachmedien Wiesbaden GmbH, ein Teil von Springer Nature 2019
R. Korn und B. Luderer, *Mathe, Märkte und Millionen*,
https://doi.org/10.1007/978-3-658-23717-2_1

2 Jede Woche Millionen, aber nicht für mich. Sechs Richtige im Lotto

»Das glaube ich nicht! Seit wann interessierst du dich für die Lottozahlen?« Mein Freund Peter hat normalerweise großes Interesse am Börsengeschehen und vor allem an systematischen Gewinnen. Dass gerade er mir etwas von der Ziehung der Lottozahlen am letzten Samstag erzählte, war für mich so unwahrscheinlich wie, äh, ein Sechser im Lotto.

»Na ja, der Jackpot wurde geknackt. Und das auch noch mit den Zahlen 34, 35, 36, 40, 41, 42. Das gibt es doch gar nicht!«

»Also, dass der Jackpot geknackt wird, ist doch nichts Besonderes. Und außerdem ist jede x-beliebige Zahlenkombination für den Hauptgewinn gleich wahrscheinlich«, provozierte ich Peter ein wenig.

In der Tat ist z. B. die Kombination $1, 2, 3, 4, 5, 6$ genau so wahrscheinlich wie jede beliebige andere, fest vorgegebene Zahlenkombination. Beim Spiel »6 aus 49« ergeben sich für die erste Kugel 49 Möglichkeiten, gezogen zu werden. Da die gezogene Kugel nicht mehr zurückgelegt wird, ergeben sich für die zweite Kugel dann noch 48, für die dritte 47, die vierte 46, die fünfte 45 und die sechste schließlich noch 44 Möglichkeiten. Da sie frei kombiniert werden können, gibt es immerhin

$$49 \cdot 48 \cdot 47 \cdot 46 \cdot 45 \cdot 44 = 10.068.347.520$$

Möglichkeiten, die wir bei der Ziehung der Lottozahlen beobachten können.

© Springer Fachmedien Wiesbaden GmbH, ein Teil von Springer Nature 2019
R. Korn und B. Luderer, *Mathe, Märkte und Millionen*,
https://doi.org/10.1007/978-3-658-23717-2_2

»Moment mal, ich dachte immer, es seien nur etwa 14 Millionen Möglichkeiten«, warf Peter ein.

»Das stimmt, denn oben habe ich die beiden Fälle als unterschiedlich gezählt, ob z. B. zuerst die 34 und dann die 40 gezogen wurde oder umgekehrt. Da das für den Gewinn aber egal ist, muss man noch durch die Anzahl der Anordnungen der sechs Zahlen auf die sechs Plätze bei der Ziehung teilen. Wir haben also

$$\frac{10.068.347.520}{6 \cdot 5 \cdot 4 \cdot 3 \cdot 2 \cdot 1} = 13.983.816$$

mögliche Kombinationen der Zahlen 1 bis 49, die gezogen werden können.[1] Die Wahrscheinlichkeit, die richtigen Zahlen zu treffen, beträgt damit lediglich 0,000 0072 %. Das heißt dann aber auch, dass wir jedes Wochenende etwas extrem Unwahrscheinliches beobachten«, stellte ich fest.

Peter protestierte: »Ich meinte etwas anderes. Zweimal drei Zahlen nacheinander. Das kommt doch wirklich selten vor, oder?«

»Na ja, auf alle Fälle häufiger als jede Kombination für sich genommen. Aber ich weiß, was Du meinst. Die Wahrscheinlichkeit ist gering, da es unter den knapp 14 Millionen Möglichkeiten nur 990 Stück gibt, die diese Eigenschaft besitzen. Dabei habe ich auch die 44 Möglichkeiten mitgezählt, wo alle 6 Zahlen direkt nacheinander folgen.[2]

»Wusste ich doch, dass es selten ist!«, war Peter zufrieden.

»Ja, stimmt. Und es gibt noch drei interessante Dinge beim Lotto zu erwähnen. Zum einen gibt es tatsächlich fast jedes Wochenende

---

[1] Der Leser, der sich mit *Binomialkoeffizienten* auskennt, bemerkt, dass es sich hier gerade um den Ausdruck $\binom{n}{k}$, gesprochen „n über k", mit $n = 49$ und $k = 6$ handelt.

[2] Man versuche einfach, die Möglichkeiten abzuzählen: So gibt es zu (1; 2; 3) noch 44 weitere solche möglichen Tripel, während es beispielsweise für die Kombination (23, 24, 25) nur noch die Möglichkeiten (26, 27, 28), (27, 28, 29), ...,(47, 48, 49) gibt, die wir noch nicht gezählt haben. Insgesamt kommt man so auf $44 + 43 + \ldots + 2 + 1 = 990$ mögliche Kombinationen unterschiedlicher Tripel.

mindestens einen Hauptgewinner, was daran liegt, dass halt so viele Personen mitspielen und deshalb auch fast alle 14 Millionen Möglichkeiten getippt werden. Als Zweites sollte ich sagen, dass Lotto für die Gesamtheit ein unfaires Spiel ist, da deutlich weniger ausgeschüttet wird, als eingezahlt wurde. Selbst wenn alle Teilnehmer gewinnen würden, würden die Einzelgewinnsummen entsprechend reduziert. Und drittens kann man zwar seine Gewinnwahrscheinlichkeit nicht erhöhen, wohl aber seine erwartete Gewinnsumme.«

»Hoppla, das klingt nach Strategie. Das will ich hören!« Peter war wieder hellwach!

© M. Schuppich/stock.adobe.com

»Viele Lottospieler kreuzen ihre Glückszahlen an. Meist ist das Geburtsdatum dabei. Das heißt aber auch, dass die Zahlen von 1 bis 31 besonders häufig getippt werden. Bei einer Ziehung mit relativ niedrigen Zahlen muss man daher seinen Gewinn mit vielen Mitspielern teilen. Dann gibt es für einen Sechser auch nicht mehrere Millionen, wenn der Gewinn überhaupt eine Million beträgt.«

3 Wo ist mein Geld nur geblieben? Verlustausgleich nach Kursrutsch

*Nur weil eine Aktie bereits fiel, heißt das noch
nicht, dass sie nicht noch weiter fallen kann.*

Börsenweisheit

Herr Obermayr reibt sich verdutzt die Augen: »Jesses Maria!« Da war er dem Rat des Börsengurus Kostolany »Aktien kaufen, liegen lassen, ruhig schlafen« gefolgt, hatte sich Solaraktien gekauft, anschließend eine Weltreise unternommen und sich nicht mehr um die Aktienkurse gekümmert. Und nun das – gerade einmal 12 % des ursprünglichen Kaufpreises sind seine Aktien noch wert. Schöne Bescherung! 200 Euro pro Stück hatte er bezahlt, nun liegt der Kurs nur noch bei 24 Euro.

Er hatte noch die Worte seines Spezis Niedermayr im Ohr: »Die Börsen atmen. Also keine Sorge, wenn eine Aktie einmal um 3 % fällt. Irgendwann steigt sie wieder um 3 % und alles gleicht sich aus.« Der hatte gut reden, von wegen 3 %. Die Solaraktien waren um 88 % gefallen! Wer weiß, ob sie jemals wieder um 88 % steigen? Augenblick mal …

Was passiert denn überhaupt, wenn sie um 88 % steigen? Herr Obermayr rechnet und rechnet: Irgendetwas kann nicht stimmen. Hat ihm sein Freund die Unwahrheit gesagt? Wenn der Kurs von 24 Euro um 88 % ansteigt, so liegt der neue Kurs ja gerade einmal bei

$$24 \cdot \left(1 + \frac{88}{100} \right) = 24 \cdot 1{,}88 = 45{,}12 \quad [\text{Euro}].$$

Das ist ja meilenweit von 200 Euro entfernt! So ist das, wenn man auf den Rat der Freunde oder »Experten« hört.

Herr Obermayr seufzt und macht sich ans Rechnen. Angenommen, der Kaufpreis beträgt P und der Kurs fällt um S Prozent. Setzt man

© Springer Fachmedien Wiesbaden GmbH, ein Teil von Springer Nature 2019

R. Korn und B. Luderer, *Mathe, Märkte und Millionen*,

https://doi.org/10.1007/978-3-658-23717-2_3

$s = \frac{S}{100}$, so liegt der neue Kurs bei $P_1 = (1 - s)P$. Nun ist der prozentuale Wachstumsfaktor G gesucht, um den der Kurs wieder ansteigen muss. Mit der Bezeichnung $g = \frac{G}{100}$ führt das auf den Ansatz

$$P_2 = (1 + g)P_1 = (1 + g)(1 - s)P \stackrel{!}{=} P.$$

Nach Division durch P und kurzer Umformung erhält man

$$g = \frac{s}{1 - s} \quad \text{bzw.} \quad G = \frac{100S}{100 - S}.$$

Damit ergeben sich beispielsweise die folgenden Werte:

S	5	10	20	50
G	5,26	11,11	25	100

»Um wie viel Prozent muss denn nun der Kurs meiner Aktien, die um 88 % gefallen sind, steigen?«, überlegt Herr Obermayr, und erhält nach kurzer Rechnung ... 733,33 %. Oh je! Ob das wirklich irgendwann passiert?[3]

Obwohl nun seine konkrete Frage beantwortet ist, grübelt Herr Obermayr weiter. »Der Niedermayr, der ist doch kein Dummer. Hat er eventuell doch recht damit, dass sich ein Kursverlust und Anstieg um denselben Prozentsatz ausgleichen, aber nur, wenn die Schwankung gering ist?«

Er probiert: Der Kurs sei 100 und soll um 1 % sinken. Dann beträgt er 99. Steigt er nun wieder um 1 %, so liegt er bei 99,99, was so gut wie 100 ist. Sinkt er um 3 % und steigt dann wieder, so rutscht er zunächst auf 97 und wächst anschließend auf 99,91. »Ja, der Niedermayr scheint recht zu haben. Der is scho a ganz a G'scheiter.«

---

[3]Selbst wenn der Aktienkurs wieder auf den ursprünglichen Stand ansteigt, erleidet Herr Obermayr einen Verlust durch entgangene Zinsen aus einer risikolosen Festzinsanlage, die er alternativ hätte tätigen können.

Der Grund liegt darin, dass für kleine x-Werte die Beziehung

$$(*) \qquad \frac{1}{1+x} \approx 1 - x$$

gilt.[4] Damit lässt sich – zumindest für Werte von s nahe null – der Quotient $\frac{1}{1+s}$ durch die Differenz $1-s$ ersetzen. Daher kann man die Division, die praktisch nur schriftlich oder mit Taschenrechner durchführbar ist, durch die Subtraktion ersetzen. Es lebe das Kopfrechnen!

Zurück zum Kursrutsch. Wenn also der Aktienkurs von P auf $\frac{P}{1+s}$ sinkt, so ist das ungefähr gleich $P(1-s)$. Steigt dieser Wert dann wieder um S Prozent, gilt

$$P_{\text{neu}} = P(1-s)(1+s) = P(1-s^2) \approx P,$$

da s^2 eine sehr kleine Zahl ist.

Übrigens nutzten die Kaufleute im Mittelalter beim sog. *kaufmännischen Diskontieren* genau die Beziehung $(*)$ aus, indem sie die Zinsen vom Endwert abzogen, anstatt zu dividieren (vgl. Grundformel (2)):

$$K_0 = K_t \cdot (1 - it) \approx \frac{K_t}{1+it}.$$

Wurde beispielsweise eine Rückzahlung von $1\,000$ Talern in einem halben Jahr bei $4\,\%$ jährlichen Zinsen vereinbart, so betrug die bar auszuzahlende Summe $B = 1\,000 \cdot (1 - 0{,}04 \cdot \tfrac{1}{2}) = 980$ Taler.[5]

---

[4] Diese ergibt sich aus der *Taylorentwicklung* der Funktion $f(x) = \frac{1}{1+x}$ in einer Umgebung des Punktes $x_0 = 0$ bzw. – äquivalent – aus der Gleichung der Tangente an den Graphen der Funktion f im Punkt $(0, f(0))$. Beide lauten: $l(x) = f(0) + f'(0) \cdot (x-0) = 1 - x$.

[5] Bei linearer Abzinsung hätten $\frac{1\,000}{1{,}02} = 980{,}39$ Taler ausgezahlt werden müssen.

4 Wie fängt man einen Löwen? Intervallhalbierung zur Nullstellenbestimmung

> *Die Wüste wird in Nord-Süd-Richtung durch einen Zaun halbiert.
> Dann sitzt der Löwe entweder in der westlichen oder östlichen Hälfte
> der Wüste. Angenommen, er befindet sich in der westlichen Hälfte.
> Nun wird der westliche Teil durch einen Zaun in Ost-West-Richtung
> halbiert. Dann ist der Löwe entweder im nördlichen oder im südlichen
> Teil. Fährt man auf diese Weise fort, so streben die Seitenlängen
> der bei diesem Halbierungsprozess entstehenden Teile gegen null. Auf
> diese Weise wird der Löwe schließlich von einem Zaun beliebig kleiner
> Länge eingegrenzt.*
>
> *Bolzano-Weierstraß-Methode[6] zum Fangen eines Löwen*
> *Mathematikerwitz*

Nanu, wird sich der Leser fragen. Was hat denn ein Löwe mit Mathematik zu tun?[7]

Nehmen wir den Löwen als Synonym für die Nullstelle einer stetigen Funktion, beispielsweise eines Polynoms höheren Grades[8], das sehr oft bei der Renditeberechnung in der Finanzmathematik vorkommt, kommen wir der Sache schon viel näher. Es verhält sich nämlich so: Entgegen dem weit verbreiteten Eindruck, mit einfachen Umformungen oder Formeln könne man alles lösen, ist dem bei Weitem nicht so. Oftmals muss man zu *numerischen Methoden*, sprich »schlauem Probieren«, greifen.

In vielen Situationen benötigt man die Nullstellen einer stetigen Funktion f, also solche Werte x, für die $f(x) = 0$ gilt. Das sind genau die Punkte, wo der Graph der Funktion f die x-Achse schneidet. Wie

---

[6] Bernardus Placidus Johann Nepomuk Bolzano (1781–1848), böhmisch-österreichischer katholischer Priester, Philosoph und Mathematiker; Karl Theodor Wilhelm Weierstraß (1815–1897), deutscher Mathematiker.

[7] Übrigens findet man auf der Website www.uwenowak.de/humor/loewe.xhtml zahlreiche weitere spannende »Löwenfangmethoden«.

[8] Der Leser kann sich $f(x) = x^{11} - 25x^{10} + 3x^2 - 7x + 5$ als Beispiel vorstellen.

© Springer Fachmedien Wiesbaden GmbH, ein Teil von Springer Nature 2019
R. Korn und B. Luderer, *Mathe, Märkte und Millionen*,
https://doi.org/10.1007/978-3-658-23717-2_4

bereits erwähnt, ist die Funktion f in der Finanzmathematik in der Regel ein Polynom.

Beginnen wir mit den Polynomen 1. Grades, den linearen Funktionen

$$y = f(x) = a_0 + a_1 x,$$

die in der grafischen Darstellung Geraden darstellen. Zur Berechnung der (für $a_1 \neq 0$ einzigen) Nullstelle hat man $a_0 + a_1 x = 0$ zu setzen und nach x aufzulösen, was für $a_1 \neq 0$ möglich und auch ganz einfach ist: $x = -\frac{a_0}{a_1}$.

Auch für die quadratische Funktion $y = f(x) = a_0 + a_1 x + a_2 x^2$ mit $a_2 \neq 0$ lassen sich für die Gleichung $f(x) = 0$ bzw. (nach kurzer Umformung) für die Beziehung[9]

$$x^2 + px + q = 0$$

mithilfe der aus der Schule gut bekannten Lösungsformel die maximal zwei reellen Nullstellen bestimmen:

$$x_{1,2} = -\frac{p}{2} \pm \sqrt{\frac{p^2}{4} - q}.$$

Ist der Radikand $D = \frac{p^2}{4} - q$ gleich null, gibt es nur eine Nullstelle, für $D < 0$ keine.

Auch für Polynome 3. und 4. Grades gibt es Lösungsformeln, die aber derart kompliziert sind, dass sie praktisch von niemandem tatsächlich angewendet werden. Für Polynomfunktionen fünften und höheren Grades existieren prinzipiell keine Lösungsformeln, wie der Norweger Niels Henrik Abel Anfang des 19. Jahrhunderts zeigte. Man ist daher auf numerische Verfahren wie zum Beispiel die Intervallhalbierungsmethode angewiesen.

---

[9]Hierbei gilt $p = \frac{a_1}{a_2}$ und $q = \frac{a_0}{a_2}$.

Nun nähern wir uns auch wieder unserem Löwen, aber ganz vorsichtig, er könnte angreifen. Wir begeben uns auf die Pirsch, um den Löwen (sprich, die Nullstelle) einzukreisen. Dabei haben wir es einfacher als oben beschrieben, denn unsere Suche verläuft jetzt nur entlang einer Geraden, ist daher nur eindimensional. Zunächst stellen wir eine Wertetabelle auf: Für ausgewählte x-Werte werden die zugehörigen y-Werte berechnet. Mitunter hat man eine Vermutung, wo der Löwe, pardon, die Nullstelle, liegen könnte. In der Finanzmathematik beispielsweise weiß man, dass der sog. Aufzinsungsfaktor $q = 1 + i$ mit dem Zinssatz i knapp über 1 liegt, mithin zwischen 1 und 2, denn Zinssätze haben im Normalfall eine Größenordnung von 1, 2, 5 oder 8 %, betragen also 0,01 oder vielleicht 0,08.

Nehmen wir nun an, unsere Suche war erfolgreich, und wir haben einen Wert x_L gefunden, für den $f(x_L) < 0$ gilt, sowie einen weiteren Wert x_R mit $f(x_R) > 0$. Da Polynome keine Sprünge aufweisen, muss also der Graph der Funktion f zwischen x_L und x_R mindestens einmal die x-Achse schneiden.[10] Wir haben den Löwen umstellt. Er sitzt in der Falle!

Nun wollen wir ihn in die Enge treiben. Zu diesem Zweck berechnen wir den Funktionswert im Mittelpunkt x_M des Intervalls $[x_L, x_R]$:

$$x_M = \frac{1}{2}(x_L + x_R).$$

Ist $f(x_M) = 0$, so haben wir den Löwen gefangen: x_M ist eine Nullstelle. Gilt aber $f(x_M) > 0$, so lauert der Löwe im nunmehr halb so großen Intervall $[x_L, x_M]$, für $f(x_M) < 0$ hingegen in $[x_M, x_R]$. In beiden Fällen wissen wir genau, in welcher Intervallhälfte der Löwe sitzt. Bei Wiederholung dieses Prozesses wird in jedem Schritt die Länge des Intervalls, in dem sich die Nullstelle befindet, halbiert. Damit wird der Löwe immer mehr eingekreist. Je länger man rechnet, umso genauer lässt sich die Nullstelle bestimmen und folglich jede gewünschte Genauigkeit erreichen.

---

[10]Dies gilt nicht nur für Polynome, sondern für beliebige stetige Funktionen.

Die beschriebene »Jagdmethode« soll nun am Beispiel der Funktion

$$f(i) = 96 - \frac{1}{(1+i)^8} \cdot \left[4 \cdot \frac{(1+i)^8 - 1}{i} + 100 \right]$$

demonstriert werden, deren Nullstelle i wir suchen. Diese Funktion entsteht nach kurzer Umformung aus der Kursformel

$$96 = \frac{1}{(1+i)^8} \cdot \left[4 \cdot \frac{(1+i)^8 - 1}{i} + 100 \right]$$

einer Anleihe (vgl. Grundformel (14)), die eine Laufzeit von $n = 8$ Jahren, einen Kupon von $4\,\%$ und einen (Unter-pari-)Kurs von 96 aufweist. Damit weiß der Finanzmarktexperte sofort, dass die Rendite der Anleihe höher als $4\,\%$ sein muss. Vielleicht $5\,\%$?

Wir setzen $x_L = 0{,}04$ und $x_R = 0{,}06$. Dann ergibt sich

$$f(x_L) = -4{,}000 < 0 \qquad \text{und} \qquad f(x_R) = 8{,}4196 > 0$$

und der Löwe wurde bereits lokalisiert: Er sitzt zwischen 0,04 und 0,06. Im Mittelpunkt $x_M = 0{,}05$ gilt $f(x_M) = 2{,}4632 > 0$. Also liegt die Nullstelle im linken Teilintervall $[0{,}04; 0{,}05]$. Der neue Mittelpunkt ist $x_M = 0{,}045$ und besitzt einen Funktionswert von $f(x_M) = -0{,}7021$, sodass die Nullstelle rechts davon liegt. Im nächsten Schritt erhalten wir den Mittelpunkt $x_M = \frac{1}{2} \cdot (0{,}045 + 0{,}05) = 0{,}0475$.

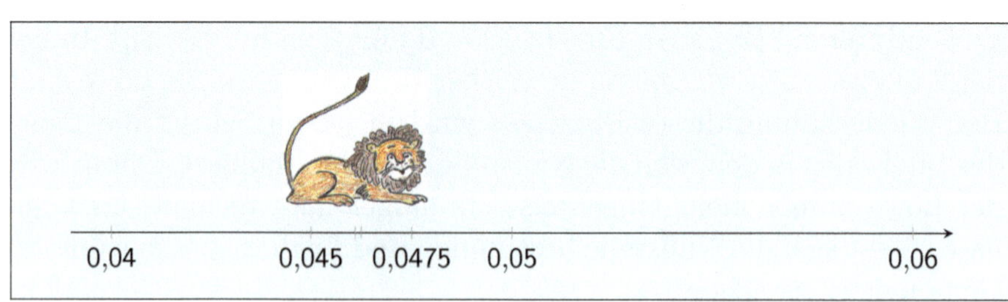

Abb. 1: Der »Löwe« ist gefangen

Dazu gehört der Funktionswert $f(x_M) = 0{,}8678$. Nach der Berechnung des Funktionswertes im neuen Mittelpunkt

$$x_M = \frac{1}{2} \cdot (0{,}045 + 0{,}0475) = 0{,}046\,25,$$

der $0{,}1015$ beträgt und schon nahezu null ist, stoppen wir den Prozess: Die Nullstelle liegt bei ungefähr $4{,}6\,\%$. Benötigt man eine höhere Genauigkeit, muss man noch ein paar Schritte weiterrechnen.[11]

Der Leser kann sich im »Löwenfangen« üben, indem er für Kevin den beim Autokauf zu erzielenden Rabatt berechnet, wenn dieser sein Geld zu $5\,\%$ angelegt hat (s. S. 65). Das Ergebnis kann anschließend mit dem dort angegebenen exakten Resultat verglichen werden.

Abschließend soll bemerkt werden, dass die Intervallhalbierung nur eines von zahlreichen numerischen Verfahren zur Nullstellenbestimmung ist. Es gibt durchaus »schlauere«, die in der Regel auch schneller sind. Erwähnt seien beispielsweise das *Sekantenverfahren* bzw. die mehrfache lineare Interpolation. Die genannten Methoden gehören zu den *ableitungsfreien* Verfahren. Andere Methoden hingegen nutzen die erste oder auch höhere Ableitungen, beispielsweise das *Tangentenverfahren* (auch *Newton-Verfahren* genannt) oder auch das *Quasi-Newton-Verfahren*. *Konvergenzuntersuchungen* werden benötigt, um Aussagen über das Funktionieren all dieser Verfahren treffen zu können, während die *Konvergenzgeschwindigkeit* etwas darüber aussagt, wie schnell eine Nullstelle gefunden wird. In Schwarz/Köckler kann man Näheres dazu finden.

Literatur:

Schwarz H. R., Köckler N.: Numerische Mathematik. 8. Aufl., Vieweg + Teubner, Wiesbaden 2011

Zeidler E. (Hrsg.): Springer-Taschenbuch der Mathematik. 3. Aufl., Springer Spektrum, Wiesbaden 2013

---

[11] Wer es genau wissen will: Bei einer Rechnung mit zwei Nachkommastellen lautet die Nullstelle $0{,}0461 = 4{,}61\,\%$.

5 »Bäumchen, wechsel dich!« Wie viele Nullstellen besitzt ein Polynom?

Die Anzahl positiver Nullstellen eines Polynoms und die Finanzmathematik – was haben sie miteinander zu tun? Sehr viel!

Gerade bei der Lösung des wahrscheinlich wichtigsten Problems der Finanzmathematik, der Ermittlung des Effektivzinssatzes bzw. der Rendite[12], trifft man immer wieder auf diese Situation:

Ein Polynom höheren Grades

$$f(x) = a_n x^n + a_{n-1} x^{n-1} + \ldots + a_2 x^2 + a_1 x + a_0$$

ist zu untersuchen, und dessen Nullstellen sind zu bestimmen. Nullstellen sind solche Werte x_0, für die $f(x_0) = 0$ gilt; dies sind die Schnittpunkte mit der x-Achse. Dabei sind die Größen $a_0, a_1, \ldots, a_n$ gegebene reelle Zahlen.

Als Beispiel kann man sich

$$(*) \qquad p(x) = x^9 - 33x^8 + 7x^6 + 15x^2 + 4x + 6$$

vorstellen.

In der Finanzmathematik steht anstelle der Variablen x meist die Größe q, der sog. *Aufzinsungsfaktor*, wobei $q = 1 + i$ gilt und i der (gesuchte) Effektivzinssatz ist. Da nun i in der Regel eine kleine Zahl ist, wie z. B. $i = 6\% = 0{,}06$ oder auch $i = -10\% = -0{,}10$ (ja, auch negative Wertentwicklungen kann es geben; man denke nur an Geldanlagen am Aktienmarkt oder in Aktien-Investmentfonds oder auch Zeiten der Deflation, in denen Anleihen zu negativen Zinssätzen

---

[12]Im Grunde genommen Synonyme, die nur in unterschiedlichem Kontext unterschiedlich verwendet werden.

ausgereicht werden[13]), sind nur positive Werte von q als potenzielle Nullstellen sinnvoll.

Von der Schule her kennt der Leser vielleicht den *Fundamentalsatz der klassischen Algebra*, entsprechend dem jedes Polynom n-ten Grades höchstens n reelle Nullstellen besitzt (im Bereich der komplexen Zahlen genau n Nullstellen, berücksichtigt man deren Vielfachheit).[14]

Schön und gut: Aber was nützt die Aussage, dass die obige Polynomfunktion p höchstens neun und damit auch maximal neun positive Nullstellen besitzt? Und welche davon entspricht dann der Rendite? Kann es gar mehrere Renditen geben?

Hier hilft uns ein weniger bekanntes Resultat von Descartes[15], die *Descartes'sche Vorzeichenregel*: Man zähle die Anzahl der Vorzeichenwechsel der Koeffizienten des Polynoms, d. h. die Übergänge von $+$ zu $-$ oder von $-$ zu $+$. Koeffizienten, die null sind, werden weggelassen und die Anzahl der Wechsel wird mit w bezeichnet. Dann besitzt das Polynom w oder $w - 2$ oder $w - 4 \ldots$ positive Nullstellen.

Betrachten wir beispielhaft die Polynomfunktion p aus der Beziehung (∗), so ergibt sich diese Vorzeichenfolge der Koeffizienten:

$$+ \quad - \quad + \quad + \quad + \quad +$$

Diese weist zwei Wechsel auf, sodass $w = 2$ gilt. Folglich besitzt p zwei oder keine positive Nullstelle(n). Diese Aussage ist zwar schon besser als die obige, die maximal neun positive Nullstellen garantierte, aber dennoch nicht perfekt. Im vorliegenden Fall hilft uns jedoch ein glücklicher Umstand weiter: Durch »scharfes Hinschauen« – ja, wenn es

---

[13]Im Januar 2013 wurden kurzlaufende Bundeswertpapiere versteigert, die für die Investoren eine negative Rendite von ca. 0,01 % erbrachten. Mit anderen Worten: Für 10 000 investierte Euro erhält der Investor nach einem Jahr lediglich 9 999 Euro zurück.

[14]Dieser berühmte Satz ist in der 1799 publizierten Dissertation von Carl Friedrich Gauß (1777–1855) enthalten.

[15]René Descartes, latinisiert Renatus Cartesius (1596–1650); französischer Philosoph, Mathematiker und Naturwissenschaftler.

funktioniert, kann das durchaus eine mathematische Lösungsmethode sein – erkennt man, dass $x = 1$ eine Nullstelle ist. Damit scheidet der Fall aus, dass es keine positive Nullstelle gibt. Fazit: Es gibt zwei positive Nullstellen.

Die Vorzeichenregel von Descartes ist in einer Reihe von Situationen nützlich, in denen man garantieren kann, das es nur eine Nullstelle und damit nur eine *Rendite* bzw. einen *internen Zinsfuß* gibt.

Situation 1 (Normalinvestition):

Der Standardfall einer Sachinvestition sieht so aus, dass einer (großen) Anfangsausgabe A_0 mehrere (kleinere oder größere) Netto-Einnahmen E_k, $k = 1, \dots, n$ gegenüberstehen, was sich durch diesen Zahlungsstrom darstellen lässt:

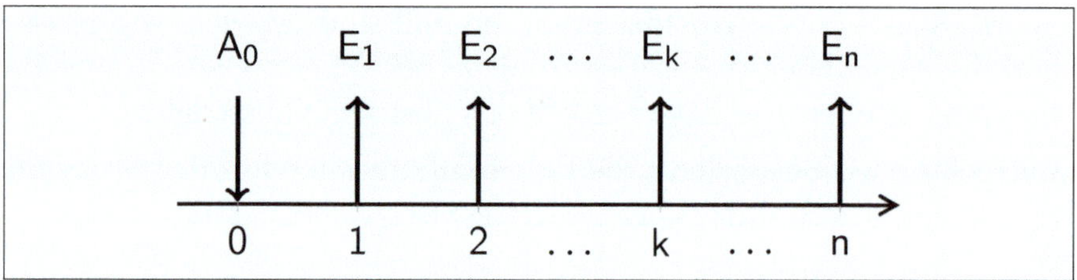

Abb. 2: Zahlungsstrom einer Normalinvestition

Dabei stellt E_k die Differenz aus den tatsächlichen Einnahmen und Ausgaben in der k-ten Periode dar, wobei der Einfachheit halber alle Zahlungen jeweils auf das Periodenende gelegt oder aufgezinst werden und positiv sein sollen.

Will man den *internen Zinsfuß* i ermitteln, hat man vom Barwertvergleich

$$A_0 = \sum_{k=1}^{n} \frac{E_k}{q^k} \quad \text{mit} \quad q = 1 + i$$

bzw. – nach Multiplikation mit dem Hauptnenner $(1 + i)^n$ – von der

Polynomgleichung

$$A_0 q^n - E_1 q^{n-1} - E_2 q^{n-2} - \ldots - E_{n-1} q - E_n = 0$$

auszugehen. Das Polynom auf der linken Seite weist nur einen Vorzeichenwechsel auf, weshalb es genau eine positive Nullstelle besitzt.

Situation 2 (Anleihe, Plain-Vanilla Bond):

Dem zu Beginn zu zahlenden Preis P stehen die jährlichen Zinszahlungen Z sowie die Schlussrückzahlung in Höhe des Nominalwertes N gegenüber:

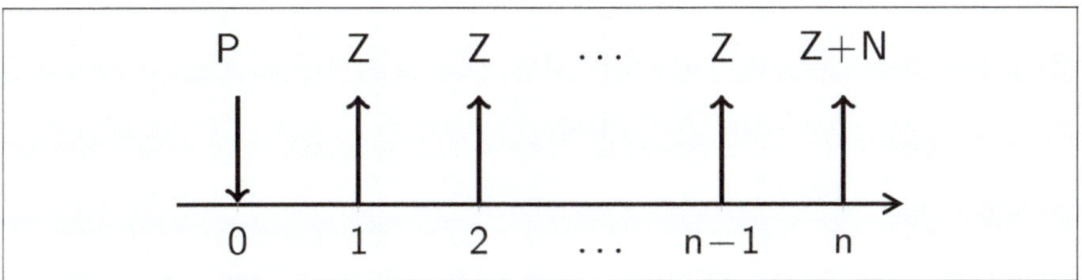

Abb. 3: Zahlungsstrom einer Standard-Anleihe

Für die Berechnung der *Rendite i* (bzw. der Größe $q = 1 + i$) der betrachteten Standard-Anleihe hat man für die gegebenen Größen P, N, Z und n von der Beziehung

$$P = \frac{Z}{q} + \frac{Z}{q^2} + \ldots + \frac{Z}{q^{n-1}} + \frac{Z + N}{q^n}$$

auszugehen (vgl. Grundformel (6)). Nach Multiplikation mit q^n ergibt sich wiederum eine Polynomgleichung n-ten Grades, die lediglich einen Vorzeichenwechsel und damit eine positive Lösung aufweist.

Literatur:

Zeidler E. (Hrsg.): Springer-Taschenbuch der Mathematik. 3. Aufl., Springer Spektrum, Wiesbaden 2013

6 Das macht nach Adam Ries ... Von Fusti, Fracht und Fuhrlohn

Zeitgenössisches Porträt von Adam Ries.
Holzschnitt auf dem Titelblatt seines dritten Rechenbuches (1550).
Mit freundlicher Genehmigung des Adam-Ries-Bundes Annaberg-Buchholz.

Das vereinigte Europa und insbesondere die Eurozone, in der keinerlei Währungsumrechnung mehr erforderlich ist, weiß man sehr zu schätzen, wenn einem Aufgaben des großen Rechenmeisters und Mathematikers Adam Ries[16] in die Hände kommen.

Der Reiz der historischen Aufgaben von Adam Ries liegt zum einen in der dem Mittelalter eigentümlichen Sprache, vor allem in der noch wenig oder gar nicht reglementierten Rechtschreibung. Zum anderen bestechen die Aufgaben durch ihre Anschaulichkeit und Praxisrelevanz, sind sie doch unmittelbar den verschiedensten Bereichen des gesellschaftlichen Lebens entnommen. Weiterhin erstaunt es den heutigen Leser und nötigt ihm den größten Respekt ab, welch komplizierte Rechnungen durch die mittelalterlichen Rechenmeister zu bewältigen und von ihren Schülern zu lösen waren.

---

[16] 1492 im oberfränkischen Staffelstein geboren und 1559 in Annaberg im Erzgebirge gestorben; er vollbrachte Zeit seines Lebens außerordentliche Anstrengungen zur Popularisierung des Rechnens. Im süddeutschen Sprachraum verwendet man meist den Namen Riese, es muss jedoch Ries heißen.

© Springer Fachmedien Wiesbaden GmbH, ein Teil von Springer Nature 2019
R. Korn und B. Luderer, *Mathe, Märkte und Millionen*,
https://doi.org/10.1007/978-3-658-23717-2_6

Gleichzeitig wird aus den Problemstellungen heraus klar, warum derart schwierige Rechnungen erforderlich waren, denn im täglichen Leben waren eine Vielzahl von Münzwerten, Maßen und Gewichten, die von Land zu Land verschieden waren[17] und sich beständig änderten, ineinander umzurechnen. Und das alles vorwiegend mit Rechenbrett und Rechenpfennigen, denn das schriftliche Rechnen bildete sich gerade erst heraus. Vor diesem Hintergrund an Taschenrechner und Computer zu denken, verbietet sich von selbst.

Schauen wir einmal in Ries' zweites Rechenbuch, das 1522 in Erfurt erschien und über viele Jahrzehnte hinweg weit verbreitet und sehr erfolgreich war, und greifen drei Aufgaben heraus, die lediglich Kenntnisse der Multiplikation, Division und des Dreisatzes erfordern, aber dennoch nicht »mit links« zu lösen sind. Insbesondere für die Umrechnung der verschiedenen Maßeinheiten ineinander werden Fertigkeiten in der Anwendung der Bruchrechnung benötigt.

Aufgabe 1: (Von Fracht vnd Fuhrlohn) Item man gibt von 3. Centner 24. meil ein Vngerischen fl. zu fuhrlohn/ wie viel wirdt man geben von 11. Centnern 120. meil?

[Für 3 Zentner und 24 Meilen wird ein Ungarischer Gulden (fl) als Fuhrlohn bezahlt. Wie viel muss man für 11 Zentner und 120 Meilen bezahlen?]

Die Abkürzung »fl« kommt daher, dass der Gulden (»guldin pfennic«, also die »goldene Münze«) zuerst als Nachahmung des florentinischen Fiorino geprägt wurde und daher auch Florin hieß.

Lösung: Es handelt sich um eine Aufgabe zum zusammengesetzten Dreisatz. Für einen Zentner und eine Meile hat man $1/(3 \cdot 24) = 1/72$ Gulden zu zahlen, demzufolge für 11 Zentner und 120 Meilen den

$$\text{Betrag von } \frac{11 \cdot 120}{72} = \frac{1320}{72} = \frac{165}{9} = \frac{55}{3} = 18\frac{1}{3} \text{ Gulden.}$$

---

[17]So hat beispielsweise ein Zentner in verschiedenen Aufgaben bei Ries 100, 102, 110 oder 112 Pfund.

Aufgabe 2: (Vom Wechsel) Item 100. Ducaten gelten 124. Reinisch/ vnd 100. Reinisch gelten 72. Vngerisch/ wie viel Ducaten wird ich haben für 72. Vnger.

[100 Dukaten entsprechen 124 Rheinischen Gulden, 100 Rheinische Gulden sind 72 Ungarische Gulden. Wie viele Dukaten erhalte ich für 72 Ungarische Gulden?]

Man gebe eventuelle Bruchteile in Rheinischen Schillingen an. Dazu muss man wissen, dass ein Gulden 20 Schillinge hatte.

Lösung: 100 Dukaten = 124 fl, 100 fl = 72 Ungarische Gulden. Folglich erhält man für 72 Ungarische Gulden

$$\frac{100}{124} \cdot 100 = 80\frac{80}{124} = 80\frac{20}{31} \text{ Dukaten.}$$

Wandelt man den Bruchteil wieder in Rheinische Schillinge um, so ergibt sich:

$$\frac{20}{31} \cdot \frac{124}{100} = \frac{4}{5} \text{ fl} = 16 \text{ Schillinge.}$$

Hier handelt es sich eigentlich um eine sogenannte Fünfsatzaufgabe als Spezialfall des Kettensatzes. Aufgrund der speziellen Wahl der Zahlenwerte vereinfacht sie sich jedoch.

Aufgabe 3: (Fusti) Item einer kaufft zu venedig ein Sack mit Negelin/ wigt 654. lb. vnd ein halbes/ kost ein lb. 9. ß. gesteht mit fuhrlohn biß gen Nürenberg 25. fl. Vnd 10. lb. von Venedig machen 6. lb. zu Nürenberg/ alda helt ein Centner 15. lb Fusti/ kost ein pfundt fusti 4. ß vnd ein pfundt lauter 16. ß. wie viel hat er verloren oder gewunnen?

[Einer kauft in Venedig einen Sack mit (Gewürz-)Nelken, der $654\frac{1}{2}$ Pfund (lb; lat. libra) wiegt. Ein Pfund kostet 9 Schilling (ß). Der Fuhrlohn bis

Nürnberg beträgt 25 Gulden. Und 10 Pfund in Venedig ergeben 6 Pfund in Nürnberg. Dort enthält ein Zentner 15 Pfund minderwertige Ware. Ein Pfund minderwertige Ware kostet 4 Schilling, ein Pfund gute Ware 16 Schilling. Wie groß ist sein Gewinn oder Verlust?]

Das italienische Wort »Fusti« bedeutet (Vergütung für) unbrauchbare oder verunreinigte Bestandteile einer Ware; für die Gewichtseinbuße wurde eine spezielle Fusti-Rechnung aufgestellt. Ferner hat man die Beziehungen 1 fl (Gulden) = 20 ß (Schilling) und 1 ß = 12 hlr (Heller) zu beachten.

Lösung: Der Einkaufspreis für die Nelken in Venedig zuzüglich des Fuhrlohns beträgt 319 fl 10 ß 6 hlr.

Bei der Gewichtsumrechnung ergibt sich Folgendes: $654\frac{1}{2}$ Pfund in Venedig entsprechen $392\frac{7}{10}$ Nürnberger Pfund.

Der Verkaufspreis für einen Zentner in Nürnberg lautet

$$15 \cdot 4 + 85 \cdot 16 \text{ ß} = 1420 \text{ ß} = 71 \text{ fl};$$

der Verkaufspreis für $392\frac{7}{10}$ Pfund Nelken (in Nürnberg) beträgt folglich 278 fl 16 ß $4\frac{2}{25}$ hlr.

Bildet man nun die Differenz aus Einkaufs- und Verkaufspreis, so entsteht ein Verlust von 40 fl 14 ß $1\frac{23}{25}$ hlr. Bei genauerem Hinsehen stellt man fest, dass der Händler selbst ohne Fuhrlohn einen Verlust erlitten hätte.

Literatur:

Deschauer S.: Das zweite Rechenbuch von Adam Ries. Eine moderne Textfassung mit Kommentar und metrologischem Anhang und einer Einführung in Leben und Werk des Rechenmeisters. Vieweg, Braunschweig/Wiesbaden 1992

Wußing H.: Adam Ries. 3. Aufl., Edition am Gutenbergplatz, Leipzig 2009

7 Wie sollte man investieren? Der Cost-Average-Effekt

Für Börsenspekulationen ist der Februar einer der gefährlichsten Monate. Die anderen sind Juli, Januar, September, April, November, Mai, März, Juni, Dezember, August und Oktober.

Mark Twain (1835–1910), amerikanischer Schriftsteller

Fast alle Anlageberater sagen ihren Kunden, die in Investmentfonds (oder auch direkt in Aktien) investieren wollen: »Setzen Sie nicht alles auf eine Karte, verschießen Sie nicht gleich Ihr gesamtes Pulver – nutzen Sie den *Cost-Average-Effekt.*«

Es ist nicht ganz klar, was unter Cost-Average-Effekt zu verstehen ist, denn in der Literatur wird dieser Begriff in unterschiedlichem Kontext verwendet. Hier soll er so aufgefasst werden:

> *Ein Anleger möchte in einen Investmentfonds investieren. Welche Strategie soll er wählen: Regelmäßiger Erwerb einer festen Anzahl von Anteilen (Strategie 1)[18] oder die regelmäßige Einzahlung einer festen Summe (Strategie 2)?*

Eine Einmalanlage kann durchaus vorteilhaft sein, wenn man den richtigen Zeitpunkt erwischt, zu dem der Anteilswert möglichst niedrig ist. Aber wer kennt schon den richtigen Zeitpunkt? Besser (und sicherer) ist es, regelmäßig kleinere Beträge zu investieren. Somit verbleibt die Frage, ob Strategie 1 oder Strategie 2 günstiger ist, wobei von der im Allgemeinen nicht realisierbaren Teilbarkeit von Aktien sowie von ggf. anfallenden Gebühren abgesehen werden soll.

Strategie 1: Zu den Zeitpunkten $i = 1,\ldots,n$ werden jeweils x Anteile zu den Anteilswerten K_i gekauft. Dann beträgt der durchschnittliche Preis eines Fondsanteils als arithmetisches Mittel der An-

---

[18]Bei Strategie 1 wird davon ausgegangen, dass der Aktienpreis sich nicht dramatisch ändert, sonst könnte diese Strategie sehr teuer werden.

© Springer Fachmedien Wiesbaden GmbH, ein Teil von Springer Nature 2019
R. Korn und B. Luderer, *Mathe, Märkte und Millionen*,
https://doi.org/10.1007/978-3-658-23717-2_7

teilswerte: $\overline{K}_1 = \dfrac{1}{n} \cdot \displaystyle\sum_{i=1}^{n} K_i$.

Strategie 2: Es wird jeweils ein fester Anlagebetrag A investiert, d. h., es werden $x_i = \frac{A}{K_i}$ Anteile zum Preis K_i erworben, $i = 1, \ldots, n$. Der Durchschnittspreis eines Anteils beträgt dann

$$\overline{K}_2 = \frac{\displaystyle\sum_{i=1}^{n} x_i K_i}{\displaystyle\sum_{i=1}^{n} x_i} = \frac{n \cdot A}{\displaystyle\sum_{i=1}^{n} \frac{A}{K_i}} = \frac{1}{\dfrac{1}{n} \cdot \displaystyle\sum_{i=1}^{n} \frac{1}{K_i}}.$$

Das ist das harmonische Mittel der Einzelpreise.

Nun ist das harmonische Mittel von Zahlen stets kleiner oder gleich dem arithmetischen Mittel (siehe z. B. Zeidler (Hrsg.), S. 39), sodass für die Durchschnittspreise $\overline{K}_1$ und $\overline{K}_2$ die Beziehung $\overline{K}_2 \leq \overline{K}_1$ gilt.

Das bedeutet: Kauft man regelmäßig Fondsanteile für einen festen Betrag, so ist der Durchschnittspreis der erworbenen Aktien, hier bezeichnet mit K_2, geringer als der Durchschnittspreis K_1, der sich bei Kauf einer stets gleichbleibenden Anzahl an Anteilen ergibt. Im Spezialfall sind beide Preise gleich (wenn nämlich die Anteilspreise rein theoretisch stets konstant wären).

Freilich lassen sich Aussagen über die Rendite beider Anlagestrategien hieraus nicht unmittelbar ableiten, da die Zahlungszeitpunkte bisher keine Berücksichtigung fanden, ebenso wenig wie die Entwicklung der Anteilspreise.

Wie Cottin/Döhler zeigen, fällt der Unterschied der durchschnittlichen Kaufpreise umso größer aus, je mehr die Fondspreise differieren. Außerdem tritt bei langer Laufzeit eines Sparplans eine »Verwässerung« des Durchschnittskosteneffekts auf, da sich immer mehr Kapital ansammelt und die weit zurückliegenden Einzahlungen eher wie eine Einmalzahlung auf die Schwankungen der Anteilspreise reagieren.

Beispiel: Die Anteilspreise eines Fonds lauten zu den Zeitpunkten t = 1 bis t = 5 wie folgt: 100, 90, 110, 80, 120.

Strategie 1: Zu jedem Zeitpunkt wird ein Anteil gekauft, also insgesamt $G = 5$ Anteile. Dann hat der Investor insgesamt 500 Euro zu zahlen und der Durchschnittspreis beträgt 100 Euro.

Strategie 2: Es werden jeweils 100 Euro investiert. Dann ergibt sich eine Gesamtanteilszahl von

$$G = \frac{100}{100} + \frac{100}{90} + \frac{100}{110} + \frac{100}{80} + \frac{100}{120} = 5{,}1035.$$

Bei Anwendung der zweiten Strategie werden also mehr Anteile erworben, der Cost-Average-Effekt wirkt sich also positiv aus.

Andere Überlegung: Das harmonische Mittel lautet

$$x_h = \frac{5}{\frac{1}{100} + \frac{1}{90} + \frac{1}{110} + \frac{1}{80} + \frac{1}{120}} = \frac{5}{0{,}051\,035} = 97{,}97.$$

Damit beträgt der Durchschnittspreis bei Strategie 2 nur 97,97 Euro im Vergleich zu 100 Euro bei Strategie 1.

Übrigens: Hätte der Investor bei einer Einmalanlage zum Zeitpunkt $t = 4$ Fondsanteile im Wert von 500 Euro erworben, besäße er 6,25 Anteile, während es bei einer Einmalanlage in $t = 5$ gerade einmal 4,1667 Anteile wären. Der Investitionszeitpunkt spielt offensichtlich eine große Rolle. Zinsgewinne oder -verluste einer alternativen risikolosen Anlage wurden generell außer Acht gelassen.

Literatur:

Cottin C., Döhler S.: Risikoanalyse. Modellierung, Beurteilung und Management von Risiken mit Praxisbeispielen. 2. Aufl., Springer Spektrum, Wiesbaden 2013

Zeidler E. (Hrsg.): Springer-Taschenbuch der Mathematik. 3. Aufl., Springer Spektrum, Wiesbaden 2013

8 § 32a, der Politiker und der Bierdeckel. Zur Berechnung der Einkommensteuer

Es war einmal ein Politiker. Der hieß Februar oder April oder so ähnlich. Er versprach, das deutsche Steuerrecht durch Abschaffung von Ausnahmeregelungen so zu vereinfachen, dass die Berechnung der Einkommensteuer auf einen Bierdeckel passt. Schön wär's! Zumindest aus Sicht der reinen Steuer**berechnung** ist jedoch schon jetzt kein Aktionismus vonnöten: Diese passt drauf. Fast.

Aber der Reihe nach. Zunächst wollen wir einen Blick in das Einkommensteuergesetz werfen. Als Mathematiker freut es einen, wenn man in einem Gesetz auch Formeln findet, das kommt selten genug vor. In § 32a findet man nun eine Funktion mit geteiltem Definitionsbereich, die also in verschiedenen Teilbereichen auf unterschiedliche Art definiert ist. Diese Funktion beschreibt die zu zahlende Steuersumme S in Abhängigkeit vom *zu versteuernden Einkommen* E (beides gemessen in Euro). Es heißt dort (sinngemäß):

Die tarifliche Einkommensteuer S im Veranlagungszeitraum 2018 bemisst sich nach dem zu versteuernden Einkommen E. Sie beträgt:

$$S(E) = \begin{cases} 0, & 0 \leq E \leq 9\,000, \\ (997{,}8y + 1\,400)y, & 9\,001 \leq E \leq 13\,996, \\ (220{,}13z + 2\,397)z + 948{,}49 & 13\,997 \leq E \leq 54\,949, \\ 0{,}42x - 8\,621{,}75 & 54\,950 \leq E \leq 260\,532, \\ 0{,}45x - 16\,437{,}7 & 260\,533 \leq E. \end{cases}$$

Dabei ist y ein Zehntausendstel des den Grundfreibetrag von 9 000 Euro übersteigenden Teils des auf einen vollen Euro-Betrag abgerundeten zu versteuernden Einkommens; z ist ein Zehntausendstel des 13 996 Euro übersteigenden Teils des auf einen vollen Euro-Betrag abgerundeten zu versteuernden Einkommens; x ist das auf einen vollen Euro-Betrag abgerundete zu versteuernde Einkommen. Der sich ergebende Steuerbetrag ist auf den nächsten vollen Euro-Betrag abzurunden.

© Springer Fachmedien Wiesbaden GmbH, ein Teil von Springer Nature 2019
R. Korn und B. Luderer, *Mathe, Märkte und Millionen*,
https://doi.org/10.1007/978-3-658-23717-2_8

So weit der Gesetzestext.

Nun zur Steuerfunktion selbst. Ist sie nicht schön? Da geht einem als Mathematiker so richtig das Herz auf. Diese Funktion passt tatsächlich auf einen Bierdeckel, wenn man klein genug schreibt. Und einfach ist sie obendrein. Wirklich! Denn kennt man sein zu versteuerndes Einkommen, so kann man mithilfe eines einfachen Taschenrechners in zwei Minuten die zu zahlenden Steuern berechnen. Sie glauben mir nicht? Wir wollen einige Beispiele betrachten, in denen stets E für das zu versteuernde Einkommen steht.

Beispiel 1: (»Armer Student«) Sein Einkommen aus verschiedenen Nebentätigkeiten beträgt $E = 5\,000$ Euro. Dann hat er keine Steuern zu zahlen. Es gilt: $S(5\,000) = 0$.

Beispiel 2: (»Teilzeitbeschäftigte«) Bei einem angenommenen Einkommen von $E = 12\,000$ ist $y = (12\,000 - 9\,000)/10\,000 = 0{,}3$. Die Steuer beträgt:

$$S(12\,000) = (997{,}8 \cdot 0{,}3 + 1\,400) \cdot 0{,}3 = 509{,}80,$$

abgerundet 509 Euro.

Beispiel 3: (»Young Professional«) Aus $E = 30\,000$ folgt ein Wert von $z = (30\,000 - 13\,996)/10\,000 = 1{,}6004$ sowie

$$S(30\,000) = (220{,}13 \cdot 1{,}6004 + 2\,397) \cdot 1{,}6004 + 948{,}49 = 5\,348{,}46,$$

abgerundet 5\,348 Euro.

Beispiel 4: (»Leitender Angestellter«) Mit $E = 80\,000$ ist auch $x = 80\,000$ und folglich

$$S(80\,000) = 0{,}42 \cdot 80\,000 - 8\,621{,}75 = 24\,978{,}25,$$

was abgerundet 24\,978 Euro ergibt.

Beispiel 5: (»Vorstandsvorsitzender eines Unternehmens«) Es wird $E = x = 400\,000$ angenommen. Somit gilt

$$S(400\,000) = 0{,}45 \cdot 400\,000 - 16\,437{,}7 = 163\,562{,}30,$$

sodass $163\,562$ Euro zu zahlen sind.

In Prozenten vom Einkommen ausgedrückt, beträgt die Steuer in den Beispielen 1 bis 5: $0\,\%$; $4{,}24\,\%$; $17{,}83\,\%$; $31{,}22\,\%$ bzw. $40{,}89\,\%$. Sie steigt also mit wachsendem Einkommen prozentual an, weswegen man von *progressiv wachsender* Steuer spricht.

Ist doch wirklich einfach, oder? Aber warum wurde oben geschrieben »fast« – die Steuerberechnung passt »fast« auf einen Bierdeckel?

In der **Ermittlung des zu versteuernden Einkommens** liegt der Hund begraben. Denn vor diese Zahl hat der deutsche Gesetzgeber die Steuererklärung mit ihrem Mantelbogen sowie den Anlagen N, KAP, R, L, G, S, V, FW, SO, AUS, AV, Unterhalt, Vorsorgeaufwand und Kind sowie solche mitunter rätselhaften, aber allesamt wunderschönen Begriffe wie Werbungs- und Bewerbungskosten, Vorsorgeaufwendungen und -pauschalen, Sonderausgaben, außergewöhnliche Belastungen, Altersübergangsgeld-Ausgleichsbetrag, Entgeltersatzleistung, Verdienstausfallentschädigung, Pendlerpauschale, Umzugskosten, doppelte Haushaltsführung, Arbeitnehmerpauschbetrag, Verpflegungsmehraufwendungen usw. usf. gestellt.

Und die passen nicht auf einen Bierdeckel, höchstens auf einen ganz, ganz großen.

Literatur:

Einkommensteuergesetz in der Fassung der Bekanntmachung vom 8. Oktober 2009 (BGBl. I S. 3366, 3862), das durch Artikel 1 des Gesetzes vom 20. Februar 2013 (BGBl. I S. 285) geändert worden ist

9 Da schauert es den braven Steuerzahler. Was bedeutet eigentlich »kalte Progression«?

Es gibt nur etwas, was mehr schmerzt, als Einkommensteuer zu zahlen – keine Einkommensteuer zu zahlen.

Sir James Dewar (1842–1923),
schottischer Physikochemiker

René hat eine Gehaltserhöhung bekommen – sage und schreibe 10 %. Er strahlt. Dann schaut er sich seine Gehaltsbescheinigung genauer an, stutzt und ist ganz betrübt: Seine Steuern sind nicht um 10 % angestiegen, wie er vermutet hatte, nein, um über 20 % mehr muss er an Steuern zahlen. Kann denn das sein?

»Ja, René, das ist so. Dies liegt am deutschen Steuersystem mit seinen steigenden Steuersätzen«, erklärt ihm sein Freund Frank, den René um Rat gefragt hatte. »Man nennt das *kalte Progression.*«

»Kalte Progression? Das klingt ja schon so unheimlich, so wie ›kaltes Grauen‹.« – »Hier ist aber eher ›heimlich‹, ›verdeckt‹, ›nicht offen‹ gemeint, so wie beim Begriff ›kalter Krieg‹.«

»Okay. Aber ich habe noch nicht verstanden, warum ich so viel Steuern zahlen muss, überproportional viel. Da macht doch der Staat bei jeder Gehaltserhöhung gut, weil er viel mehr Steuern kassieren kann.«

»Genauso ist das.« – »Wie kommt denn dieser Effekt zustande?«

»Durch den ansteigenden Steuersatz. Pass auf, René«, meint Frank. »Ich erkläre dir das einmal ganz anschaulich an einem etwas vereinfachten Beispiel. Angenommen, der jeweils ›auf den letzten Euro‹ zu zahlende Steuersatz s, gemessen in Prozent, sieht so aus:

$$s = \begin{cases} 0, & 0 \le E \le 10, \\ E - 10, & 10 < E \le 50, \\ 40, & 50 < E. \end{cases}$$

© Springer Fachmedien Wiesbaden GmbH, ein Teil von Springer Nature 2019
R. Korn und B. Luderer, *Mathe, Märkte und Millionen,*
https://doi.org/10.1007/978-3-658-23717-2_9

Dabei ist E das zu versteuernde Jahreseinkommen, gemessen in Tausend Euro. Warte mal, ich stelle die von mir vorgeschlagene Funktion $s(E)$ grafisch dar, dann kannst du sie dir besser vorstellen:

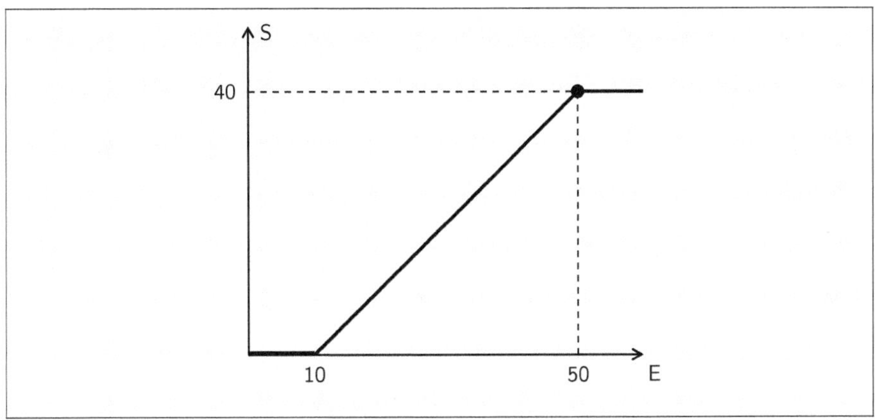

Abb. 4: Fiktive Funktion des Steuersatzes aus obigem Beispiel

Wie gesagt, diese Funktion dient nur als Illustrationsbeispiel und hat mit dem tatsächlich in Deutschland geltenden Steuersatz nichts zu tun. Letzterer sieht zwar ähnlich aus, ist aber noch komplizierter.«[19]

»Deine Funktion ist mir schon kompliziert genug. Wie kann man sie denn interpretieren?«, fragt René.

»Das ist gar nicht so schwer. Solange du bei meiner Funktion weniger als 10 000 Euro jährlich verdienst, d. h. solange $0 \leq E \leq 10$ gilt, musst du keine Steuern zahlen, weil der Steuersatz $s(E)$ null beträgt. Erst oberhalb von $E = 10$ beginnt der Steuersatz zu wachsen, und zwar linear, bis er bei 40 % ankommt. Das ist genau dann der Fall, wenn $E = 50$ gilt, du also 50 000 Euro im Jahr verdienst. Danach würde der Steuersatz ›auf den letzten Euro‹ konstant bei 40 % bleiben, auch wenn du jährlich Millionen einnimmst.«[20]

---

[19]Siehe S. 25.

[20]Bei den tatsächlich in Deutschland zu zahlenden Einkommensteuern liegt der Spitzensteuersatz zurzeit bei 45 % (Stand August 2018).

»Leider ist es noch nicht so weit«, bedauert René. »Wie kann ich aber nun meine zu zahlenden Steuern mithilfe deiner Funktion berechnen? Ich verdiene 40 000 Euro im Jahr.«

»Auf die ersten 10 000 Euro musst du, wie gesagt, keine Steuern zahlen«, erläutert Frank. »Danach steigt der Steuersatz von Euro zu Euro. Um die Gesamtsteuer S zu berechnen, muss man daher sozusagen jeden einzelnen Euro mit der zugehörigen Höhe $s(E)$ multiplizieren und dann alles aufsummieren oder, anders gesagt, die Fläche des schraffierten Dreiecks berechnen:[21]

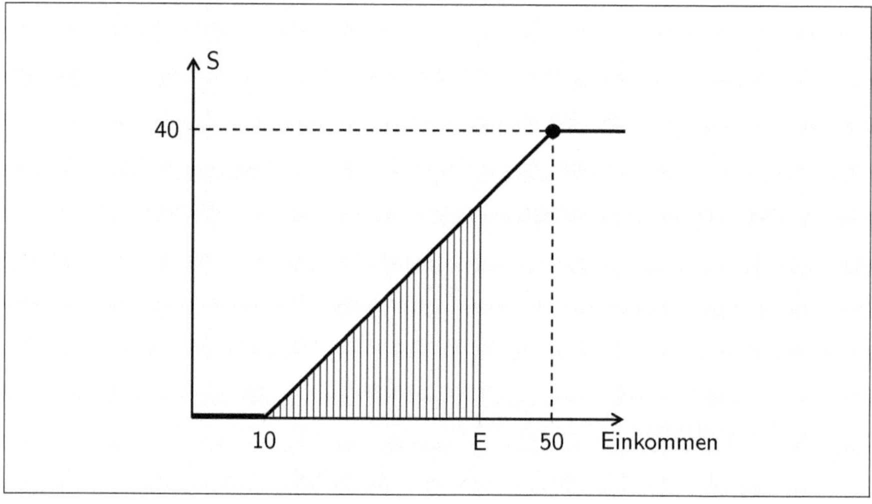

Abb. 5: Einkommensteuer als Flächeninhalt

Die Fläche eines Dreiecks beträgt bekanntlich $F = \frac{a \cdot b}{2}$, hier also

$$(*) \qquad F = \frac{(E - 10) \cdot (E - 10)}{2} = \frac{1}{2} \cdot (E - 10)^2.$$

---

[21] Ist $s(E)$ keine lineare Funktion, lässt sich die Fläche nicht mehr elementar berechnen. In diesem Fall muss die Integralrechnung zu Hilfe genommen werden. Es gilt dann: $S = \int_{10}^{E} (e - 10)\, \mathrm{d}e$.

Nun hat man noch die Maßeinheiten zu beachten. Der erste Faktor im Zähler betrifft das Jahreseinkommen E und wird demzufolge in Tausend Euro gemessen, der zweite kommt von der Steuersatzfunktion s und hat Prozent, also $\frac{1}{100}$, als Maßeinheit. Will man alles auf Euro umrechnen, muss man die Beziehung $(*)$ mit 10 multiplizieren, was endgültig

$$(**) \qquad S = 5 \cdot (E - 10)^2$$

liefert. Dabei wird S, wie bereits erwähnt, in Euro gemessen.«

»Das habe ich zwar nicht ganz verstanden«, gibt René zu, »aber ich habe volles Vertrauen zu dir. Du bist doch gut in Mathematik. Wird schon stimmen.«

»Klar stimmt das. Diese Formel gilt aber nur bis $E = 50$, also bis 50 000 Euro Jahreseinkommen. Für größere Einkommen muss man so rechnen:

$$(\#) \qquad S = 8\,000 + 400 \cdot (E - 50).$$

Der erste Summand, die 8 000 Euro, beschreibt die Gesamtsteuern für die ersten 50 000 Euro. Der darüber hinausgehende Teil des Einkommens wird mit 40 % versteuert. Unter Berücksichtigung der Umrechnung der Maßeinheiten ergibt sich dann gerade die Beziehung $(\#)$. So erhält man z. B. für ein Einkommen von 100 000 Euro einen zu zahlenden Steuerbetrag von

$$S = 8\,000 + 400 \cdot (100 - 50) = 8\,000 + 20\,000 = 28\,000.$$

Jetzt werde ich für dich einmal eine kleine Tabelle aufstellen, in der folgende Größen vorkommen, die der Einfachheit halber alle in Euro angegeben werden sollen:

E	–	Jahreseinkommen
$\overline{E}$	–	um 10 % erhöhtes Jahreseinkommen
S	–	auf E zu zahlende Steuern
$\overline{S}$	–	auf $\overline{E}$ zu zahlende Steuern.

Der Ausdruck $\frac{\overline{S}}{S} - 1$ stellt die Steuererhöhung in Prozent dar, während die Einkommenserhöhung $\frac{\overline{E}}{E} - 1$ definitionsgemäß 10 % beträgt. Hier nun die Tabelle für ausgewählte Einkommen:

E	S	$\overline{E}$	$\overline{S}$	$\frac{\overline{S}}{S} - 1$
8 000	0	8 800	0	0
11 000	5	12 100	22	340,00
20 000	500	22 000	720	44,00
40 000	4 500	44 000	5 780	28,44
50 000	8 000	55 000	10 000	25,00
100 000	28 000	110 000	32 000	14,86
1 000 000	388 000	1 100 000	428 000	10,31

Wie du siehst, steigt bei meiner fiktiven Steuersatzfunktion die auf $\overline{E}$ zu zahlende Steuer für Jahreseinkommen ab 10 000 Euro um deutlich mehr als 10 % (siehe letzte Spalte), vor allem für niedrige und mittlere Einkommen. Das ist die kalte Progression. Für sehr hohe Einkommen liegt die Steuererhöhung allerdings wieder nahe 10 %. Die tatsächliche Einkommensteuer in Deutschland sieht zwar etwas anders aus, aber der Effekt ist der gleiche.«

»Jetzt habe ich verstanden«, erwidert René. »Aber ist das nicht alles sehr ungerecht?«

René wurde teilweise erhört: Im März 2012 beschloss der Bundestag das »Gesetz zum Abbau der kalten Progression«, das erste Schritte hin zu inflationsabhängigen Steuerentlastungen realisiert.

Literatur:

Gesetz zum Abbau der kalten Progression (EStProgVerG), BGBl. I (2013), S. 283 (Nr. 9), Geltung ab 26.02.2013

Teil 2

Zinsen, Kurse und Renditen – klassische Finanzmathematik

10 Ein fairer Deal? Oder: Früh übt sich ...

Freitagnachmittag. Zwei Viertklässler, die auf eine Bahn warten, beschließen, bis zur Ankunft derselben noch schnell ein Eis zu essen. Leider reicht bei einem, nennen wir ihn Max, das Geld nicht. Der andere, Clemens, ist gern bereit, Max die fehlenden 60 Cent zu borgen.

»Dann gibst du mir einfach am Montag 80 Cent wieder zurück«, meint Clemens zu Max.

»Wieso denn 80 Cent, du hast mir doch nur 60 Cent gegeben?«, widerspricht Max.

»Na, du musst mir doch Zinsen dafür zahlen, dass ich dir das Geld bis Montag leihe«, erklärt Clemens, »das ist so üblich.«

Max sieht das ein und das Geschäft ist abgemacht. »Moment mal«, überlegt Max zu Hause, als er in Ruhe noch einmal das Gespräch Revue passieren lässt, »das ist aber ganz schön viel: 20 Cent Zinsen für 60 Cent.«

»Moment mal!«, meinen auch wir, »ist das nicht Wucher? Die Zeit zwischen Kapitalüberlassung und Rückzahlung beträgt ja nur drei Tage.«

Ehe wir den (indirekt vereinbarten) Zinssatz berechnen wollen, soll zunächst geklärt werden, was eigentlich Wucher ist. Von *Wucher* spricht man – vor allem im Zusammenhang mit Kreditverträgen –, wenn deren Zinsen und Gebühren im Vergleich zu marktüblichen deutlich überhöht sind. Allerdings gibt es in Deutschland keine genauen Vorgaben über die zulässige Höhe von Zinssätzen. Auch im Bürgerlichen Gesetzbuch (BGB) findet sich nichts Konkretes, jedoch wird die freie Gestaltung von Zinshöhe und Berechnungsmethoden durch den Begriff der »Sittenwidrigkeit« eingeschränkt. In § 138 BGB heißt es: »Ein

© Springer Fachmedien Wiesbaden GmbH, ein Teil von Springer Nature 2019
R. Korn und B. Luderer, *Mathe, Märkte und Millionen*,
https://doi.org/10.1007/978-3-658-23717-2_10

Rechtsgeschäft, das gegen die guten Sitten verstößt, ist nichtig. Nichtig ist insbesondere ein Rechtsgeschäft, durch das jemand unter Ausbeutung der Zwangslage, der Unerfahrenheit, des Mangels an Urteilsvermögen ... sich ... für eine Leistung Vermögensvorteile versprechen oder gewähren lässt, die in einem auffälligen Missverhältnis zu der Leistung stehen.« Dabei wird i. Allg. von einem auffälligen Missverhältnis ausgegangen, wenn der vereinbarte Zinssatz den marktüblichen um 100 % oder absolut um 12 Prozentpunkte übersteigt.

Zurück zur Frage, welchem jährlichen Zinssatz das zwischen den beiden Schülern vereinbarte Geschäft entsprechen würde.

Ein Jahr ist die am häufigsten anzutreffende *Zinsperiode*, also der Zeitraum, für den Zinsen zu zahlen sind. Auch bei der Beurteilung von Zinssätzen (»niedrig«, »hoch«) bezieht man sich in aller Regel auf ein Jahr, denn nur dafür hat man ein Gefühl. Da die für einen Zeitraum der Länge t zu zahlenden Zinsen Z_t direkt proportional zum eingesetzten Kapital K, dem Zinssatz i und der Laufzeit t (gemessen als Teil des Jahres) sind, gilt die Formel

$$Z_t = K \cdot i \cdot t.$$

Für das Beispiel mit Max und Clemens gilt: $Z_t = 0{,}2$, $K = 0{,}6$, $t = \frac{3}{360} = \frac{1}{120}$ (meist wird das Jahr zu 360 Zinstagen gerechnet, jeder Monat zu 30 Zinstagen). Aus der obigen Formel ergibt sich nach Umstellung zunächst $i = \frac{Z_t}{K \cdot t}$ und nach Einsetzen der konkreten Werte

$$i = \frac{0{,}2}{0{,}6 \cdot \frac{1}{120}} = \frac{2 \cdot 120}{6} = 40 = 4\,000\,\%.$$

Wenn das kein Wucher ist! Damit ist nach der geltenden Rechtslage die getroffene Zinsvereinbarung hinfällig und Max muss überhaupt keine Zinsen bezahlen.

Literatur:
Bürgerliches Gesetzbuch BGB, 81. Aufl., Dt. Taschenbuch Verlag, München 2018

11 Soll ich die Rechnung schnell bezahlen? Skontoabzug

Der Klempner hat Herrn Körner eine Rechnung über einen nicht gerade kleinen Betrag geschickt. Dort steht unter anderem: »Entweder Zahlung innerhalb von 10 Tagen mit 2 % Skonto oder Zahlung innerhalb von 30 Tagen ohne Abzug.«

Herr Körner könnte natürlich sofort bezahlen, er ist aber misstrauisch und denkt: »Der Klempner will doch nur schnell an sein Geld kommen. Und die 2 % Nachlass vom Rechnungsbetrag machen mich auch nicht reich. Nein, ich werde erst in 30 Tagen zahlen.«

Als er am nächsten Tag seiner Frau die Rechnung zeigt, meint diese: »Du solltest von der Möglichkeit des Skontos unbedingt Gebrauch machen, so eine gute Verzinsung erhält man nicht gleich wieder. Warte, ich rechne dir das einmal vor.«

Frau Körner bezeichnet mit s die Größe des Skontos, mit R den Rechnungsbetrag und mit T die Differenztage der Zahlungsziele. Dabei soll die Zahlung jeweils zum spätestmöglichen Termin erfolgen (das eigene Geld soll so lange wie möglich »arbeiten«):

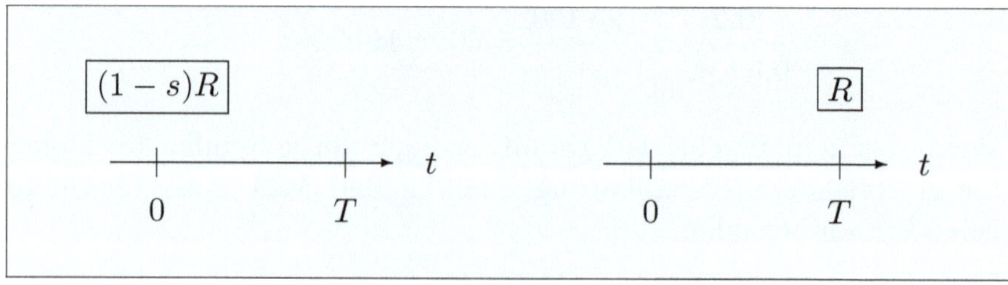

Abb. 6: Zahlung mit (links) und ohne (rechts) Skonto

© Springer Fachmedien Wiesbaden GmbH, ein Teil von Springer Nature 2019
R. Korn und B. Luderer, *Mathe, Märkte und Millionen*,
https://doi.org/10.1007/978-3-658-23717-2_11

Den zugrunde liegenden Effektivzinssatz dieser Zahlungsvereinbarung mit Nachlass kann man aus dem Äquivalenzprinzip bestimmen, indem die Barwerte bei beiden Zahlungsarten einander gegenübergestellt werden:

$$(1 - s) \cdot R = \frac{R}{1 + i \cdot \frac{T}{360}} \,.$$

Hieraus ergibt sich nach kurzer Umformung die Beziehung

$$i = \frac{s}{1 - s} \cdot \frac{360}{T} \,.$$

Mit den Werten $s = 0,02$ und $T = 20$ (der Rechnungsbetrag R spielt keine Rolle, er kürzt sich weg) folgt $i = \frac{0,02}{0,98} \cdot \frac{360}{20} = 0,3673$. Man sollte also unbedingt von der Möglichkeit des Skontos Gebrauch machen, da dies einer Verzinsung des Kapitals mit 36,73 % entspricht Wo bekommt man schon solch hohe Zinsen?

Nachstehend ist für verschiedene Zahlungsdifferenzen und Skonti eine Übersicht über die zugehörigen Effektivzinssätze angegeben:

Skonto in Prozent	Differenz zwischen Zahlungsziel und Skontofrist (in Tagen)		
	$T = 10$	$T = 20$	$T = 30$
1	36,36	18,18	12,12
1,5	54,82	27,41	18,27
2	73,47	36,73	24,49
2,5	92,31	46,15	30,77
3	111,34	55,67	37,11

12 Die Kinder der Zinsen sind die Enkel des Kapitals. Zinseszinsrechnung

> *Der Zinseszinseffekt ist das achte Weltwunder.*
>
> *Mayer Amschel Rothschild (1744–1812),*
> *Albert Einstein (1879–1955) und ande-*
> *ren zugeschrieben*

Überlässt man einem Dritten Kapital, vertraut man also einer Bank oder einem Freund oder auch einem Fremden sein Geld an, so erwartet man gemeinhin als Gegenleistung für den Kapitalverzicht ein Entgelt, die *Zinsen*. Je größer das geliehene bzw. angelegte Kapital, der vereinbarte *Zinssatz* und die Zeit der Geldanlage, desto höher sind die Zinsen. Als ein Bestandteil der finanziellen Vereinbarung ist die *Zinsperiode* festzulegen, also die Zeit, für die der dem Finanzgeschäft zugrunde liegende Zinssatz gilt. Meist ist das ein Jahr[22], es kann aber auch ein Halbjahr oder ein Monat sein. Üblicherweise werden die Zinsen am *Ende* der Zinsperiode gezahlt, Ausnahmen sind möglich.[23]

Sind K_0 das Kapital, i der Zinssatz (z. B. $i = 4\% = 0{,}04$) und t der Anteil an der Zinsperiode (z. B. $t = \frac{1}{12}$ für einen Monat), so betragen die Zinsen für eine Geldanlage im Zeitraum $[0, t]$

$$Z_t = K_0 \cdot i \cdot t.$$

Damit kann man die Zinsen anschaulich als »Kinder des Kapitals« bezeichnen.

Das Kapital wächst dann zusammen mit den Zinsen von K_0 im Zeitpunkt $t = 0$ (»heute«) auf

$$(*) \qquad K_t = K_0 + Z_t = K_0 \cdot (1 + it)$$

---

[22]So bedeutet beispielsweise 5% p. a. $=$ *per annum* oder *pro anno*, dass für 100 Geldeinheiten pro Jahr fünf Geldeinheiten an Zinsen zu zahlen sind.

[23]Etwa bei vorzeitiger Kontoauflösung oder bei *antizipativen*, d. h. zu Periodenbeginn zahlbaren Zinsen.

© Springer Fachmedien Wiesbaden GmbH, ein Teil von Springer Nature 2019
R. Korn und B. Luderer, *Mathe, Märkte und Millionen*,
https://doi.org/10.1007/978-3-658-23717-2_12

zum Zeitpunkt t. Diesen Betrag nennt man *Endwert* bei linearer Verzinsung. Lineare Verzinsung findet vor allem für $0 < t \leq 1$ also – wie der Fachmann sagt – im *unterjährigen* Bereich Anwendung.

Nach einer Zinsperiode gilt

$$K_1 = K_0 \cdot (1 + i) = K_0 \cdot q,$$

wie man aus Formel $(*)$ mit $t = 1$ erkennt. Dabei ist $q = 1 + i$ der sog. *Aufzinsungsfaktor*. Werden nun mehrere Zinsperioden betrachtet und die Zinsen nicht ausgezahlt, verbleiben sie also auf dem Konto, so vermehren sie das urspüngliche Kapital und werden in der nächsten Periode mitverzinst. Auf diese Weise kommen wir zu den Zinsen der Zinsen, gewissermaßen den »Enkeln und Urenkeln des Kapitals«. Mathematisch sieht das folgendermaßen aus:

In der zweiten Periode ist K_1 das Ausgangskapital und

$$K_2 = K_1 \cdot q = (K_0 \cdot q) \cdot q = K_0 \cdot q^2$$

das Endkapital. So geht es weiter:

$$K_3 = K_2 \cdot q = (K_0 \cdot q^2) \cdot q = K_0 \cdot q^3.$$

Nach n Perioden ergibt sich auf diese Weise die *Leibniz'sche Zinseszinsformel* (vgl. Grundformel (5)), auch *Endwertformel der geometrischen Verzinsung* genannt:

$$K_n = K_0 \cdot q^n = K_0 \cdot (1 + i)^n.$$

Oftmals wird diese Formel verallgemeinert, indem anstelle der ganzzahligen Laufzeit n ($=$ Anzahl der Zinsperioden) eine beliebige reelle Zeit t eingesetzt wird:

$$K_t = K_0 \cdot q^t = K_0 \cdot (1 + i)^t.$$

Wie sich ein Kapital bei linearer und geometrischer Verzinsung bzw.
bei verschiedenen Zinssätzen entwickelt, zeigen die folgenden beiden
Abbildungen.

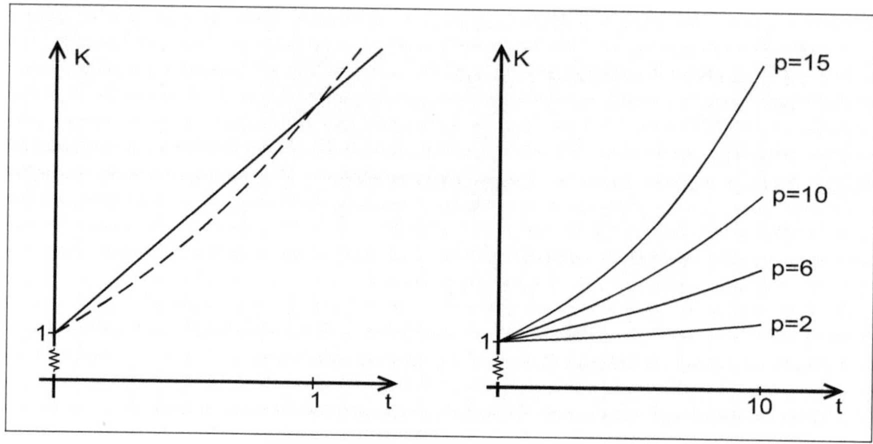

Abb. 7: Lineare und geometrische Verzinsung im Vergleich (links); geometrische Verzinsung bei verschiedenen Zinssätzen, p = Zinssatz in Prozent (rechts)

Man sieht, dass innerhalb einer Zinsperiode lineare Verzinsung mehr
Zinsen erbringt als geometrische, während dies für $t > 1$ umgekehrt
ist (Abb. 7, links). Deutlich sichtbar ist auch, dass das Wachstum bei
geometrischer Verzinsung rasant zunimmt, wenn sich der Zinssatz p
erhöht (Abb. 7, rechts). Insbesondere für längere Zeiträume, sagen
wir 10 oder 20 oder gar 50 und mehr Jahre, hat man in der Regel
kein Gefühl mehr dafür, auf welchen Wert eine bestimmte Summe
anwächst.[24]

Dieser Effekt wird durch die folgende, wenig bekannte Überlieferung
gut illustriert:

---

[24]Der Endwert ist zunächst nur eine Rechengröße. Er sagt nichts darüber aus, wie
viel das Endkapital in der Zukunft tatsächlich wert ist, da die Inflation nicht
berücksichtigt wurde; vgl. die Erzählung auf S. 47.

Ein reicher venezianischer Kaufmann legte im Jahr 1313 zehn Golddukaten für seine Tochter an. Die Bank honorierte ihm das mit 2,5 % an Zinsen jährlich. Später geriet das Geld in Vergessenheit. Als nun kürzlich die Nachfahren des Kaufmanns von der Bank über das vergessene Konto unterrichtet wurden, war ein hübsches Sümmchen zusammengekommen, nämlich

$$K_{700} = 10 \cdot (1 + 0{,}025)^{700} = 321\,149\,000.$$

So können aus 10 Dukaten mehrere Hundert Millionen werden, man muss nur lange genug warten.

Zu allen Regeln gibt es Ausnahmen.

Oben war die Rede davon, dass lineare Verzinsung vorwiegend innerhalb einer Zinsperiode angewendet wird, während geometrische Verzinsung insbesondere für $t > 1$, speziell bei mehreren Zinsperioden, relevant ist. Allerdings fordern §§ 248, 289 des Bürgerlichen Gesetzbuches (BGB) ein Zinseszinsverbot und damit lineare Verzinsung auch für größere Zeiträume. Dort heißt es: »Von Zinsen sind Verzugszinsen nicht zu entrichten.« Ausnahmen werde aber z. B. für Kreditinstitute gemacht.

Andererseits verlangt die deutsche Preisangabenverordnung, dass bei der Berechnung von Effektivzinssätzen von Ratenkrediten generell, also auch bei unterjährigen Zeiträumen, geometrische Verzinsung bzw. Abzinsung anzuwenden ist.

Literatur:

Bürgerliches Gesetzbuch BGB, 81. Aufl., Deutscher Taschenbuch Verlag, München 2018

Preisangabenverordnung (PAngV). Bekanntmachung der Neufassung vom 18. Oktober 2002. BGBl. I, S. 4197 ff. in der ab dem 1. Januar 2003 geltenden Fassung

13 Wann wird Dagobert Duck zufrieden sein? Das Verdoppelungsproblem

> *Jeder, der glaubt, dass exponentielles Wachstum in einer endlichen Welt für immer weitergehen kann, ist entweder verrückt oder ein Wirtschaftswissenschaftler.*
>
> Kenneth Ewart Boulding (1910–1993),
> amerikan. Wirtschaftswissenschaftler

Dagobert Duck sitzt in seinem Geldspeicher in Entenhausen und seufzt. Er schaut ganz bekümmert drein, was zwei Gründe hat: Einerseits weiß er immer noch nicht genau, wie viel Geld er eigentlich besitzt, obwohl er es täglich zählt. Doch er schafft es einfach nicht – es ist zu viel. Andererseits verlässt ihn der Gedanke nicht, er könne arm sterben. »Mein Vermögen ist zu gering«, murmelt er. »Es würde mich schon beruhigen, wenn es wenigstens doppelt so groß wäre. Aber wie stelle ich das nur an?« Er grübelt und grübelt und ist ganz verzagt.

Just in diesem Moment kommen seine drei Großneffen Tick, Trick und Track zu Besuch. Eigentlich mag er die Kleinen überhaupt nicht und befürchtet stets, sie könnten heimlich ein paar Cent einstecken, um sich Süßigkeiten zu kaufen. Aber es sind ja schließlich die Kinder seines Neffen Donald Duck. »Kommt rein, setzt euch.«

»Was ist dir denn für eine Laus über die Leber gelaufen? Du siehst ja wie drei Tage Regenwetter aus«, fragt der etwas vorlaute Tick.

»Ach, das Geld«, entgegnet Onkel Dagobert, »es reicht hinten und vorne nicht. Wenn es doch wenigstens das Doppelte wäre! Aber es wird und wird nicht mehr.«

»Du lässt es ja auch immer nur in deinem Geldspeicher liegen. Du musst es auf der Bank anlegen oder Kredite vergeben oder dein Geld investieren. Dann bekommst du Zinsen, und dein Vermögen wird zunehmen«, schlägt der praktisch veranlagte Trick vor.

© Springer Fachmedien Wiesbaden GmbH, ein Teil von Springer Nature 2019
R. Korn und B. Luderer, *Mathe, Märkte und Millionen*,
https://doi.org/10.1007/978-3-658-23717-2_13

»Was, ich soll mein schönes Geld weggeben?«, ruft Dagobert ganz entsetzt. »Das überlebe ich nicht. Schon jetzt sticht mein Herz ganz fürchterlich.«

»Ach was«, meint Trick, »du bekommst es ja vermehrt zurück. Dann kannst du noch viel tiefer in dein Geld eintauchen als jetzt.«

»Wie viel Zinsen bekommt man denn so?«, interessiert sich Dagobert.

»Hängt davon ab, wo und wie du investierst«, antwortet Trick, »ob du es ganz sicher anlegst oder mit hohem Risiko.«

»Hm, nehmen wir einmal an, ich erhalte 5 % Zinsen jährlich. Wie lange dauert es dann bis zur Verdoppelung, ihr Schlaumeier?« Dagobert hat Feuer gefangen.

»Warte mal, Onkel«, mischt sich jetzt Track ein, der stets hervorragende Noten in Mathematik nach Hause bringt. »Das Problem betrachten wir gleich allgemein. Dann erhältst du eine Antwort für einen beliebigen Zinssatz.«

»Na, dann mal los«, stimmt Dagobert Duck zu, »zeig' deine Künste.« Track holt tief Luft. »Also, nehmen wir an, dein jetziges Vermögen beträgt K_0.«

»Stopp«, ruft sein Großonkel dazwischen, »den genauen Wert K_0 kenne ich doch gar nicht. Manchmal habe ich schon $888\,777\,666\,555{,}16$ Dollar gezählt, dann wieder $3\,456$ Hektoliter. Gestern erst waren es 567 Tillionen 456 Zillionen 345 Trillionen 234 Millionen Dollar und 16 Cent.«

»Den Betrag brauchst du auch gar nicht genau zu kennen«, entgegnet Track. »Wir nennen ihn einfach K_0. Dann ist das Doppelte davon $2K_0$. So, und nun brauchen wir nur noch eine Formel dafür, wie sich ein Kapital im Laufe der Zeit entwickelt. Das beschreibt die *Leibniz'sche Zinseszinsformel*

$$K_n = K_0 \cdot (1 + i)^n.$$

Alles klar?«

»Nichts ist klar.« Onkel Dagobert ist schon ganz nervös. Zählen und rechnen kann er zwar gut, aber in Mathe war er immer schlecht. »Was ist denn hier n?«

»Na, die Zeit, in der sich dein Kapital verdoppelt. Die wollen wir gerade ausrechnen. Und i ist der Zinssatz.«

»Verstehe, verstehe«, nickt Onkel Dagobert. »Dann müssen wir also $2K_0$ und $K_0(1+i)^n$ gleichsetzen?«

»Genau!«, rufen Tick, Trick und Track im Chor. »Du bist wie immer genial.«

»Nicht doch, nicht doch«, ziert sich Dagobert.

»Track, kannst du mir vielleicht noch einen klitzekleinen Tipp geben, wie ich die Gleichung $K_0(1+i)^n = 2K_0$ nach n umstellen kann?«

»Ganz einfach, Onkel, zuerst werden beide Seiten durch K_0 dividiert. Das darf man, weil K_0 ungleich null ist. Dein Vermögen ist doch nicht null, Onkel Dagobert?«, neckt Tick seinen Großonkel.

»Brauchst dich bloß umzuschauen, dann siehst du es selbst.« Dagobert ist in die Falle getappt und ärgert sich.

»Das ergibt

$$(*) \qquad (1+i)^n = 2.$$

Dann logarithmieren wir beide Seiten«, erklärt Track.

»Logarithmieren? Ich kriege Bauchkrämpfe!« Dagobert verzieht sein Gesicht.

»Wir erhalten $\ln(1+i)^n = n \cdot \ln(1+i) = \ln 2$ und daraus

$$(**) \qquad n = \frac{\ln 2}{\ln(1+i)}\,.$$

Das war schon alles«, doziert Track unverdrossen weiter.

»Und welche Verdoppelungszeit ergibt sich nun bei 5 %?« Dagobert ist schon ganz kribbelig.

Track zieht seinen Taschenrechner hervor, den er immer bei sich hat, tippt schnell die Werte ein und erhält:

$$n = \frac{\ln 2}{\ln 1{,}05} = \frac{0{,}6931}{0{,}0488} = 14{,}2.$$

»Nach ca. 14 Jahren, Onkel«, teilt er freudestrahlend mit. – »Was, so lange? So lange will ich nicht warten«, ruft Dagobert. – »Dann musst du eben höherverzinsliche Anlagemöglichkeiten suchen. No risk – no fun!«, rufen Tick, Trick und Track wieder im Chor.

»Gut und schön, ihr Lieben«, resümiert Dagobert, »aber die Logarithmen gefallen mir ganz und gar nicht. Mein Taschenrechner hat gar keine Taste dafür. Den habe ich von meinem Grünwarenhändler als Werbegeschenk bekommen.« – »Geht auch ohne Logarithmen«, mischt sich Trick ein. »Du erhöhst ganz einfach in der Formel (∗) die Größe n so lange, bis die linke Seite größer als 2 ist. Da brauchst du nur ein bisschen Zeit und Geduld.« – »Das gefällt mir schon besser. Das kann ich gemütlich ausrechnen, während ich in meinem Geld bade.«

»Ich kenne noch eine Methode, Onkel«, meldet sich Track. »Mit deren Hilfe kannst du die Verdoppelungszeit sogar im Kopf berechnen.« – »Wer kann den heutzutage noch im Kopf rechnen«, lässt sich der vorlaute Tick vernehmen, »du etwa, Onkel?« – »Na und ob, frecher Bengel«, Dagobert ist entrüstet, »wenn einer zählen und rechnen kann, dann bin ich es!«[25]

»Pass auf, Onkel, ich schreibe dir eine ganz einfache Formel auf:

$$n \approx 69/p.$$

Dabei ist p der gegebene Zinssatz in Prozent, also beispielsweise $p = 5$ oder $p = 7{,}25$. Für $p = 5$ zum Beispiel ergibt sich $n \approx 14$, was gut mit dem mittels (∗∗) berechneten Ergebnis übereinstimmt.«

---

[25]Von vielen unserer Studenten können wir das leider nicht behaupten. Schon die nachstehende Formel würde ihnen ohne Taschenrechner erhebliche Schwierigkeiten bereiten.

»Tatsächlich!« Dagobert ist verblüfft. »Woher hast du denn so eine einfache Formel?«

»Gar nicht so schwer, Onkelchen. Wer gut in Mathe ist, ist klar im Vorteil. Du hast doch schon gesehen, dass $\ln 2 \approx 0{,}69$ ist. Jetzt muss man nur noch wissen, dass für kleine Zahlen i – und Zinssätze wie beispielsweise $i = 0{,}05$ sind kleine Zahlen – die Näherungsformel

$$\ln(1 + i) \approx i$$

gilt. Das hat ein gewisser Brook Taylor im 18. Jahrhundert mithilfe der sog. *Taylorreihenentwicklung* herausgefunden. Wegen $i = \frac{p}{100}$ folgt deshalb aus Formel (∗∗) die Beziehung

$$n = \frac{\ln 2}{\ln(1 + i)} \approx \frac{0{,}69}{i} = \frac{\frac{69}{100}}{\frac{p}{100}} = \frac{69}{p}. \text{«}$$

»Ihr seid schon schlaue Kinder«, lobt Dagobert. »Das habt ihr von eurem Großonkel. Kommt, ich schenke jedem von euch einen Dollar für eine Cola.«

Tick, Trick und Track strahlen.

»Halt, lieber nicht, dann dauert es ja noch länger, ehe sich mein Vermögen verdoppelt. Trinkt lieber ein Glas von meinem gesunden, kühlen Quellwasser, das erfrischt auch und ist viel gesünder als Cola.«

Die Mundwinkel der Großneffen verziehen sich nach unten.

Dagobert bemerkt das gar nicht. Er rechnet bereits: »Bei 3 % dauert es 23 Jahre – viel zu lange, bei 7 % etwa 10 Jahre – immer noch zu lange. Ich sollte mein Geld lieber zu 35 % anlegen, dann bin ich schon in zwei Jahren doppelt so reich[26]. Das gefällt mir! Bloß, wo finde ich so eine Investitionsmöglichkeit?«

---

[26]Hier irrt Dagobert Duck. Damit sich ein Kapital innerhalb von zwei Jahren verdoppelt, ist ein Zinssatz von über 41 % erforderlich. Die Näherungsformel ist nur für **kleine** Werte von i gültig, für größere Werte kann die Abweichung beträchtlich sein.

14 Wie real ist nominal? Die tatsächliche Verzinsung eines Kapitals

Der junge Ehemann kommt freudestrahlend nach Hause.

»Mausi, ich habe eine Überraschung für dich. Ich habe heute einen Bonus von 17 000 Euro bekommen.«

»Das ist ja wunderbar, Schatz, da können wir uns gleich einen neuen Kleinwagen kaufen.«

»Es kommt noch besser, Mausi, ich habe das Geld sofort fest auf der Bank angelegt, die zahlen mir 3 % Zinsen pro Jahr. Zu unserer Silberhochzeit können wir uns deshalb einen größeren Wagen leisten, denn die Dame von der Bank hat mir erklärt, dass meine 17 000 Euro zusammen mit Zins und Zinseszins nach 23 Jahren auf

$$K_{23} = 17\,000 \cdot \left(1 + \frac{3}{100}\right)^{23} = 33\,550{,}98 \ [\text{Euro}]$$

anwachsen werden, sich also fast verdoppeln.«[27]

»Ach, du Unglücksrabe«, regt sich Mausi auf, »erstens müssen wir ewig lange warten und zweitens wird doch alles teurer. Dann sind deine 33 551 Euro gar nichts mehr wert. Gestern erst habe ich gelesen, dass die Strompreise schon wieder erhöht worden sind. Auch Milch und Brötchen werden teurer und erst recht meine Lippenstifte. Nichts wird uns bleiben von deinem Geld, gar nichts.«

»Hm, vielleicht hast du recht. Es mag schon sein, dass die Summe von 33 551 Euro wenig aussagt, wenn man die Inflation, also den Kaufkraftverlust, nicht berücksichtigt.«

»Natürlich habe ich recht. Vorige Woche erst sind die Gemüsepreise um 10 % gestiegen und das Benzin, denke einmal an das Benzin!«

---

[27]Dass sich ein Kapital bei 3%iger Verzinsung in 23 Jahren verdoppelt, lässt sich übrigens auch sehr einfach im Kopf berechnen; vgl. die vorige Geschichte.

© Springer Fachmedien Wiesbaden GmbH, ein Teil von Springer Nature 2019
R. Korn und B. Luderer, *Mathe, Märkte und Millionen*,
https://doi.org/10.1007/978-3-658-23717-2_14

»Bleib' ruhig, Mausi. Jetzt setzen wir uns einmal zusammen hin und rechnen aus, was meine Prämie in 23 Jahren tatsächlich wert ist. Die Inflation in Deutschland betrug in den letzten Jahren meines Wissens nach ungefähr 2 % pro Jahr. Wenn dies auch weiterhin so bleibt, bedeutet dies, dass die 33 550,98 Euro, bezogen auf den heutigen Tag, nur

$$P_0 = \frac{33\,550{,}98}{1{,}02^{23}} = 21\,276{,}56 \ [\text{Euro}]$$

wert wären.[28] Ich befürchte, es reicht auch in 23 Jahren nur zu einem kleinen Auto. Ja, Mausi, du hast recht.«

»Wie immer, mein Schatz.«

»Ich hätte vielleicht lieber nur mit der Differenz von 3 % − 2 % = 1 % rechnen sollen, um einen realen Endwert, bezogen auf heutige Preise, zu erhalten. Mal sehen, was sich dann ergibt:

$$K_{23} = 17\,000 \cdot \left(1 + \frac{1}{100}\right)^{23} = 21\,371{,}77 \ [\text{Euro}].$$

Nanu, das ist ja wieder eine andere Zahl als die vorhin berechnete von 21 276,56 Euro. Jetzt bin ich ganz verwirrt. Ich werde einmal meine Bekannte von der Uni näher befragen, die ist Finanzmathematikerin.«

Die Bekannte erklärt ihm Folgendes. Im Prinzip hat er alles richtig gerechnet. Bezeichnet man mit i_{nom} den *Nominalzinssatz*[29] und mit f die (erwartete) Inflationsrate, so wird üblicherweise die Differenz

$$(*) \qquad d = i_{\text{nom}} - f$$

als *Realzinssatz* bezeichnet, wie man unter anderem im Banklexikon nachlesen kann. Das ist eine einfache Definition, denn diese Größe

---

[28] Umgekehrt kann man sagen, dass man für etwas, was heute 17 000 Euro kostet, in 23 Jahren $P_{23} = 17\,000 \cdot 1{,}02^{23} = 26\,807{,}28$ Euro bezahlen müsste.

[29] Der »genannte« Zinssatz, der als Grundlage einer finanziellen Vereinbarung dient.

lässt sich leicht im Kopf berechnen. Wenn man nur einen kurzen Zeitraum betrachtet, ist diese Definition auch ganz brauchbar. Sachgemäß ist sie aber aus finanzmathematischer Sicht nicht, denn für größere Zeiträume tritt bei Verwendung der Beziehung (∗) eine Verfälschung ein. Dann ist es korrekt, von einer anderen Definition des Realzinssatzes auszugehen.

Innerhalb von n Jahren wächst ein Kapital von K_0 zum heutigen Zeitpunkt $(t = 0)$ nominal auf $K_n = K_0 \cdot (1 + i_{\mathrm{nom}})^n$ an (vgl. Grundformel (5)), ist aber real nur

$$\overline{K}_n = \frac{K_n}{(1+f)^n} = K_0 \cdot \frac{(1 + i_{\mathrm{nom}})^n}{(1+f)^n} = K_0 \cdot \left(\frac{1 + i_{\mathrm{nom}}}{1+f} \right)^n$$

wert. Will man nun den korrekten Realzinssatz berechnen, der auf diesen Endwert führt, hat man vom Ansatz (*Endwertvergleich*)

$$K_0 \cdot (1 + i_{\mathrm{real}})^n = K_0 \cdot \left(\frac{1 + i_{\mathrm{nom}}}{1+f} \right)^n$$

auszugehen. Nach Division durch K_0 und Ziehen der n-ten Wurzel ergibt sich

$$1 + i_{\mathrm{real}} = \frac{1 + i_{\mathrm{nom}}}{1+f}$$

bzw.

$$(\ast\ast) \qquad i_{\mathrm{real}} = \frac{1 + i_{\mathrm{nom}}}{1+f} - 1.$$

Das wäre die korrekte Definition des Realzinssatzes, die auch in einigen Quellen zu finden ist, wie zum Beispiel im Börsenlexikon der FAZ. Freilich ist diese Definition ein wenig »unhandlich«. Außerdem kennt man die zukünftige Inflationsrate sowieso nicht und kann nur Vergangenheitswerte fortschreiben. Schließlich ist die Inflationsrate lediglich ein Durchschnittswert, gebildet aus den Preissteigerungsraten eines Warenkorbs der verschiedensten Produkte und Dienstleistungen. Geht es jedoch um ein ganz bestimmtes Produkt, wie zum Beispiel ein Auto, so kann die konkrete Preissteigerungsrate von der durchschnittlichen abweichen. Daher ist die Definition (∗), die die Differenz verwendet, gar nicht so schlecht.

Ein Beispiel soll die Unterschiede von (∗) und (∗∗) verdeutlichen. Gilt wie oben $i_{\text{nom}} = 3\,\%$ und $f = 2\,\%$, bedeutet dies $d = 1\,\%$ bzw.

$$i_{\text{real}} = \frac{1{,}03}{1{,}02} - 1 = 0{,}0098 = 0{,}98\,\%.$$

Die Abweichung der beiden Größen ist vernachlässigbar. Das liegt daran, dass $\frac{1}{1+f} \approx 1 - f$ ist.[30] Unter Verwendung dieser Beziehung erhält man

$$\begin{aligned} i_{\text{real}} &= \frac{1 + i_{\text{nom}}}{1 + f} - 1 \approx (1 + i_{\text{nom}}) \cdot (1 - f) - 1 \\ &= 1 + i_{\text{nom}} - f - i_{\text{nom}} \cdot f - 1 \\ &= (i_{\text{nom}} - f) - i_{\text{nom}} \cdot f = d - i_{\text{nom}} \cdot f. \end{aligned}$$

Da das Produkt $i_{\text{nom}} \cdot f$ eine sehr kleine Zahl ist, wie man am eben betrachteten Beispiel $i_{\text{nom}} \cdot f = 0{,}03 \cdot 0{,}02 = 0{,}0006 = 0{,}06\,\%$ sieht, gilt letztendlich $i_{\text{real}} \approx d$.

Literatur:

http://boersenlexikon.faz.net/realzins.htm

Gramlich L. et al. (Hrsg.): Gabler Bank-Lexikon. Bank – Börse – Finanzierung, 14. Aufl., Springer Gabler, Wiesbaden 2012

---

[30]Diese Beziehung resultiert aus der sogenannten *Taylorentwicklung* der Funktion $f(x) = \frac{1}{1+x}$ im Punkt $x_0 = 0$, vgl. die Erzählungen auf den Seiten 42 und 6.

15 »Habe ich richtig zu rechnen gelernt?« Warum Herr Dr. X. aus Gifhorn irrte

Aus einem (etwas älteren) Leserbrief an ein Fondsjournal, in dem es um Vermögensbildung mittels Aktienfonds ging:

> *»Sie berichten über deutsche Aktienfonds, die in den vergangenen zehn Jahren einen Gewinn von 230 % erzielten. Andererseits berichten Sie über Vermögensbildung mittels deutscher Aktienfonds durch regelmäßiges Sparen von 100 DM im Monat, was nach zehn Jahren auf 23 294 DM führte. Habe ich in der Schule richtig zu rechnen gelernt? Die Einzahlungen betragen $100 \times 12 \times 10 = 12\,000$ DM, sodass ein Gewinn von 11 294 DM verbleibt, was ›nur‹ 94,1 % entspricht.«*
>
> *Dr. X., Gifhorn*

Hat Herr Dr. X. recht?

Legt man ein Anfangskapital der Höhe K_0 (beispielsweise 1 000 Euro) verzinslich an, so bedeutet ein Gewinn von 230 %, dass man nach zehn Jahren das 2,3-Fache (also 2 300 Euro) erwirtschaftet hat, was bedeutet, dass man zusammen mit dem Startkapital auf das 3,3-Fache (d. h. 3 300 Euro) kommt:

$$K_{10} = 3{,}3 \cdot K_0.$$

Entsprechend Grundformel (5), der Endwertformel der Zinseszinsrechnung, ergibt sich aus der Gleichung

$$K_{10} = K_0 \cdot (1 + i)^{10} \overset{!}{=} 3{,}3 \cdot K_0$$

© Springer Fachmedien Wiesbaden GmbH, ein Teil von Springer Nature 2019
R. Korn und B. Luderer, *Mathe, Märkte und Millionen*,
https://doi.org/10.1007/978-3-658-23717-2_15

nach Division durch K_0 und Ziehen der zehnten Wurzel das Resultat

$$1 + i = \sqrt[10]{3{,}3} = 1{,}1268.$$

Somit beträgt die gesuchte jährliche Rendite

$$i = 1{,}1268 - 1 = 0{,}1268 = 12{,}68\,\%.$$

Andererseits führt regelmäßiges monatliches (vorschüssiges) Sparen bei der berechneten Rendite unter Beachtung der Grundformel (3) auf folgenden Wert am Jahresende:

$$R = r \cdot (12 + 6{,}5 \cdot i) = 100 \cdot (12 + 6{,}5 \cdot 0{,}1268) = 1\,282{,}42 \ [\text{DM}].$$

Dieser Wert wird *Jahresersatzrate* genannt und ersetzt die zwölf »kleinen« Monatszahlungen durch eine am Jahresende fällige »große« Zahlung. Berechnet man nun mithilfe der Grundformel (9) den Endwert der nachschüssigen Rente, indem man die Jahresersatzrate R einsetzt, kommt man auf einen Wert von

$$E_{10} = 1\,282{,}42 \cdot \frac{1{,}1268^{10} - 1}{0{,}1268} = 23\,258 \ [\text{DM}].$$

Nein, es gibt keinen Widerspruch. Die unbedeutenden Abweichungen sind lediglich »Peanuts« und beruhen auf Rundungsfehlern.

Herr Dr. X. hat falsche Überlegungen angestellt, indem er den Faktor Zeit nicht beachtete und gedanklich alle Einzahlungen auf den Zeitpunkt null legte. In Wahrheit aber erfolgen die Einzahlungen gleichmäßig verteilt über die zehn Jahre. Die erste erfolgt sofort, die letzte einen Monat vor Ablauf des Sparplans. Damit werden natürlich die Einzahlungen unterschiedlich lange und insbesondere die letzten nur über sehr kurze Zeiträume verzinst. Um daher auf den im Brief genannten Wert von 23 294 DM zu kommen, muss der Zinssatz entsprechend hoch sein.

16 »Was, so lange soll ich zahlen?« Die vollständige Tilgung eines Kredits

Bei jedem Kreditgeschäft erweist sich der Zinsfuß als Pferdefuß.

Erhard Schümmelfeder (geb. 1954),
deutscher Erzieher und Schriftsteller

Bianca braucht dringend Geld. Sie möchte eine Eigentumswohnung kaufen. Daher geht sie zur Bank ihres Vertrauens und beantragt einen Kredit. Nach Prüfung ihrer Zahlungsfähigkeit unterbreitet ihr der zuvorkommende Angestellte auch schnell dieses Angebot:

Darlehenssumme:	*100 000 Euro*
Nominalzinssatz:	*5 % p. a.*
Anfängliche Tilgung:	*1 %*
Art der Tilgung:	*Annuitätentilgung*
Zahlungsweise:	*jährlich nachschüssig*

Da Bianca ein finanzmathematischer Laie ist und weil eine seiner wichtigsten Aufgaben darin besteht, die Kunden umfassend zu beraten, erklärt ihr der Bankangestellte:

»Zunächst müssen Sie wissen, dass die *Annuität* die jährliche Gesamtzahlung ist, die Sie leisten müssen. Sie setzt sich zusammen aus *Zinsen* und *Tilgung*:

$$A_k = Z_k + T_k.$$

Der Index k deutet auf die Periode bzw. das Jahr hin. Bei der *Annuitätentilgung* sind die Annuitäten in jedem Jahr konstant, d. h., es gilt $A_k = A = $ const. Dabei sinken die Zinszahlungen von Jahr zu

© Springer Fachmedien Wiesbaden GmbH, ein Teil von Springer Nature 2019
R. Korn und B. Luderer, *Mathe, Märkte und Millionen*,
https://doi.org/10.1007/978-3-658-23717-2_16

Jahr, während die Tilgungsbeträge in gleichem Maße anwachsen. Das kommt daher, dass der jährliche Tilgungsbetrag Ihre Restschuld verringert, sodass Sie als Darlehensnehmerin auch irgendwann das Darlehen zurückgezahlt haben werden. Auf die geringere Restschuld sind im darauffolgenden Jahr weniger Zinsen zu zahlen; das eingesparte Geld wiederum erhöht den nächsten Tilgungsbetrag.«

»Sehr schön haben Sie das erklärt«, lobt Bianca. »Ich könnte Ihnen noch stundenlang zuhören. Wie lange wird es denn dauern, bis ich das Darlehen vollständig zurückgezahlt haben werde? Ich hoffe, nicht allzu lange.«

»Höchstens 100 Jahre«, lacht der Angestellte. »Deshalb fordert ja die Bank auch eine Mindesttilgung von 1 %.«

»Was? Dann lebe ich ja gar nicht mehr!« Bianca ist sichtlich erschrocken. »Ich dachte, in spätestens 15 Jahren werde ich den Kredit vollständig getilgt haben.«

»Das kann ich Ihnen nicht versprechen«, bedauert der junge Mann. »Warten Sie, wir rechnen gleich einmal aus, wann Sie mit der Rückzahlung fertig sein werden. Dazu können wir Grundformel (13) für die Zeit bis zur vollständigen Tilgung eines Annuitätendarlehens nutzen, deren Gültigkeit Sie mir im Moment einfach glauben müssen:

$$(*) \qquad n = \frac{1}{\ln(1+i)} \cdot \ln \frac{A}{A - S_0 i}.$$

Die Größe A ist die Annuität. Da sie in jedem Jahr konstant ist, ist sie auch gleich der Annuität im ersten Jahr, die sich einfach als Summe von Zinsen und Tilgung im ersten Jahr berechnen lässt:

$$\begin{aligned}
A &= A_1 = Z_1 + T_1 \\
&= \frac{5}{100} \cdot 100\,000 + \frac{1}{100} \cdot 100\,000 \\
&= 5\,000 + 1\,000 = 6\,000.
\end{aligned}$$

Ferner bezeichnet S_0 das Darlehen, sodass $S_0 = 100\,000$ gilt; i ist der vereinbarte Zinssatz, also gilt $i = 5\,\%$. Setzt man diese Größen in die Beziehung $(*)$ ein, ergibt sich:

$$n = \frac{1}{\ln 1{,}05} \cdot \ln \frac{6\,000}{6\,000 - 5\,000} = \frac{\ln 6}{\ln 1{,}05} = 36{,}7.$$

Nach spätestens 37 Jahren haben Sie alles zurückgezahlt.«

»Oh je! Da bin ich ja fast schon Rentnerin.« Bianca ist entsetzt. »So lange soll ich zahlen?«

»C'est la vie.« Der Bankangestellte zuckt mit den Schultern. »So ist das eben.«

»Und wie viel werde ich in dieser Zeit insgesamt gezahlt haben?«, fragt Bianca.

»Gesamtzahlungen sind in der Finanzmathematik völlig ohne Bedeutung«, erklärt der junge Mann. »Sie berücksichtigen nämlich nicht die Zeitpunkte, zu denen die Zahlungen erfolgen. Die Zeitpunkte sind aber außerordentlich wichtig bei finanzmathematischen Überlegungen. Das reine Addieren aller Zahlungen führt zu nichts.«

»Ich möchte es aber trotzdem gerne wissen«, beharrt Bianca auf ihrer Frage.

»Nichts einfacher als das«, erwidert der Angestellte mit sichtlichem Vergnügen. »37 Jahre mal 6\,000 Euro ergibt 222\,000 Euro.«

Bianca erbleicht. 100\,000 Euro bekommt sie und mehr als das Doppelte muss sie zurückzahlen. Nein, damit hatte sie nun wirklich nicht gerechnet.

C'est la vie.

17 Die Generalswitwe und der Anstreicher. Ein Kredit à la Tschechow

> *»Im vergangenen Jahr hatte ich bei ihr einen halben Hunderter geborgt, und jetzt zahle ich ihr jeden Monat einen Rubel.«*
>
> *A. Tschechow*
> *Mein Leben – Die Erzählung eines Provinzbewohners*

Mit diesen Worten beklagt sich der arme Handwerksmeister Andrej Iwanytsch Rettich bei einem jungen Mann und erzählt ihm, dass er aus Geldnot gezwungen war, bei der Generalswitwe und Gutsbesitzerin Jelena Nikiforowna Tscheprakowa einen Kredit aufzunehmen, und nun regelmäßig Zinsen zahlen muss.

Da drängt sich dem finanzmathematisch interessierten Leser doch sofort die Frage auf, wie hoch diese Zinsen sind und ob der Kredit vielleicht überteuert ist. Nun findet man in Tschechows Erzählung keine weiteren Details zu diesem Kredit, was in einem belletristischen Werk wohl auch eher verwunderlich wäre.

Um den Effektivzinssatz dieser Finanzierungsvereinbarung berechnen zu können, sollen daher einige Annahmen getroffen werden. Zunächst wird davon ausgegangen, dass die monatlichen Zahlungen nachschüssig, also jeweils am Monatsende erfolgen, wie das bei Krediten üblich ist.

Unter der Voraussetzung *linearer* unterjähriger Verzinsung sollen jetzt drei realistische Szenarien betrachtet werden:

1. Es erfolgt keine Tilgung, es werden nur Zinsen gezahlt.
2. Die Schuld wird innerhalb von 10 Jahren getilgt.
3. Die Schuld wird im Laufe von 5 Jahren getilgt.

© Springer Fachmedien Wiesbaden GmbH, ein Teil von Springer Nature 2019
R. Korn und B. Luderer, *Mathe, Märkte und Millionen*,
https://doi.org/10.1007/978-3-658-23717-2_17

Als vierter Fall wird nochmals die Situation ohne Tilgung untersucht, wobei bei der Berechnung des Effektivzinssatzes von der zurzeit in Deutschland gültigen gesetzlichen Vorschrift, der Preisangabenverordnung (PAngV), und damit unterjährig von *geometrischer* Verzinsung ausgegangen werden soll.

Fall 1: Keine Tilgung: Der Handwerksmeister zahlt nur Zinsen und das (theoretisch) ewig lange. Es handelt sich um eine sog. *ewige Rente*. Führt man einen Endwertvergleich der gezahlten Zinsen nach einem Jahr mit dem unbekannten Effektivzinssatz i durch, ergibt sich unter Berücksichtigung von Grundformel (4):

$$Z = 1 \cdot (12 + 5{,}5 \cdot i) = 50 \cdot i.$$

Hieraus erhält man nach kurzer Umformung $i = 0,26966 = 26,97\,\%$. Das ist in der Tat ein sehr hoher Zinssatz, den die Generalswitwe vom armen Malermeister Rettich verlangt.

Fall 2: Tilgung innerhalb von zehn Jahren: Die monatlichen Zahlungen enthalten einen Zins- und einen Tilgungsanteil.

Geht man von Annuitätentilgung aus, so ist die jährliche Annuität A, bestehend aus Zins- und Tilgungsbetrag, in jedem Jahr konstant und beispielsweise gleich der Annuität im 1. Jahr. Diese lässt sich leicht berechnen: $A = A_1 = 1 \cdot (12 + 5{,}5 \cdot i)$. Aus der Grundformel (10) für den Barwert einer nachschüssigen Rente[31] folgt somit

$$(*) \qquad 50 = (12 + 5{,}5 \cdot i) \cdot \frac{(1+i)^{10} - 1}{(1+i)^{10} \cdot i}.$$

Leider lässt sich diese Beziehung nicht nach i umformen. Mithilfe eines numerischen Verfahrens bzw. systematischen Probierens ergeben sich beispielhaft diese Werte (natürlich erhält man die Lösung auch mittels eines programmierbaren Taschenrechners):

---

[31] Achtung: Die eben berechnete Annuität ist erst am Jahre**ende** fällig.

i	rechte Seite von $(*)$
0,10	77,11
0,20	54,92
0,23	50,40
0,24	49,04

Man erkennt, dass der Effektivzinssatz zwischen 23 und 24 % liegt. Wer es genau wissen will: Der Effektivzinssatz beträgt 23,29 %, was sich durch Einsetzen in die obige Gleichung $(*)$ leicht überprüfen lässt. Damit ist er etwas kleiner als der im ersten Fall berechnete, was man auch erwarten konnte; er ist aber immer noch sehr hoch.

Fall 3: Tilgung innerhalb von fünf Jahren (in weniger als fünf Jahren lässt sich der Kredit wegen $12 \cdot 4 = 48 < 50$ ohnehin nicht tilgen). Analog zu Fall 2 ergibt sich $i = 7{,}70 \%$, was schon eher ein angemessener Zinssatz ist.

Fall 4: Nun soll unterjährig entsprechend PAngV geometrische Verzinsung vorausgesetzt werden. Dazu wird der auf das Jahr bezogene Zinssatz i entsprechend der Grundformel (15) für den äquivalenten unterjährigen Zinssatz auf den monatlichen Zinssatz i_{mon} umgerechnet:

$$i_{\mathrm{mon}} = \sqrt[12]{1 + i} - 1.$$

Für die zugehörigen Aufzinsungsfaktoren $q = 1 + i$ bzw. $Q = 1 + i_{\mathrm{mon}}$ gilt dann:

$$Q = q^{1/12} \quad \text{bzw.} \quad q = Q^{12}.$$

Der Endwertvergleich nach einem Jahr zwischen dem verzinsten Kapital und den zwölf aufgezinsten Raten liefert unter Nutzung der Summenformel einer geometrischen Reihe

$$50 \cdot i = 1 \cdot (Q^{11} + Q^{10} + \ldots + Q^1 + 1) = \frac{Q^{12} - 1}{Q - 1}.$$

Wegen $i = q - 1 = Q^{12} - 1$ folgt hieraus nach Division durch den Ausdruck $Q^{12} - 1$ (der unter der Voraussetzung, dass überhaupt Zinsen gezahlt werden, ungleich null ist):

$$50 = \frac{1}{Q - 1}.$$

Hieraus resultiert $Q - 1 = \frac{1}{50}$ bzw. $Q = 1{,}02$ und folglich

$$q = Q^{12} = 1{,}02^{12} = 1{,}2682 = 1 + i.$$

Die jährliche Verzinsung beträgt daher 26,82 %. Damit unterscheidet sich das erhaltene Ergebnis nur geringfügig von dem im Fall 1 hergeleiteten.

Eine andere, einfachere Herangehensweise lässt sich im Fall 4 aus der folgenden, auf einen Monat als Zinsperiode bezogenen Überlegung ableiten:

Die monatliche Verzinsung beträgt 2 %, weil Zinsen in Höhe von einem Rubel, bezogen auf ein Kapital von 50 Rubeln, gerade einem Zinssatz von 2 % entsprechen. Dies ergibt eine jährliche Verzinsung von 26,82 %, denn entsprechend Grundformel (15) ergibt sich ein effektiver Jahreszinssatz von

$$i = (1 + i_{\mathrm{mon}})^{12} - 1 = 1{,}02^{12} - 1 = 1{,}2682 - 1 = 0{,}2682.$$

Literatur:

Tschechow A.: Aus den Notizen eines Jähzornigen. Erzählungen. Verlag Philipp Reclam jun., Leipzig 1984, S. 155 ff.

Preisangabenverordnung (PAngV). Bekanntmachung der Neufassung vom 18. Oktober 2002. BGBl. I, S. 4197 ff. in der ab dem 1. Januar 2003 geltenden Fassung

18 Warum ist nominal nicht effektiv? Die Effektivverzinsung eines Sofortdarlehens

$\mathcal{B}$ei den verschiedensten Finanzprodukten und Geldanlagemöglichkeiten weicht der Nominalzinssatz vom Effektivzinssatz ab.[32] Das kann unterschiedliche Gründe haben, zum Beispiel monatliche Zinszahlungen bei eigentlich jährlich zu zahlenden Zinsen. Da der Effektivzinssatz eine der wichtigsten finanzmathematischen Größen ist[33], muss dieser bei jeder finanziellen Vereinbarung korrekt berechnet werden. Dies ist eines der zentralen Probleme der Finanzmathematik.

Caroline möchte gern ein Haus erwerben. Das Ersparte reicht leider nicht, daher benötigt sie dringend Geld. Von ihrer Bausparkasse erhält sie das folgende Angebot:

> *Sie erhalten ein Sofortdarlehen in Höhe von $S = 150\,000$ Euro, das zum Nominalzinssatz $i_{nom} = 4{,}50\,\%$ p. a. zu verzinsen ist, aber keiner laufenden Tilgung unterliegt, sondern mit einem Bausparvertrag gekoppelt ist. Wenn dieser bis zur vereinbarten Höhe angespart ist, wird das Sofortdarlehen aus der Bausparsumme in einem Betrag in voller Höhe getilgt. Die Zahlung der Zinsen erfolgt in nachschüssigen monatlichen Raten der Höhe $r = \frac{1}{12} \cdot S \cdot i_{nom}$.*

Die Dame von der Bausparkasse teilt Caroline mit, dass die Effektivverzinsung des Darlehensvertrages $4{,}59\,\%$ beträgt.

»Wieso denn das«, fragt Caroline, »bei $4{,}50\,\%$ p. a. muss ich doch schon viel zu hohe Zinsen zahlen, und jetzt wollen Sie noch mehr haben? Woher kommt denn dieser Zinssatz überhaupt?« Caroline ist unzufrieden und ärgert sich.

---

[32] Außer bei den einfachsten, den *Plain-Vanilla-Produkten*, siehe S. 102.

[33] Daher ist es gesetzlich vorgeschrieben, diesen stets anzugeben, vgl. die Darlegungen auf S. 86.

© Springer Fachmedien Wiesbaden GmbH, ein Teil von Springer Nature 2019
R. Korn und B. Luderer, *Mathe, Märkte und Millionen*,
https://doi.org/10.1007/978-3-658-23717-2_18

Die freundliche Bausparkassendame erklärt ihr geduldig: »Es hat alles seine Richtigkeit. Sehen Sie, unter Beachtung der Grundformel (15) lässt sich – unter der Voraussetzung *geometrischer* Verzinsung im unterjährigen Bereich, wie es laut Preisangabenverordnung vorgesehen ist – der gesuchte Effektivzinssatz so berechnen:

$$i_{\text{eff}} = \left(1 + \frac{0{,}045}{12}\right)^{12} - 1 = 0{,}045940 \approx 4{,}594\,\%.$$

Würde man hingegen unterjährig *lineare* Verzinsung verwenden, so hat das *Äquivalenzprinzip*[34] zur Bestimmung von i_{eff}, hier in Form des Endwertvergleichs, diese Form:

$$S \cdot i_{\text{eff}} = \frac{1}{12} \cdot S \cdot i_{\text{nom}} \cdot (12 + 5{,}5 \cdot i_{\text{eff}}).$$

Auf der linken Seite stehen die Zinsen, wie sie korrekterweise bei einmaliger Zinszahlung am Jahresende zu zahlen wären, rechts steht die *Jahresersatzrate* als Endwert aller monatlichen Zahlungen entsprechend Grundformel (3). Löst man diese Gleichung nach i_{eff} auf, so ergibt sich nach kurzen Umformungen

$$i_{\text{eff}} = \frac{12 \cdot i_{\text{nom}}}{12 - 5{,}5 \cdot i_{\text{nom}}},$$

was für $i_{\text{nom}} = 4{,}50\,\%$ den (gegenüber linearer Verzinsung) leicht höheren Effektivzinssatz $i_{\text{eff}} = 4{,}595\,\%$ liefert. Dass der Effektivzinssatz beide Male höher als der nominale ist, liegt daran, dass die eigentlich erst am Ende des Jahres fällige Zinszahlung bereits früher erfolgt, nämlich ›häppchenweise‹ jeden Monat. Es hat alles seine Ordnung.«

Obwohl Caroline nicht allzu viel vom Äquivalenzprinzip und von der Rechnung generell verstanden hat, nickt sie zustimmend. Sie will ja nicht als begriffsstutzig dastehen.

---

[34] Entsprechend dem Äquivalenzprinzip lassen sich verschiedene Zahlungen, die – wie hier – zu unterschiedlichen Zeitpunkten erfolgen, nur dann miteinander vergleichen, wenn sie alle auf einen festen Zeitpunkt, beispielsweise auf den Endzeitpunkt oder den Zeitpunkt $t = 0$, bezogen werden.

19 Sandwich mit Auto. Finanzierung mit Haken und Ösen

Um den Verkauf seiner Pkw anzukurbeln, wirbt Autohändler Klüger mit diesem Angebot:

> *Nutzen Sie unsere Sandwich-Finanzierung!*
> *Zahlen Sie jetzt nur die Hälfte des Kaufpreises*
> *und erst in drei Jahren die zweite Hälfte.*
> *Und das alles ohne Zinsen!*

Klingt verlockend. Anstelle sofort den vollen Kaufpreis hinzublättern, zahlt der Käufer nur die Hälfte, erfreut sich dann seines Lebens und seines Autos und erst dann, nach drei Jahren, zahlt er die andere Hälfte des Preises.

»Warum heißt das Sandwich-Finanzierung?«, fragt sich Kevin Klug. »Wo ist denn hier der Sandwich?« Doch schnell kommt er drauf – erst kommt der halbe Preis, dann das Auto, dann wieder das Geld. Ein mit Auto belegter Sandwich. »Schön dumm, wer sofort alles zahlt«, überlegt sich Kevin. »Ich könnte zwar den vollen Kaufpreis sofort in bar hinlegen, aber das werde ich dem Händler nicht verraten. Lieber bringe ich die andere Hälfte zur Bank und lasse mir diese gut verzinsen. Bei drei Jahren Laufzeit muss mir die Bank ja einen ordentlichen Zinssatz anbieten, wäre ja gelacht.«

Kevin denkt noch ein bisschen nach. »Außerdem handle ich noch einen satten Rabatt auf den Listenpreis heraus, 8 % schaffe ich bestimmt!«, meint er prahlerisch zu seinem Freund Patrick. »Vielleicht noch einen Satz Winterreifen und ... die kostenlose Anmeldung auf der Zulassungsstelle und ... eine Flasche Sekt und ...« Er reibt sich die Hände in Vorfreude auf den guten Deal. »Wie hieß doch gleich der Autohändler? Klüger? Na, wir werden sehen, wer der Klügere ist.«

© Springer Fachmedien Wiesbaden GmbH, ein Teil von Springer Nature 2019
R. Korn und B. Luderer, *Mathe, Märkte und Millionen*,
https://doi.org/10.1007/978-3-658-23717-2_19

Die erste Enttäuschung folgt stehenden Fußes.

»Rabatt ist nicht drin«, brummt der Händler. »Jedenfalls nicht bei der Sandwich-Finanzierung. Ich schenke Ihnen ja schon den halben Preis.«

»Von Schenken kann ja wohl keine Rede sein«, entgegnet Kevin. »Ich zahle nur später.« Er ist frustriert und verschiebt den Kauf.

Zu Hause berät er sich mit seinem Freund Patrick, dem Bachelor. Nein, nicht der aus dem Fernsehen, sondern Student der Finanzmathematik. »Wäre gut zu wissen, wie viel Prozent Rabatt ich aushandeln müsste, damit Sofortzahlung des vollen Kaufpreises inklusive Rabatt gleich gut ist wie Sandwich-Finanzierung ohne Rabatt, wenn ich mein Geld zu einem bestimmten Zinssatz angelegt habe. Dann könnte ich immer noch entscheiden, welche Variante ich wählen soll. Wie viel Rabatt müsste ich denn bekommen, wenn mir meine Bank jährlich 5 % an Zinsen zahlt?«

»Warte, das Problem lösen wir gleich allgemein«, strahlt Patrick, kann er doch so seine im Studium erworbenen Kenntnisse nutzen. »Pass auf, den Rabatt bezeichnen wir mit r, also zum Beispiel $r = 8\% = 0,08$.«

»Heißt das, wenn mein Schlitten 20 000 Euro kostet, dann muss ich 1 600 Euro heraushandeln?«

»Genau!«

»Okay, und den Zinssatz nennen wir i, zum Beispiel $i = 5\%$.«

»Korrekt!«, bestätigt Patrick. »Jetzt bezeichnen wir noch den Kaufpreis mit P und machen einen *Barwertvergleich.*«

»Einen was?« Kevin rollt mit den Augen.

»Einen Barwertvergleich. Das heißt, wir vergleichen die Barwerte, also die heutigen Werte beider Zahlungsvarianten. In der Finanzmathematik lassen sich Zahlungen nämlich nur dann miteinander vergleichen, wenn sie sich auf ein und denselben Zeitpunkt beziehen. Das nennt man *Äquivalenzprinzip*«, prahlt Patrick. Er ist so richtig in Fahrt gekommen.

Variante 1: Sofortzahlung mit Rabatt. Dann beträgt der zu zahlende Betrag

$$P - r \cdot P = (1 - r) \cdot P.$$

Weil er sofort zu zahlen ist, ist dieser Betrag auch gleich seinem Barwert.

Variante 2: Sandwich-Finanzierung – jetzt die Hälfte und in drei Jahren die andere Hälfte. Da die erste Hälfte wieder sofort zu bezahlen ist, stimmt sie mit ihrem Barwert überein.

Die zweite Hälfte ist erst in drei Jahren fällig. Damit ergibt sich ihr heutiger Wert durch Abzinsen über drei Jahre, was laut Grundformel (6) auf $\frac{P}{2} \cdot \frac{1}{(1+i)^3}$ führt. Insgesamt lautet der Barwert bei Sandwich-Finanzierung

$$\frac{P}{2} + \frac{P}{2} \cdot \frac{1}{(1+i)^3}.$$

Patrick setzt fort: »Jetzt setzen wir die Barwerte beider Zahlungsvarianten gleich, dividieren durch P und erhalten

$$1 - r = \frac{1}{2} + \frac{1}{2} \cdot \frac{1}{(1+i)^3}.$$

Lösen wir diese Beziehung nach i auf, ergibt sich nach kurzer Rechnung

$$(*) \qquad i = \sqrt[3]{\frac{1}{1 - 2r}} - 1.$$

Das war schon alles.«

»Du bist ein Genie!« Kevin ist echt beeindruckt von Patricks Rechnerei. »Und was sagt mir die Formel $(*)$?«

»Wenn du den beim Autokauf erzielten Rabatt r vorgibst, kannst du den Zinssatz i berechnen, den du mit deiner Geldanlage erzielen musst, damit beide Varianten gleich sind. Warte, ich stelle eine kleine Tabelle für dich auf:

r	i
2 %	1,37
4 %	2,82
6 %	4,35
8 %	5,98
10 %	7,72

Alles klar?«

»Klar. Ich bekomme einen Zinssatz von 5 % jährlich von meiner Bank, daher muss ich mindestens 6 bis 7 % Rabatt beim Kauf aushandeln. Kleinigkeit für mich!«

Umgekehrt, löst man die Gleichung (∗) nach r auf, ergibt sich

$$(**) \qquad r = \frac{(1+i)^3 - 1}{2(1+i)^3}.$$

Auf diese Weise kann man bei gegebenem Zinssatz den auszuhandelnden Rabatt exakt berechnen. Bei einem exemplarisch angenommenen Zinssatz von $i = 5\%$ für die Geldanlage müsste man $r = 6{,}81\%$ Rabatt erzielen, damit beide Zahlungsvarianten gleichwertig sind.

Kevin eilt zum Autohändler, verzichtet dankend auf die Sandwich-Finanzierung und verlangt einen hohen Rabatt. Doch die zweite Enttäuschung naht.

»Was, 7 % Rabatt?«, lacht der Autohändler. »2 % sind drin und ... eine Flasche Sekt. Das ist mein letztes Angebot und mein letztes Auto. Alle schon weg.«

Wie hieß gleich der Autohändler?

20 Der beflissene Sparkassenangestellte. Sparkassen-kapitalbriefe und Bunsdesobligationen

Es gibt Anlageberater, die Renditen garantieren.
Aber wer garantiert für die Anlageberater?

Lebensweisheit

Eric beauftragt seine Sparkasse, ihm für 6 000 Euro Bundesobligationen (Anleihe mit fünf Jahren Laufzeit, jährliche Zinszahlungen in Höhe von 2,40 % des Nominalkapitals, nach fünf Jahren Rückzahlung des Nominalkapitals) bei der Bundesbank zu kaufen.

Da diese zur Zeit einen Ausgabekurs von 100 aufweisen, wird ihre Rendite ebenfalls mit 2,40 % angegeben. Ein junger, eifriger Sparkassenangestellter, der gern ein Produkt des eigenen Hauses an den Mann bringen möchte (erhält er doch eine Provision dafür), preist dagegen Sparkassenkapitalbriefe mit derselben Laufzeit und jährlichen Zinszahlungen von 2,30 % mit den Worten an: »Da habe ich hier etwas viel Besseres für Sie. Ein Produkt unseres Hauses.«

Kapitalbriefe der Sparkasse C.
Jährliche Zinszahlung von 2,30 %.
Rückzahlung zum Nominalwert.
Ab 5 000 Euro Geldanlage.

Er meint: »Die Rendite unserer Sparkassenkapitalbriefe ist beträchtlich höher als 2,30 % und ganz gewiss auch höher als 2,40 %, denn Sie können die ausgezahlten Zinsen ja wieder anlegen.«

Eric zweifelt: »Stimmt das?« Ihm kommt das seltsam vor, denn beide Produkte weisen dieselbe Struktur der Zahlungsströme auf. »Das spricht doch sofort zugunsten der Bundesobligationen«, meint er.

»Nein, nein«, entgegnet der Angestellte. »Glauben Sie mir, Sie müssen die Zinsen noch berücksichtigen.«

© Springer Fachmedien Wiesbaden GmbH, ein Teil von Springer Nature 2019
R. Korn und B. Luderer, *Mathe, Märkte und Millionen*,
https://doi.org/10.1007/978-3-658-23717-2_20

Eric ist sich trotzdem unsicher (mit Recht!) und fragt seinen Freund Patrick, den Finanzmathematik-Bachelor. Der ist sofort bereit, Eric seine im Studium erworbenen Kentnisse zu vermitteln.

»Wir wenden – wie so oft in der Finanzmathematik – das *Äquivalenzprinzip* an, um nachzuweisen, dass die Rendite (bzw. der Effektivzinssatz) i_{eff} in beiden Fällen gleich dem Nominalzinssatz i_{nom} ist. Dieses besagt bekanntlich, dass man sich beim Vergleich verschiedener Zahlungen stets auf **einen** Zeitpunkt beziehen muss. Wird dafür $t = 0$ gewählt, spricht man von *Barwertvergleich*. Hier würde sich dafür der Kaufzeitpunkt anbieten.«

Patrick beginnt mit seinen Erklärungen. Dabei geht er von dem in der Abbildung dargestellten Zahlungsstrom aus[35] und bezeichnet mit N den Nominalwert der Geldanlage, also $N = 6\,000$. Dann betragen die Zinsen $Z = N \cdot i_{\text{nom}}$, im vorliegenden Beispiel also $Z = 6\,000 \cdot \frac{2{,}40}{100} = 144$ [Euro].

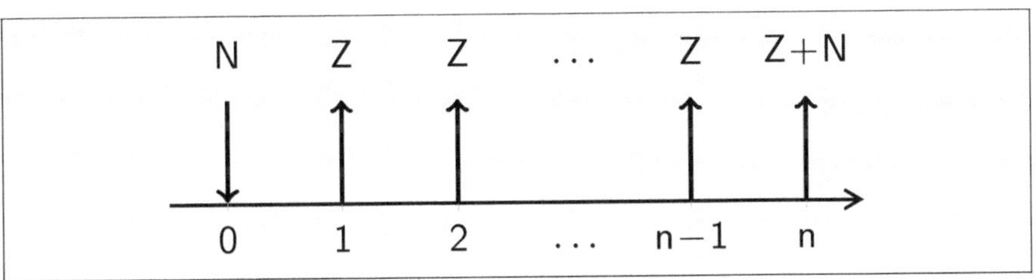

Abb. 8: Zahlungsstrom von Anleihen und Bundesobligationen (für letztere gilt n = 5)

Ferner wird $q = 1 + i_{\text{eff}}$ gesetzt. Der Barwert der Einzahlung beträgt offensichtlich $B_1 = N$, während bei einer Verzinsung mit dem unbekannten Zinssatz i_{eff} der Barwert aller Rückzahlungen entsprechend der Grundformeln (6) und (10) für den Barwert bei Zinseszinsrechnung sowie den Barwert der nachschüssigen Rente

$$B_2 = \frac{N}{q^n} + Z \cdot \frac{q^n - 1}{q^n(q - 1)}$$

---

[35]Patrick setzt einen Anleihekurs von 100 voraus.

lautet. Gleichsetzen der beiden Größen B_1 und B_2 und Division durch N liefert

$$1 = \frac{1}{q^n}\left(1 + i_{\text{nom}} \cdot \frac{q^n - 1}{q - 1}\right).$$

Nach kurzer Umformung erhält man

$$q^n = 1 + i_{\text{nom}} \cdot \frac{q^n - 1}{q - 1} \quad \text{bzw.} \quad q^n - 1 = i_{\text{nom}} \cdot \frac{q^n - 1}{q - 1}$$

und schließlich

$$1 = \frac{i_{\text{nom}}}{q - 1}.$$

Bei der letzten Umformung wurde durch $q^n - 1$ dividiert, was legitim ist, geht man von der sinnvollen Voraussetzung $i_{\text{eff}} \neq 0$ aus. Aus der zuletzt erhaltenen Beziehung ergibt sich $q = 1 + i_{\text{nom}}$, das heißt $i_{\text{eff}} = i_{\text{nom}}$.

»Siehst du, die Rendite ist also gleich dem Nominalzinssatz«, meint Patrick zu Eric. Damit sind die Bundesobligationen mit ihrem höheren Zinssatz natürlich besser als die Sparkassenkapitalbriefe und der Sparkassenangestellte hat unrecht.«

»Aber was mache ich mit den anfallenden Zinszahlungen?« Eric ist immer noch ein bisschen von den Aussagen des Sparkassenangestellten irritiert. »Muss ich die wieder anlegen? Welchen Zinssatz kann ich damit erzielen? Das weiß ich doch heute noch nicht.«

»Die Rendite (der Effektivzinssatz) ist zunächst einmal eine wichtige Rechengröße, und zwar die allgemein übliche, die dem Vergleich von Finanzprodukten oder finanziellen Vereinbarungen dient. Sie stellt einen durchschnittlichen Zinssatz dar, der sich in aller Regel auf ein Jahr bezieht und alle Besonderheiten des Produkts[36] berücksichtigt, sofern es solche gibt.«

---

[36]Mögliche Besonderheiten sind: Agio (Aufpreis/Aufgeld, z. B. auf den Nennwert eines Wertpapiers), Disagio (Abschlag), unvollständige Auszahlung, zeitliche Verschiebung, unterjährige Verzinsung, Gebühren usw.

»Welche Besonderheiten weisen die Bundesobligationen denn auf?«, möchte Eric wissen.

»Bundesobligationen haben keine Besonderheiten, die vereinbarten Zinsen werden zur festgesetzten Zeit gezahlt, es ist ein typisches *Plain-Vanilla-Produkt*.[37] Dabei wird davon ausgegangen, dass alle zwischenzeitlichen Zinszahlungen zu eben diesem Effektivzinssatz wieder angelegt werden. Das nennt man *Wiederanlageprämisse*. Ob man die errechnete Rendite am Ende auch tatsächlich realisieren kann, ist eine andere Frage, denn die Verzinsung von Geldanlagen ist erstens laufzeitabhängig, zweitens sind Zinssätze am Markt stets Schwankungen unterworfen. Daher gibt es in der Finanzwelt auch Gegner der Wiederanlageprämisse, aber das ist, wie Fontane sagt, ein ›weites Feld‹.«

»Irgendwie habe ich das immer noch nicht verstanden«, quält sich Eric. »Kannst du es mir noch einmal anders erklären?«

»Ich will es versuchen«, erwidert Patrick. »Man kann sich das so vorstellen: Geht man von einem Zinssatz aus, der gleich der ermittelten Rendite ist, so kann man aus dem eingesetzten Kapital N alle vereinbarten Zahlungen, also die Zinsen und die Schlussrückzahlung, gewährleisten, dann ist das Geld alle oder – wie man auch sagt – das Kapital ist ›verzehrt‹.«

»Und welches Produkt ist nun letztendlich besser?«, möchte Eric wissen.

»Natürlich die Bundesobligationen. Sie weisen die gleiche Struktur des Zahlungsstroms wie die Sparkassenkapitalbriefe auf, garantieren aber die höheren Zinsen.«

---

[37]Vergleiche die Geschichte auf S. 102.

21 7 500 Euro monatlich – ein Leben lang. Oder besser zwei Millionen sofort?

Felicitas ist glücklich! Sie hat in der Lotterie gewonnen – eine monatliche Rente von sage und schreibe 7 500 Euro und das ein ganzes Leben lang. Natürlich ist ihre Freude riesengroß. Zumindest anfangs. Nachdem allerdings der erste Rausch verflogen ist, überlegt sie: »7 500 Euro jeden Monat – gut und schön, sehr schön sogar. Aber eine größere Summe sofort wäre mir noch lieber. Dann könnte ich mir exquisite Kleidung kaufen, einen HD-Fernseher, ein schickes Cabrio. Ich könnte eine Weltreise unternehmen. Vielleicht würde es noch für ein Häuschen reichen, evtl. sogar für eine Yacht …«

Das hängt natürlich von der Summe ab, die Felicitas sofort bekäme, vorausgesetzt, dies wäre nach den Spielbedingungen überhaupt möglich. Nehmen wir also einmal an, der Gewinn kann auch in einer einzigen Summe ausgezahlt werden. Wie hoch müsste diese dann sein?

Felicitas macht eine Überschlagsrechnung: »7 500 Euro multipliziert mit zwölf ergibt 90 000 Euro pro Jahr. 50 bis 60 Jahre werde ich ganz bestimmt noch leben, vielleicht auch 70. Das hoffe ich zumindest. Ergibt 5,4 Millionen Euro.« Sie denkt ein bisschen nach: »Und dann noch die Zinsen! Mit 10 Millionen insgesamt kann ich auf alle Fälle rechnen. Möglicherweise sogar mit einer noch größeren Summe. Großartig!«

Halt! Sind Felicitas' Erwartungen berechtigt? Das soll jetzt mit Mitteln der Finanzmathematik genauer untersucht werden. Da es um regelmäßige Zahlungen geht, ist die Rentenrechnung einzusetzen, und weil die Summe sofort gezahlt werden soll, geht es um den *Barwert*. Das wäre der Betrag, den die Lotteriegesellschaft vorhalten müsste, um daraus, inklusive anfallender Zinsen, alle zukünftigen Zahlungen leisten zu können. Die Barwertformel der nachschüssigen Rentenrechnung (Grundformel (10)) lautet

$$(*) \qquad B = R \cdot \frac{(1+i)^n - 1}{(1+i)^n \cdot i}.$$

Dabei sind B der zu berechnende Barwert, R eine am Jahresende zu zahlende Rate[38], i der zugrunde zu legende jährliche Kalkulationszinssatz (in finanzmathematischen Überlegungen wird Geld immer angelegt) und n die Laufzeit der Rente oder auch die Anzahl der Perioden bzw. Jahre.

Zunächst einmal kümmern wir uns um die Rate R. Diese ist laut Voraussetzung am Jahresende zu zahlen, wohingegen der Gewinn monatliche Zahlungen, bezeichnet mit r, vorsieht. Es soll angenommen werden, dass diese jeweils zu Monatsbeginn erfolgen. Wie kann man nun das eine in das andere umrechnen? Grundformel (3) liefert die Antwort:

$$R = r \cdot (12 + 6{,}5 \cdot i).$$

Dieser Wert, genannt *Jahresersatzrate*, weil sie als Ersatz für die zwölf monatlichen Zahlungen dient, kann dann in die obige Rentenformel (*) eingesetzt werden. In Felicitas' Fall gilt $r = 7\,500$ Euro.

Jetzt haben wir uns noch mit den beiden Größen n und i zu befassen. Angenommen, Felicitas ist eine junge Frau von 23 Jahren. Dann hat sie – statistisch gesehen – noch ca. 60 Jahre zu leben, d. h. $n = 60$.

Aber was machen wir mit dem Zinssatz i? Dieser müsste ja über all die 60 Jahre gleich bleiben. Tatsächlich aber schwanken Zinssätze praktisch täglich. In den letzten Jahren waren die Zinssätze, auch die langfristigen, extrem niedrig. So lag beispielsweise Anfang des Jahres 2013 der Zinssatz für 30-jährige US-Staatsanleihen – ein guter

---

[38]Dies ist nur eine Rechengröße, denn die Zahlungen erfolgen ja vertragsgemäß monatlich. Sie entspricht dem Wert, auf den die zwölf monatlichen Zahlungen am Jahresende angewachsen sind.

Indikator für Zinssätze langfristiger Geldanlagen – bei mageren 3 %. Andererseits gab es auch schon Hochzinsphasen, etwa in Deutschland Anfang der 1990er Jahre. Damals waren Zinssätze von 8 oder 9 % keine Seltenheit. In den 1980er Jahren wurden sogar zweistellige Zinssätze notiert. Nehmen wir also einmal einen durchschnittlichen Satz von 5 % an. Dann entsprechen die 7 500 Euro monatlich gemäß der Grundformel (3) einer Zahlung von

$$R = 7\,500 \cdot (12 + 6, 5 \cdot 0, 05) = 92\,437, 50 \quad [\text{Euro}]$$

am Jahresende. Setzt man diese Größe sowie $i = 0, 05$ und $n = 60$ in die obige Beziehung (∗) ein, erhält man

$$B = 92\,437, 50 \cdot \frac{1, 05^{60} - 1}{1, 05^{60} \cdot 0, 05} = 1\,749\,776, 20,$$

also etwa 1,75 Millionen Euro.[39]

»Was, so wenig?«, ruft Felicitas bestürzt aus. »Ist denn das die Possibility? Das kann niemals stimmen! Dann nehme ich doch lieber die lebenslange Rente.«

Hat Felicitas recht? Ist die berechnete Sofortzahlung von 1,75 Millionen zu niedrig? Nein, das ist sie nicht. Es ist tatsächlich der korrekte Gegenwert der lebenslangen Zahlungen. Dieser erscheint nur deshalb so niedrig, weil es sich um den *Barwert* handelt, weshalb zum Vergleich der beiden Zahlungsvarianten (einmalige sofortige Zahlung versus monatliche lebenslange Überweisungen) alle zukünftigen Zahlungen mit 5 % abgezinst werden müssen.

Eine andere Überlegung führt zu Folgendem: Würde man Felicitas die Summe von 1,75 Millionen auszahlen und sie diese zur Bank tragen

---

[39]Selbstverständlich kann man die Rechnungen auch mit anderen Werten für i durchführen. So ergibt sich bspw. für den etwas höheren Zinssatz $i = 6\,\%$ der niedrigere Barwert von 1,502 Mio. Euro, während für $i = 2\,\%$ ein deutlich höherer Barwert von 3,162 Mio. Euro resultiert. Bei $i = 4\,\%$ erhält man 2,1 Mio. Euro als Barwert (eine Summe, die noch von Bedeutung sein wird).

und zu 5 % anlegen, so könnte sie sich selbst monatlich 7 500 Euro »Taschengeld« auszahlen, während der Rest weiter verzinst werden würde. Nach 60 Jahren wäre das Kapital vollständig aufgebraucht.

Natürlich kann man auch andere Laufzeiten n in die Rechnung einfließen lassen. Für $n = 77$, wenn Felicitas 100 Jahre alt werden würde, erhält man bei einem unveränderten Zinssatz von 5 % den nur geringfügig höheren Barwert von 1,806 Mio. Euro. Lebt Felicitas gar »unendlich lange«, kommt man unter Verwendung der Barwertformel der ewigen nachschüssigen Rente (Grundformel (11)) auf $B = 92\,437{,}50/0{,}05 = 1{,}849$ Mio. Euro. Wie man sieht, hat die Laufzeit nur einen relativ geringen Einfluss auf den Barwert, der Einfluss des Kalkulationszinssatzes ist wesentlich größer.

Wie sieht es nun im realen Leben aus? In Deutschland gibt es tatsächlich eine ähnliche Lotterie – die »Glücksspirale«. Schaut man sich deren Spielbedingungen genauer an, stellt man fest, dass der versprochene Gewinn von 7 500 Euro dort für einen 18-Jährigen gilt.[40] Für ältere Personen werden monatlich höhere Beträge gezahlt. Bis vor Kurzem gab es zwischen Männern und Frauen leichte Unterschiede, was an der unterschiedlichen statistischen Lebenserwartung liegt, die den Zeitraum der Auszahlungen bestimmt. Seit 2013 wird allerdings mit sog. Unisex-Tarifen gerechnet, Männer und Frauen werden somit gleich behandelt. Den Auszahlungen wird ein Kapitalstock von 2,1 Millionen Euro zugrunde gelegt. Auch der Kalkulationszinssatz bzw. *Höchstrechnungszinssatz*[41], der zurzeit 0,9 % beträgt, spielt eine nicht unwesentliche Rolle.

Mit Stand vom April 2013 ergaben sich aus dieser Summe entsprechend versicherungsmathematischen Rechenvorschriften (vgl. bspw. Ortmann) die in der Tabelle auf S. 74 exemplarisch dargestellten monatlichen Zahlungen. Da das Lebensalter einer konkreten Person nicht vorhersagbar ist, bilden Sterbetafeln und Lebenserwartungen

---

[40] Die Spielteilnahme ist ohnehin erst ab 18 Jahren erlaubt.

[41] Dieser wird auf Beschluss des Bundesfinanzministeriums festgelegt; 2013 betrug er 1,75 %. Irrtümlich wird er oftmals als *Garantiezinssatz* bezeichnet.

die Grundlage versicherungsmathematischer Formeln und Methoden. Dies macht die Berechnungen relativ kompliziert.

Übrigens, eine Sofortzahlung ist in der »Glücksspirale« nicht vorgesehen. Andererseits kann der noch nicht ausgezahlte Teil des Kapitalstocks von 2,1 Millionen Euro vererbt werden.

Eintrittsalter	monatliche Rente (in Euro) Frauen und Männer
18	7 502
20	7 508
25	7 532
30	7 565
35	7 676
40	7 898
45	8 186
50	8 562
55	9 057
60	9 716
65	10 594
70	12 206
80	17 262
90	27 118
100	39 784

Literatur:

http://www.gluecksspirale.de/fileadmin/templates/gs/uploads/Pressemappe_2012.pdf.

http://www.gluecksspirale.de/navigation/die-gluecksspirale/rententabelle/

Ortmann K. M.: Praktische Lebensversicherungsmathematik. Mit zahlreichen Beispielen sowie Aufgaben plus Lösungen, 2. Aufl., Springer Spektrum, Wiesbaden 2015

Sterbetafel 2009/2011. Statistisches Bundesamt, Wiesbaden 2012

22 Autofinanzierung ohne Zinsen – ein Schnäppchen?

Alles Schwarz, Weiß und Silbergrau ringsum – und mein Auto ist noch blau! Völlig aus der Mode, diese Farbe. Höchste Zeit, sich einen neuen Wagen zu kaufen. Allein mit dem nötigen Kleingeld hapert es. Gott sei Dank gibt es da die Null-Prozent-Finanzierung:

Da bekomme ich meinen Neuen sofort (in Schwarz oder Weiß natürlich, ich will doch nicht auffallen! Oder doch lieber in der Trendfarbe Ökobraun?) und ich muss noch nicht einmal Zinsen zahlen. Würde ich hingegen bei irgendeiner Bank einen Kredit aufnehmen, um das Auto bar bezahlen zu können, hätte ich so um die 5 bis 7 % an jährlichen Zinsen zu zahlen. Der Autohändler und seine Bank aber schenken mir die Zinsen. Prima Kerle! Obwohl, so dicke haben die's doch auch nicht, liest man immer in der Zeitung. Und jetzt schenken sie mir einfach so die Zinsen?

Da kann doch irgendetwas nicht stimmen. »There is no free lunch at the market« – keiner hat etwas zu verschenken! Wo also liegt der Hase im Pfeffer? Ganz einfach: Würde ich den Wagen sofort bar bezahlen, könnte ich vielleicht 5 oder 8 oder gar 10 % des Kaufpreises als Rabatt aushandeln. Der entfällt natürlich bei einer Finanzierung. Stellt sich die Frage: Welchem Effektivzinssatz entspricht die Finanzierung, berücksichtigt man den entgangenen Rabatt?

Die Finanzmathematik liefert die Antwort. Angenommen, das Auto kostet 20 000 Euro, der Rabatt beträgt 10 % und die Finanzierung erfolgt über 36 Monate bei 0 % Zinsen. Dann beträgt jede Monatsrate 555,56 Euro, und der Vergleich der Barwerte bei Sofortzahlung einer-

© Springer Fachmedien Wiesbaden GmbH, ein Teil von Springer Nature 2019
R. Korn und B. Luderer, *Mathe, Märkte und Millionen*,
https://doi.org/10.1007/978-3-658-23717-2_22

seits und bei Finanzierung andererseits (das *Äquivalenzprinzip* der Finanzmathematik) führt gemäß der *Preisangabenverordnung* (PAngV), die unterjährig geometrische Verzinsung bzw. Abzinsung vorschreibt, sowie der Grundformel (10) für den Barwert einer nachschüssigen Rente auf die Beziehung

$$\left(1 - \frac{10}{100}\right) \cdot 20\,000 = \sum_{k=1}^{36} \frac{555,56}{(1+i)^{\frac{k}{12}}}$$

$$= 555,56 \cdot \frac{(1+i)^{\frac{36}{12}} - 1}{(1+i)^{\frac{36}{12}} \cdot \left[(1+i)^{\frac{1}{12}} - 1\right]},$$

und somit auf die Gleichung

$$(*) \qquad 18\,000 = 555,56 \cdot \frac{(1+i)^3 - 1}{(1+i)^3 \cdot \left[(1+i)^{\frac{1}{12}} - 1\right]}.$$

Es ist leider nicht möglich, die Gleichung $(*)$ nach i aufzulösen bzw. umzustellen, sondern der gesuchte Zinssatz i kann nur mittels numerischer Verfahren, beispielsweise der Intervallhalbierungsmethode, bestimmt werden (vgl. S. 9). Im vorliegenden Fall beträgt er ca. 7,2 %, wie man unter Verwendung eines Taschenrechners durch Einsetzen von $i = 0{,}072$ in $(*)$ mehr oder weniger leicht nachprüft.

Die Null-Prozent-Finanzierung entpuppt sich also in Wahrheit als ein Kredit mit einem Effektivzinssatz von über 7 %. Wie gesagt – »there is no free lunch«.

Literatur:

Luderer B.: Starthilfe Finanzmathematik. Zinsen – Kurse – Renditen. 4. Aufl., Springer Spektrum, Wiesbaden 2015

Preisangabenverordnung (PAngV). Bekanntmachung der Neufassung vom 18. Oktober 2002. BGBl. I, S. 4197 ff. in der ab dem 1. Januar 2003 geltenden Fassung

23 Zinsen in jedem Augenblick – ist das nicht herrlich? Stetige Verzinsung

Der Zins kennt keine Pause. Er arbeitet auch nachts und am Sonntag. Sogar an Regentagen.

Josh Billings (1818–1885),
amerikan. Schriftsteller und Humorist

Patricia ist BWL-Studentin. Sie kommt zu ihrem Freund Patrick, der im 3. Semester Finanzmathematik studiert, und fragt: »Kannst du mir das bitte erklären? Ich habe Festgeld für sechs Monate angelegt, wofür ich einen Nominalzinssatz von 4 % erhalte. Die Beraterin in der Bank meinte aber, der tatsächliche Zinssatz sei höher, wie hoch, wusste sie allerdings selbst nicht.«

»Ich glaube, ich weiß, was sie meint, Pat. Es geht um den sog. *Effektivzinssatz*. Das ist einfach, das kann ich dir gern vorrechnen«. Patrick freut sich, kann er doch seiner Freundin zeigen, was er bisher gelernt hat. »Nehmen wir einmal an, du legst 1000 Euro für ein halbes Jahr fest an. Bei 4 % p. a. wären das 40 Euro Zinsen im Jahr und im halben Jahr 20 Euro, sodass du nach sechs Monaten 1020 Euro auf deinem Konto hast. Im Allgemeinen wird innerhalb eines Jahres linear verzinst, was in der Grundformel (1)

$$K_t = K_0 \cdot (1 + it)$$

Ausdruck findet. Bei dir gilt also

$$K_{\frac{1}{2}} = 1\,000 \cdot \left(1 + 0{,}04 \cdot \frac{1}{2}\right) = 1\,020.$$

Diese Formel kannst du auf zweierlei Weise interpretieren. Entweder du belässt den Zinssatz i, der für ein Jahr gilt, und nimmst als Zeitraum $t = \frac{1}{2}$ oder aber du nimmst als neuen Zinssatz $\frac{i}{2}$, der aber jetzt

© Springer Fachmedien Wiesbaden GmbH, ein Teil von Springer Nature 2019
R. Korn und B. Luderer, *Mathe, Märkte und Millionen*,
https://doi.org/10.1007/978-3-658-23717-2_23

für die neue, kürzere Zinsperiode von einem halben Jahr gilt. Beide Sichtweisen führen auf dasselbe Ergebnis.«

»Das habe ich gut verstanden, und weiter?«

»Nun lässt du dein Geld ein weiteres halbes Jahr stehen. Dann hast du nach einem Jahr einen Endwert von

$$K_1 = \left[K_0 \cdot \left(1 + \frac{i}{2} \right) \right] \cdot \left(1 + \frac{i}{2} \right) = K_0 \cdot \left(1 + \frac{i}{2} \right)^2.$$

In deinem Fall ergibt sich

$$K_1 = 1\,000 \cdot \left(1 + \frac{0,04}{2} \right)^2 = 1\,000 \cdot 1{,}02^2 = 1\,040{,}40,$$

was etwas mehr als 1 040 Euro ist, die es bei einmaliger Verzinsung am Jahresende gäbe. Das kommt vom *Zinseszinseffekt.*«

»Welchem Zinssatz würde denn meine Festgeldanlage über zwei mal sechs Monate entsprechen?«

»Warte, das erkläre ich dir gleich allgemeiner«, redet sich Patrick in Rage. »Wir teilen das Jahr in m gleiche Teile der Länge $\frac{1}{m}$ ein. Für $m = 12$ beispielsweise hätten wir dann monatliche Verzinsung. In jedem dieser kurzen Teile gilt ein Zinssatz von $\frac{i}{m}$, der *relativer unterjähriger Zinssatz* genannt wird. Dann lautet der Endwert nach einem Jahr bei m-maliger Verzinsung

$$K_1^{(m)} = K_0 \cdot \left(1 + \frac{i}{m} \right)^m,$$

der größer als der Endwert $K_1 = K_0 \cdot (1 + i)$ bei einmaliger Verzinsung mit dem Zinssatz i ist. Der zu $K_1^{(m)}$ gehörige *Effektivzinssatz* i_{eff} beträgt entsprechend der obigen Rechnung[42]

$$i_{\text{eff}} = \left(1 + \frac{i}{m} \right)^m - 1$$

---

[42]Dazu hat man vom Ansatz $K_1^{(m)} = K_0 \cdot (1 + i_{\text{eff}})$ auszugehen.

(vgl. Grundformel (15)). Ich zeige dir das einmal mithilfe des folgenden Beispiels:

m	Verzinsung	Endwert $K_1^{(m)}$		i_{eff}
1	jährlich	$5\,000 \cdot 1{,}06^1$	$= 5\,300{,}00$	$6{,}00\,\%$
2	halbjährlich	$5\,000 \cdot \left(1 + \frac{0{,}06}{2}\right)^2$	$= 5\,304{,}50$	$6{,}09\,\%$
4	vierteljährlich	$5\,000 \cdot \left(1 + \frac{0{,}06}{4}\right)^4$	$= 5\,306{,}82$	$6{,}14\,\%$
12	monatlich	$5\,000 \cdot \left(1 + \frac{0{,}06}{12}\right)^{12}$	$= 5\,308{,}39$	$6{,}17\,\%$

Ein Kapital von 5 000 Euro wird bei 6 % Verzinsung p. a. für ein Jahr angelegt. Dann ergeben sich für verschiedene Werte von m die folgenden Resultate:

Siehst du, je größer m wird, je kürzer also die Zinsperioden werden, desto höher ist der Effektivzinssatz.«

»Würde dann $m = 360$ dem Tagesgeld entsprechen, das viele Banken anbieten?«, will Patricia wissen.

»Nein, Pat. Jetzt verwechselst du zwei Dinge. Tagesgeld bedeutet, dass es täglich verfügbar ist, aber nicht, dass täglich die Zinsverrechnung erfolgt«, erklärt Patrick. »Aber $m = 360$ entspricht täglicher Verzinsung. Insofern hast du recht.«

»Patrick, in deiner Tabelle steigen doch die Endwerte und die Effektivzinssätze immer mehr an«, stellt Patricia fest. »Wenn m immer größer wird, werden dann die Endwerte auch unbegrenzt groß? Das wäre fein! Dann würde ich mir mein Geld jede Stunde, jede Minute oder – noch besser – jede Sekunde verzinsen lassen.« Patricia träumt schon von einem großen Vermögen.

»Das ist eine sehr gute Idee, Pat. Das haben sich auch schon die

Finanzwirtschaftler gefragt, und sie rechnen tatsächlich auch damit: Zinsen in jedem Augenblick oder, wie man sagt, *stetige Verzinsung*. Dazu betrachtet man den Grenzwert von $K_1^{(m)}$ für $m \to \infty$, man sagt ›m gegen unendlich‹, d. h., m wird immer größer. Wenn man schließlich noch weiß, dass

$$\lim_{n \to \infty} \left(1 + \frac{1}{n}\right)^n = \mathrm{e} = 2{,}718\,28\ldots$$

gilt, das ist die *Euler'sche Zahl*[43], ist der Rest ganz einfach.«

»Nein, diesen Grenzwert kenne ich nicht und will ihn auch gar nicht kennen, ich mag keine Grenzwerte«, stöhnt Patricia, bereits leicht genervt. »Aber die Taste mit dem ›e‹ habe ich auf meinem Taschenrechner, rechnen mit dieser Zahl kann ich gut. Wann bist du endlich mit deinen Erklärungen fertig? So genau wollte ich das alles gar nicht wissen. Aber du machst sofort aus einer Mücke einen Elefanten und erklärst immer gleich alles bis ins letzte Detail.« Sie seufzt.

»Eine Minute noch, Pat«, bittet Patrick, »dann bin ich fertig. Die Rechnung geht so: Anstelle von $K_1^{(m)}$ betrachte ich $K_n^{(m)}$, das ist der Endwert nach n Jahren bei m-maliger Verzinsung pro Jahr mit dem unterjährigen Zinssatz $\frac{i}{m}$. Nun gilt:

$$K_n = \lim_{m \to \infty} K_n^{(m)} = \lim_{m \to \infty} K_0 \cdot \left(1 + \frac{i}{m}\right)^{m \cdot n}$$

$$= K_0 \cdot \lim_{m \to \infty} \left(1 + \frac{1}{\frac{m}{i}}\right)^{\frac{m}{i} \cdot i \cdot n} = K_0 \cdot \mathrm{e}^{in}.$$

Man kann zeigen, dass diese Beziehung auch für beliebige reelle, nicht unbedingt ganzzahlige Werte t richtig ist:

$$K_t = K_0 \cdot \mathrm{e}^{it}.$$

---

[43]Leonhard Euler (1707–1783), Schweizer Mathematiker.

Das ist der Endwert. Umgekehrt lautet der Barwert bei stetiger Verzinsung

$$K_0 = K_t \cdot \mathrm{e}^{-it}.$$

Diese Größe findest du oft in Finanzmarktmodellen, zum Beispiel in der berühmten Black-Scholes-Formel (20) zur Bewertung von Optionen (vgl. S. 149). Wenn wir noch einmal kurz zu obigem Beispiel und der Tabelle auf S. 79 zurückkehren: Bei $i = 0{,}06$ und stetiger Verzinsung ergibt sich ein Endwert von

$$K_1^{(\infty)} = 5\,000 \cdot \mathrm{e}^{0{,}06} = 5\,309{,}18,$$

was einem Effektivzinssatz bei einmaliger Verzinsung von $i_{\text{eff}} = 6{,}18\,\%$ entspricht. Dies setzt die monoton wachsende Folge der Effektivzinssätze in der genannten Tabelle sinnvoll fort. Gleichgültig, wie oft Zinszahlungen erfolgen, der Endwert wird niemals 5 309,18 Euro übersteigen.«

Der zur stetigen Verzinsung gehörende Effektivzinssatz lässt sich übrigens aus dem Ansatz

$$K_0 \cdot \mathrm{e}^{i} = K_0 \cdot (1 + i_{\text{eff}}),$$

ermitteln (Endwertvergleich nach einem Jahr), woraus $i_{\text{eff}} = \mathrm{e}^{i} - 1$ resultiert.

»Ich habe zwar nicht alles verstanden, aber du beeindruckst mich sehr, wenn du vorträgst, ich bin richtig stolz auf dich«, strahlt Patricia ihren Patrick an. »Verstanden habe ich allerdings, dass ich trotzdem nicht unendlich viel Geld haben werde, auch wenn in jedem Augenblick Zinsen gezahlt werden. Macht aber nichts, ich habe ja dich.«

Nun strahlt auch Patrick.

24 Mantel, Bogen und Kupon. Anleihekurse und Renditen von Anleihen

Bianca hat eine Prämie erhalten und möchte das Geld gewinnbringend investieren. Sie fragt ihre Großmutter um Rat. »Oma, du hast doch große Erfahrungen mit der Börse und verschiedenen Finanzprodukten. Kannst du mir helfen?«

Großmutter fühlt sich geschmeichelt. »Viel Geld besitze ich zwar nicht, aber mit Wertpapieren kenne ich mich recht gut aus, vor allem mit den festverzinslichen Papieren. Worum geht es denn, mein Kind?«

»Ich habe daran gedacht, mein Geld für einige Zeit anzulegen, und die Beraterin von der Bank hat mir etwas von Anleihen und Kupons und Kursen und vielem mehr erzählt. Das ging aber alles so schnell, dass ich nicht viel verstanden habe.«

»Gar nicht so schwer«, beginnt Oma mit ihren Erklärungen. »Eine Anleihe ist ein Wertpapier mit einer festen Laufzeit, zum Beispiel zehn Jahre, und einem festen Zinssatz, der während dieser Zeit garantiert gezahlt wird. Dieser wird auch *Kupon* genannt.«

»Kupon? Ich kenne Kupons nur von der Tankstelle, als Gutschein sozusagen«, erwidert Bianca.

»Richtig«, antwortet die Großmutter. »Ein Kupon ist auch eigentlich ein Gutschein. Früher, da war alles besser. Da war ein Wertpapier noch ein richtiges Wert-Papier, so wie ein Geldschein, etwas, das du in Händen halten konntest. Heute ist alles nur noch virtuell im Computer gespeichert.«

»Aber was ist mit dem Kupon?«, fragt Bianca nach.

»Ach, richtig, das habe ich schon wieder vergessen. Das Wertpapier hieß *Mantel* und dazu gab es den *Bogen,* der aus lauter Kupons bestand. Die hat man jedes Jahr oder aller halben Jahre abgeschnitten

© Springer Fachmedien Wiesbaden GmbH, ein Teil von Springer Nature 2019
R. Korn und B. Luderer, *Mathe, Märkte und Millionen*,
https://doi.org/10.1007/978-3-658-23717-2_24

und ist damit zur Bank gegangen, um sich seine Zinsen abzuholen. Die ganz Reichen nannte man daher mitunter Kuponschneider.«

»Ich verstehe«, freut sich Bianca. »Aber ein bisschen umständlich war das schon. Heutzutage werden die Zinsen einfach überwiesen.«

»Weiß ich doch«, ärgert sich Oma. Sie kennt sich auch im modernen Leben bestens aus.

»Oma, du hast gesagt, wir kaufen beispielsweise eine Anleihe, die zehn Jahre läuft. Wenn ich aber meine 3 000 Euro nur sechs Jahre lang anlegen will? Was dann?«

»Da gibt es mindestens zwei Möglichkeiten, Bianca. Entweder du kaufst eine Anleihe mit einer Restlaufzeit von sechs Jahren. Dann musst du jedoch deren Kurswert P bezahlen, der vom Nominalwert $N = 3\,000$ nach oben oder unten abweichen kann. Oder du kaufst eine kürzlich emittierte[44], länger laufende Anleihe und verkaufst diese nach sechs Jahren. Dann hast du ein Kursrisiko.«

»Bitte etwas langsamer, Oma, mir schwirrt der Kopf: *Kurs, Kurswert, Kursrisiko?* Können wir vielleicht einmal ein Beispiel betrachten?«

»Natürlich, Bianca. Stell dir vor, du willst eine Anleihe mit sechs Jahren Restlaufzeit im Nominalwert von 3 000 Euro kaufen, die einen Kupon von 5 % aufweist.«

»Genau das will ich«, freut sich Bianca. »Dann muss ich also jetzt 3 000 Euro bezahlen, erhalte jedes Jahr 5 % davon, das sind 60 Euro, und nach sechs Jahren bekomme ich neben den Zinsen auch noch meine 3 000 Euro zurück. Richtig?«

»Falsch«, kontert die Großmutter. »Das mit den jährlichen Zinsen und der Schlussrückzahlung stimmt zwar. Aber wie viel du jetzt zahlen musst, hängt davon ab, wie hoch der aktuelle Marktzinssatz für derartige Anleihen ist. Pass auf, ich zeichne dir hier den *Zahlungsstrom* – die jungen Leute sagen *Cashflow* dazu – für eine Anleihe mit n Jahren Laufzeit, einem Nominalwert von $N = 100$ (damit kann man

---

[44]Das heißt »ausgegebene« oder »aufgelegte« Anleihe.

am einfachsten rechnen) und dem in Prozent angegebenen Zinssatz p auf:

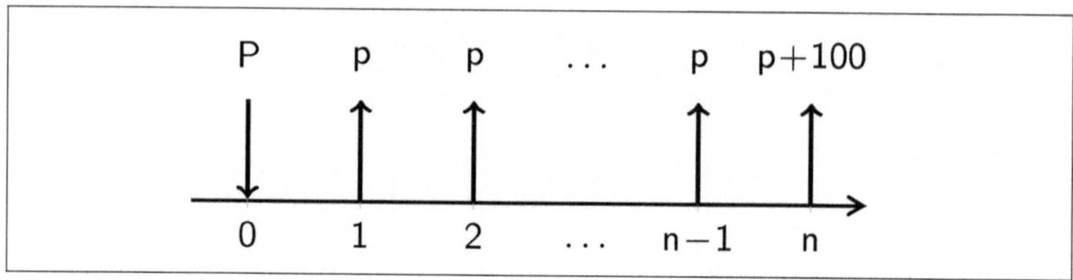

Abb. 9: Zahlungsstrom einer Standard-Anleihe

Dann lässt sich der *Kurs P*, das ist der Kurswert für $N = 100$, als Barwert aller Zahlungen beim Marktzinssatz i berechnen:

$$(*) \qquad P = \frac{1}{(1+i)^n} \cdot \left[p \cdot \frac{(1+i)^n - 1}{i} + 100 \right]$$

(vgl. Grundformel (14)). Woher die Formel $(*)$ kommt, musst du jetzt nicht im Detail wissen.«

Bianca schmollt ein bisschen, ist aber dennoch froh, nicht auch noch die Herleitung für die Beziehung $(*)$ anhören zu müssen.

»Der Marktzinssatz ist im Moment sehr niedrig«, fährt die Großmutter fort, »er liegt bei gerade einmal 1,5 %. Es gilt also $i = \frac{1{,}5}{100} = 0{,}015$. Setzen wir neben den gegebenen Größen $n = 6$ und $p = 5$ noch diesen Wert in die Formel $(*)$ ein, so können wir P berechnen:

$$P = \frac{1}{1{,}015^6} \cdot \left[5 \cdot \frac{1{,}015^6 - 1}{0{,}015} + 100 \right] = 119{,}94.$$

Du siehst, der Kurs liegt über 100, ein sogenannter *Über-Pari-Kurs*, weil der Marktzinssatz (viel) niedriger als der Nominalzinssatz bzw. Kupon mit $i = 5\%$ ist. Für die Anleihe erhältst du folglich höhere Zinsen als am Markt üblich, daher ist diese auch teurer als 100.«

»Jetzt haben wir mit $N = 100$ gerechnet, ich möchte aber 3 000 Euro anlegen. Wie viel habe ich dann zu zahlen?«, möchte Bianca wissen.

»Ganz einfach. Du multiplizierst den Kurs P mit dem Faktor $\frac{N}{100}$ und erhältst den *Kurswert*. Du musst also $119{,}94 \cdot 30 = 3\,598{,}20$ Euro bezahlen.«

»Danke, Oma. Jetzt habe ich alles verstanden.« Dann überlegt Bianca. »Was ist aber, wenn ich – neben der Laufzeit n und dem Kupon p – den Kurs P kenne und gerne wissen möchte, welche Rendite i die Anleihe abwirft? Kann ich das auch so einfach berechnen?«

»Leider nicht, mein Kind. Da musst du erst lernen, einen Löwen zu fangen«, schmunzelt die Großmutter.

»Einen Löwen fangen? Wieso denn das?« Bianca versteht gar nichts mehr.

Die Großmutter erklärt. »Die Beziehung (∗) lässt ich im Allgemeinen nicht nach i auflösen. Daher kannst du bei gegebenem Kurs P die Rendite i nur mithilfe numerischer Lösungsverfahren berechnen. Lies einfach einmal die Erzählung auf S. 9.«

»Und was bedeutet nun *Kursrisiko*?«, hakt Bianca nach.

»Das verhält sich so. Wenn du beispielsweise eine Anleihe mit zehn Jahren Laufzeit erworben hast, diese aber nach sechs Jahren verkaufen willst oder musst, so hängt der Verkaufspreis, das ist der Kurswert zum Zeitpunkt $t = 6$, von dem dann geltenden Marktzinssatz ab. Diesen Kurswert kannst du wieder mithilfe der Beziehung (∗) berechnen. Von ›Kursrisiko‹ spricht man deshalb, weil bei einem hohen Marktzinssatz der Kurswert niedrig ausfällt.«

»Ein niedriger Marktzinssatz zum Zeitpunkt des Verkaufs wäre also gut?«

»Ja, genau.«

»Ich glaube, jetzt habe ich so ziemlich alles verstanden, Oma«, bedankt sich Bianca bei ihrer Großmutter für die Erklärungen.

25 Nanu, ein Gesetz mit Formeln und Rechenverfahren? Der Effektivzinssatz nach Preisangabenverordnung

Herr Genau möchte ein Darlehen bei seiner Hausbank aufnehmen, die ihm gerne ein Angebot vorlegt. Neben weiteren Vertragsbedingungen kommt darin der Begriff *Effektivzinssatz* vor.

»Das ist aber schön, dass Sie mir diesen Zinssatz gleich mit angeben«, freut sich Herr Genau. »Da kann ich Ihr Angebot leicht mit den Angeboten der Konkurrenz vergleichen.«

»Deswegen machen wir das nicht«, antwortet der Bankangestellte reserviert, »aber wir sind gesetzlich dazu verpflichtet. Der Gesetzgeber beschreibt auch genau, wie man diese Größe berechnen muss«, erläutert er mit wenig Enthusiasmus. »Interessiert Sie das?«

»Ja, brennend«, antwortet Herr Genau.

»Dann werde ich Sie jetzt über dieses Gesetz informieren. Ich muss Sie aber darauf hinweisen, dass es nicht ganz einfach ist.« Der Bankangestellte setzt ein ernstes Gesicht auf.

In der Neufassung der Preisangabenverordnung vom 28. Juli 2000 (siehe BGBl. I S. 1244) wird in §6 sowie im Anhang die Vorgehensweise zur Ermittlung des (anfänglichen) effektiven Jahreszinssatzes von Krediten vorgeschrieben.

Zur Berechnung des effektiven Jahreszinssatzes i eines Darlehens ist folgender Ansatz zu verwenden (Äquivalenzprinzip bzw. Barwertvergleich):

$$(*) \qquad \sum_{k=1}^{m} \frac{A_k}{(1+i)^{t_k}} = \sum_{j=1}^{n} \frac{A'_j}{(1+i)^{t'_j}}.$$

Dabei werden die nachstehenden Bezeichnungen verwendet:

© Springer Fachmedien Wiesbaden GmbH, ein Teil von Springer Nature 2019
R. Korn und B. Luderer, *Mathe, Märkte und Millionen*,
https://doi.org/10.1007/978-3-658-23717-2_25

m – Anzahl der Einzelzahlungen des Darlehens (Darlehensabschnitte)

n – Anzahl der Tilgungszahlungen (inklusive Zahlungen von Kosten)

t_k – der in Jahren oder Jahresbruchteilen ausgedrückte Zeitabstand zwischen dem Zeitpunkt der ersten Darlehensauszahlung und dem Zeitpunkt der Darlehensauszahlung mit der Nummer k, $k = 1, \ldots, m$; $t_1 = 0$

t'_j – der in Jahren oder Jahresbruchteilen ausgedrückte Zeitabstand zwischen dem Zeitpunkt der ersten Darlehensauszahlung und dem Zeitpunkt der Tilgungszahlung oder Zahlung von Kosten mit der Nummer j, $j = 1, \ldots, n$

A_k – Auszahlungsbetrag des Darlehens mit der Nummer k, $k = 1, \ldots, m$

A'_j – Betrag der Tilgungszahlung oder einer Zahlung von Kosten mit der Nummer j, $j = 1, \ldots, n$

Außerdem sind die nachstehenden Festlegungen zu berücksichtigen:

• Die von Kreditgeber und Kreditnehmer zu unterschiedlichen Zeitpunkten gezahlten Beträge sind nicht notwendigerweise gleich groß und werden nicht notwendigerweise in gleichen Zeitabständen entrichtet.

• Anfangszeitpunkt ist der Tag der ersten Darlehensauszahlung, sodass $t_1 = 0$ gilt.

• Die Zeiträume t_k und t'_j werden in Jahren oder Jahresbruchteilen ausgedrückt. Zugrunde gelegt werden für das Jahr 365 Tage, 52 Wochen oder 12 gleichlange Monate, wobei für Letztere eine Länge von $\frac{365}{12} = 30{,}41\overline{6}$ Tagen angenommen wird.

• Der Vomhundertsatz ist auf zwei Dezimalstellen genau anzugeben;

die zweite Dezimalstelle wird aufgerundet, wenn die folgende Ziffer größer oder gleich 5 ist.

- Der effektive Zinssatz wird entweder algebraisch, d. h. mithilfe einer Formel, oder mittels eines numerischen Näherungsverfahrens berechnet. Letzteres ist dann anzuwenden, wenn es keine Lösungsformel für die Beziehung (∗) gibt.

Wie man Beziehung (∗) mathematisch lösen kann[45], soll nun an einigen Beispielen erläutert werden.

Beispiel 1: Die Darlehenssumme beträgt 1 000 Euro, jedoch behält der Darlehensgeber 50 Euro für Bearbeitungskosten und die Prüfung der Kreditwürdigkeit ein, sodass sich der Auszahlungsbetrag auf 950 Euro beläuft. Die vereinbarte Rückzahlung in Höhe von 1 200 Euro erfolgt anderthalb Jahre nach Darlehensauszahlung:

$$950 = \frac{1200}{(1+i)^{\frac{547,5}{365}}} = \frac{1200}{(1+i)^{\frac{78}{52}}} = \frac{1200}{(1+i)^{\frac{18}{12}}} \cdot$$

Die verschiedenen Schreibweisen der Brüche sollen andeuten, dass man sowohl in Tagen, Wochen als auch in Monaten rechnen kann.

Aus der Gleichung

$$950 = \frac{1200}{(1+i)^{\frac{3}{2}}}$$

ergibt sich nach kurzer Umformung zunächst

$$(1+i)^{\frac{3}{2}} = \frac{1200}{950} \quad \Longrightarrow \quad 1+i = \left(\frac{1200}{950}\right)^{\frac{2}{3}}$$

und daraus $i = \sqrt[3]{\left(\frac{1200}{950}\right)^2} - 1 \approx 16{,}85\,\%$.

---

[45]Selbstverständlich kann man eine Lösung auch mithilfe eines programmierbaren Taschenrechners oder mit dem Excel-Solver finden.

Beispiel 2: Die Darlehenssumme beträgt 1 000 Euro, die in zwei Raten von jeweils 600 Euro nach einem bzw. nach zwei Jahren rückzahlbar sind:

$$1000 = \frac{600}{(1+i)^1} + \frac{600}{(1+i)^2}.$$

Setzt man $q = 1 + i$ und multipliziert die letzte Beziehung mit q^2, ergibt sich

$$100q^2 - 600q - 600 = 0 \implies q^2 - 0{,}6q - 0{,}6 = 0.$$

Mithilfe der gut bekannten Lösungsformel für quadratische Gleichungen erhält man

$$q_{1,2} = 0{,}3 \pm \sqrt{0{,}09 + 0{,}6} = 0{,}3 \pm 0{,}8307.$$

Hieraus resultiert $q_1 = 1{,}1307$ und daraus $i = q_1 - 1 = 0{,}1307 = 13{,}07\,\%$ (gerundet), während q_2 negativ ist und damit entfällt.

Beispiel 3: Die Darlehenssumme beträgt 1 000 Euro. Der Darlehensnehmer hat folgende Raten zurückzuzahlen: nach 3 Monaten (0,25 Jahre bzw. 13 Wochen bzw. 91,25 Tage) 272 Euro, nach 6 Monaten 272 Euro, nach 12 Monaten 544 Euro:

$$1000 = \frac{272}{(1+i)^{\frac{3}{12}}} + \frac{272}{(1+i)^{\frac{6}{12}}} + \frac{544}{(1+i)^{\frac{12}{12}}}.$$

Hier gibt es keine Möglichkeit der Auflösung nach i. Man kann nur ein numerisches Lösungsverfahren (vgl. die »Löwenfangmethode« auf S. 9) anwenden. Dieses liefert $i = 0{,}13185\ldots \approx 13{,}19\,\%$. Dass dies tatsächlich eine Lösung ist, lässt sich unschwer durch Einsetzen in obige Beziehung überprüfen.

Herr Genau kann also beruhigt sein: Bei jedem Kreditgeschäft ist gesetzlich vorgeschrieben, dass der effektive (oder tatsächliche) Zinssatz anzugeben ist, der ein wichtiges Vergleichskriterium darstellt. Gleichzeitig gibt der Gesetzgeber auch genau vor, wie diese Größe zu berechnen ist und welche Bestandteile des Vertrages einzubeziehen bzw. nicht einzubeziehen sind.

Einzubeziehen sind unter anderem:

Nominalzinssatz, Zinssollstellungstermine, die Tilgungshöhe, Agios oder Disagios (d. h. Auf- oder Abschläge), tilgungsfreie Zeiträume, Bearbeitungsgebühren, Zusatzdarlehen zur Finanzierung eines Agios o. Ä. (sofern sie mit dem Kredit eine Einheit bilden), die Höhe der Restschuld (am Ende des anfänglichen Festschreibungszeitraums), Kosten einer Restschuld- bzw. Risikolebensversicherung (sofern der Kreditgeber diese zwingend vorschreibt).

Nicht berücksichtigt werden dürfen:

Bereitstellungszinsen, Teilzahlungs-Zinsaufschläge, Grundbuchkosten, Notariatsgebühren, Schätzgebühren etc., da diese individuell unterschiedlich ausfallen, ferner Prämien einer Kapitallebensversicherung (die der späteren Kredittilgung dient), Kontoführungsgebühren im marktüblichen Umfang, Vorleistungen (die nur die Voraussetzung für die Kreditgewährung bilden) wie z. B. Ansparleistungen oder Kosten für Mitgliedschaften.

»Für die ausführlichen Erklärungen bin ich Ihnen sehr verbunden«, bedankt sich Herr Genau bei dem Bankangestellten und verabschiedet sich.

Literatur:

Preisangabenverordnung (PAngV). Bekanntmachung der Neufassung vom 18. Oktober 2002. BGBl. I, S. 4197 ff. in der ab dem 1. Januar 2003 geltenden Fassung

Teil 3

Produkte und Strategien – moderne Finanzmathematik

26 Faire Preise und Marktpreise

*Einer Straßenbahn und einer Aktie darf
man nicht nachlaufen. Nur Geduld:
Die nächste kommt mit Sicherheit.*

*André Kostolany (1906–1999),
Börsen- und Finanzexperte sowie
Schriftsteller ungarischer Herkunft*

Jeanette und Jacqueline sind Freundinnen. Jeanette arbeitet im Bereich Investmentbanking einer großen Bank, Jacqueline beschäftigt sich seit einiger Zeit mit Finanzmärkten und Möglichkeiten der Geldanlage.

»Sag mal, Jeanette«, beginnt Jacqueline die Unterhaltung, »du kennst dich doch in Finanzangelegenheiten gut aus. In mehreren Büchern habe ich von ›fairen Preisen‹ oder ›fairen Bewertungen‹ gelesen. Was ist das eigentlich?«

»Zunächst einmal bedeutet *fair* wirklich das, was man auch darunter vermuten würde – ein für beide Vertragspartner angemessener Preis, bei dem weder der Käufer noch der Verkäufer eines Finanzprodukts übervorteilt werden. Außerdem aber bedeutet fair so viel wie ›theoretisch‹, d. h. ein mit mathematischen Hilfsmitteln berechneter theoretischer Preis, der von verschiedenen Eingangsgrößen abhängig ist. Letztere wiederum werden aus wirtschaftlichen Daten ermittelt oder aus am Markt gehandelten Produkten.«

»Na schön«, entgegnet Jacqueline, »nehmen wir einmal an, du berechnest für mich den *fairen Preis* einer Aktie, einer Option oder eines Zertifikats. Kann ich dieses Produkt dann auch zu diesem Preis kaufen?«

»Natürlich nicht. Obwohl – so ungefähr dort wird der Preis schon liegen. Aber die Marktpreise bilden sich durch Angebot und Nachfrage

© Springer Fachmedien Wiesbaden GmbH, ein Teil von Springer Nature 2019
R. Korn und B. Luderer, *Mathe, Märkte und Millionen*,
https://doi.org/10.1007/978-3-658-23717-2_26

heraus. Daher können sie von den berechneten theoretischen Preisen durchaus abweichen. Außerdem kann ja auch die Berechnung ungenau sein oder von fehlerhaften Annahmen ausgehen, oder es wird ein unzutreffendes Modell verwendet.«

»Nützt mir das Wissen um faire Preise etwas?«, möchte Jacqueline wissen.

»Auf alle Fälle. Dann kaufst du erstens nicht blind, nicht nur ›aus dem Bauch heraus‹, und zweitens kannst du feststellen, welche Produkte unter- oder überbewertet sind. Unterbewertete sollte man kaufen, sie sind gewissermaßen ein Schnäppchen.«

»Kann ich denn mit diesem Wissen auch Geld verdienen, ich meine – richtig viel Geld, vielleicht Millionen?«

»Ja, Jacqueline, im Prinzip schon. Aber als Kleinanleger eher nicht. Banken, Investmentfonds und Hedgefonds allerdings nutzen mit raffinierten Systemen und Supercomputern selbst geringste Differenzen, um Gewinne zu erwirtschaften. Wenn die Preisdifferenz beispielsweise einen Cent beträgt, aber eine Million Stück eines bestimmten Finanzprodukts gekauft werden, ergibt sich schon eine Summe von 10 000 Euro oder Dollar oder Schweizer Franken. Gerade im Hochfrequenzhandel oder bei Day Tradern erfolgen ja in kurzer Zeit viele Käufe oder Verkäufe. Aber keine Chance ohne Risiko. Wo man viel gewinnen kann, ist auch der Verlust nicht weit.«

»Da bleibe ich lieber bei meiner Strategie – mit Bedacht auswählen, nicht zu hektisch handeln, kein zu hohes Risiko eingehen und immer gut beobachten«, zieht Jacqueline ihr Resümee.

27 Das kurze und das lange Ende. Zinsstrukturkurven, Spot Rates und Forward Rates

Frau Neumann schaut fern. »Die Zinsen am kurzen Ende sind gesunken, die am langen Ende leicht gestiegen«, erläutert der aus Frankfurt zugeschaltete Börsenexperte. Was meint er damit?

Während in der klassischen Finanzmathematik, also beispielsweise in der Zinseszins- oder Rentenrechnung, stets mit einem festen Zinssatz gerechnet wird, sind die Zinssätze an den Finanzmärkten in aller Regel nicht konstant, sondern abhängig von der Laufzeit. Dabei gilt im Normalfall: Je länger Geld angelegt oder aufgenommen wird, desto höher der Zinssatz. Man spricht in diesem Fall von *normaler Zinsstruktur* (s. Abb. 10 auf S. 95, links). Das kann so aussehen:

Festgeldangebot der $\alpha\beta\gamma$-Bank:									
(Laufzeit in Monaten, Zinssatz in Prozent)									
1-3	*6*	*9*	*12*	*24*	*36*	*48*	*60*	*84*	*120*
1,00	*1,20*	*1,30*	*1,30*	*1,80*	*2,00*	*2,10*	*2,30*	*2,50*	*2,80*

Wird kurzfristig dringend Geld benötigt, kann es durchaus sein, dass für Geldanlagen mit kürzerer Laufzeit höhere Zinsen gezahlt werden müssen als für solche mit längerer Laufzeit. Dann liegt eine *inverse* Zinsstruktur vor (Abb. 10, Mitte). Sind die Zinssätze (nahezu) unabhängig von der Laufzeit, spricht man von *flacher* Zinsstruktur (Abb. 10, rechts)[46]. Weitere (Misch-)Formen von Zinskurven sind denkbar wie etwa eine zunächst ansteigende, dann wieder abfallende, also »bucklige« oder auch eine S-förmig verlaufende Kurve.

---

[46] Auch *Flat Rate* genannt; dieser Ausdruck ist dem Leser sicherlich von Handy- oder Internettarifen her gut bekannt.

© Springer Fachmedien Wiesbaden GmbH, ein Teil von Springer Nature 2019
R. Korn und B. Luderer, *Mathe, Märkte und Millionen*,
https://doi.org/10.1007/978-3-658-23717-2_27

Dabei ist zu beachten, dass es in in Abhängigkeit vom betrachteten Land oder Währungsgebiet sowie den verschiedenen Segmenten des Kapitalmarkts unterschiedliche Zinsstrukturkurven gibt. So unterscheiden sich die Strukturen auch nach Art des zugrunde liegenden Basiswertes (Wertpapier oder Zinsderivat). Der verwendete Referenzzinssatz (etwa bei Swaps[47]) beeinflusst die Struktur ebenso. Schließlich wirken sich noch die in die Berechnung eingehenden Daten und angewendeten Methoden auf die letztendlich entstehende Zinsstruktur aus.

Mit dem Begriff »kurzes Ende« bezeichnet man den Teil der Kurve, welcher von null bis zu einem Jahr geht, während das »lange Ende« bei etwa zehn Jahren beginnt.

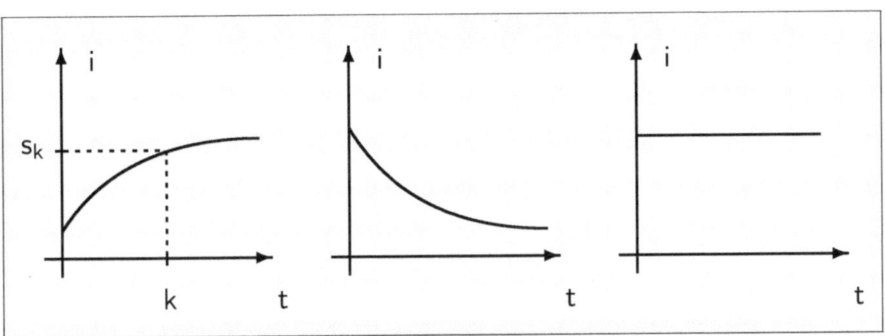

Abb. 10: Normale (links), inverse (Mitte) und flache (rechts) Zinsstrukturkurve; Abszissenachse: Zeit, Ordinatenachse: Zinssatz (Spot Rate)

Die linke Kurve zeigt eine normale Zinsstruktur und ist so zu interpretieren: Legt man heute, also in $t = 0$, Geld für k Zinsperioden an, so erhält man dafür einen jährlichen Zinssatz von s_k. Diese Größe nennt man *Spot Rate*.

Neben den Spot Rates sind die sog. *Forward Rates* von Bedeutung. Das sind Zinssätze für in der Zukunft liegende Zeiträume, die man sich mithilfe geeigneter Finanzprodukte heute schon sichern kann. Die

---

[47]Vgl. die Erzählungen auf S. 104 und 107.

Abbildung 9 zeigt die Idee zur Berechnung der im Intervall $[k, k+1]$ gültigen und mit f_k bezeichneten Forward Rate, wobei die Größen s_k und s_{k+1} die gegebenen Spot Rates für die Zeiträume $[0, k]$ bzw. $[0, k+1]$ darstellen: Die Verzinsung eines Kapitals über k Jahre mit dem Zinssatz s_k und anschließend über ein Jahr mit der Forward Rate f_k muss denselben Endwert liefern wie die Verzinsung über $k+1$ Jahre mit dem Zinssatz s_{k+1}.

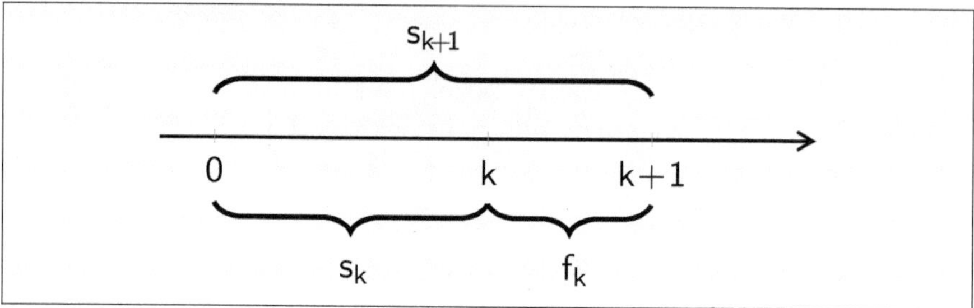

Abb. 11: Zusammenhang zwischen Forward Rates und Spot Rates

Führt man unter Berücksichtigung der Grundformel (5) einen Endwertvergleich nach $k+1$ Jahren bei einem Startkapital von $K_0 = 1$ durch, so ergibt sich aus dem Ansatz

$$(1 + s_k)^k \cdot (1 + f_k) = (1 + s_{k+1})^{k+1}$$

nach kurzer Umformung die Beziehung

$$f_k = \frac{(1 + s_{k+1})^{k+1}}{(1 + s_k)^k} - 1$$

für die im Zeitraum $[k, k+1]$ geltende Forward Rate. Dieser Zeitraum liegt in der Zukunft, sodass die dann geltenden Zinssätze heute noch nicht bekannt sind.

Woher kommen die Spot Rates und darauf basierend die Forward Rates? Wie lassen sie sich ermitteln?

Nun, als Finanzlaie kann man einfach auf die Finanzseiten der Tageszeitungen oder auf entsprechende Seiten im Internet zugreifen. Andererseits aber muss es Spezialisten geben, die diese Größen berechnen oder festlegen. Den Ausgangspunkt hierfür bildet der Finanzmarkt. Dort werden die verschiedensten Produkte gehandelt, aus denen man die Spot Rates berechnen kann: Zerobonds, Anleihen, Swaps usw. Der Markt determiniert also die Spot Rates.

Es gibt jedoch Zigtausende Produkte, wie zum Beispiel Zerobonds (Nullkuponanleihen), Standard-Anleihen, Anleihen mit variabler Verzinsung (Floating Rate Notes), Stufenzinsanleihen, Anleihen mit Optionsrechten. Wollte man alle zurate ziehen, wäre das eine Herkulesaufgabe. Daher muss man sich auf bestimmte Produkte beschränken.

Am einfachsten lassen sich Spot Rates aus Zerobonds ermitteln, wie nachfolgend beschrieben wird. Ein Zerobond mit der Laufzeit k folgt diesem Zahlungsschema:

Abb. 12: Zahlungsstrom eines Zerobonds

Einer Einzahlung in Höhe P (Preis, Kurs) im Zeitpunkt 0 steht eine Auszahlung der Höhe R (meist $R = 100$) gegenüber. Zwischenzeitliche Zinszahlungen erfolgen nicht, Zinsen werden jedoch verrechnet und angesammelt, wobei geometrische Verzinsung angewendet wird.

Der Barwertvergleich $P = \dfrac{R}{(1 + s_k)^k}$ (vgl. Grundformel (6)) führt nach Formelumstellung auf

$$(*) \qquad s_k = \sqrt[k]{\frac{R}{P}} - 1.$$

> *Beispiel:* Gegeben seien die Preise von Zerobonds der Laufzeiten $k = 1, 2, 3$, jeweils mit Rückzahlung $R = 100$:
>
> | k | 1 | 2 | 3 |
> |---|---|---|---|
> | P | 97,94 | 95,37 | 92,59 |
>
> Aus der Formel $(*)$ ergeben sich unmittelbar die Werte $s_1 = 2{,}10\,\%$, $s_2 = 2{,}40\,\%$ und $s_3 = 2{,}60\,\%$ für die entsprechenden Spot Rates.

Wie man Spot Rates aus Swap Rates berechnet, wird im Beitrag auf S. 110 erzählt.

Und was kann man mit den Forward Rates anfangen? Zum einen braucht man sie beim Pricing von Swaps (vgl. die Geschichte auf S. 107). Zum anderen kann man damit Zinssätze in der Zukunft absichern oder natürlich auch spekulieren.

Dazu soll das Finanzprodukt *Forward Rate Agreement* (kurz: FRA) betrachtet werden. Dies ist eine Vereinbarung zweier Partner, bei der sich beide unter anderem auf einen zukünftigen Referenzzinssatz i_{ref} festlegen. Vereinbart werden:

N	—	zugrunde liegender Nominalbetrag
a, b	—	Start- bzw. Endtermin des FRA
s_a, s_b	—	Spot Rates zur Laufzeit a bzw. b
$\tau = b - a$	—	Laufzeit des FRA (Absicherungszeitraum)
i_{ref}	—	Referenzzinssatz (z. B. LIBOR, EURIBOR)[48]
$f_{a,b}$	—	Forward Rate für den Zeitraum $[a, b]$.

---

[48]EURIBOR steht für **Euro** Inter**B**ank **O**ffered **R**ate; das sind Durchschnittszinssätze für Laufzeiten von einer Woche bis zu zwölf Monaten, zu denen sich zahlreiche europäische Banken einander Kredite in Euro gewähren.
LIBOR bedeutet **L**ondon **I**nter**B**ank **O**ffered **R**ate und ist ein Zinssatz für Termingelder im Interbankengeschäft. Er wird an jedem Geschäftstag als Durchschnittswert der von großen Banken gemeldeten Zinsen festgelegt.

Es handelt sich um ein *unbedingtes Termingeschäft*, bei dem beide Partner die Vereinbarung einhalten müssen. Diese Vereinbarung betrifft nur die Zinsen, nicht aber das Nominalkapital selbst.

Zum Zeitpunkt des Vertragsabschlusses ($t = 0$) erfolgen keinerlei Zahlungen; die Partner müssen sich lediglich – außer den anderen oben genannten Größen – über ein und dieselbe Zinsstrukturkurve und damit über die Forward Rate $f_{a,b}$ einig sein. Da es sich beim FRA um ein kurzfristiges Produkt handelt, für das lineare Verzinsung angewendet wird, gilt in Analogie zur Formel für f_k von S. 96:

$$f_{a,b} = \left(\frac{1 + s_b \cdot b}{1 + s_a \cdot a} - 1 \right) \cdot \frac{1}{\tau} \,.$$

Außerdem ist i_{ref} ein kurzfristiger Zinssatz (Geldmarktzinssatz).

Bei Vertragsabschluss ist der variable Referenzzinssatz i_{ref} unbekannt. Diesen kennt man erst in $t = a$ bzw. kurz vorher.

Im Zeitpunkt $t = a$ erfolgt eine *Ausgleichszahlung* in Höhe von

$$(*) \qquad A = \frac{N \cdot (i_{\mathrm{ref}} - f_{a,b}) \cdot \tau}{1 + i_{\mathrm{ref}} \cdot \tau} \,.$$

Ist $A > 0$, erhält der Käufer den Betrag A vom Verkäufer, ist $A < 0$, bezahlt der Käufer den Betrag $|A|$ an den Verkäufer.

Wie ist die Beziehung $(*)$ zu interpretieren? Der Zähler von A, d. h. die Größe

$$Z = N \cdot (i_{\mathrm{ref}} - f_{a,b}) \cdot \tau,$$

beschreibt die Zinsen, die auf das Nominalkapital N am Ende des Zeitraums $[a, b]$ der Länge τ zu zahlen sind, wobei als Zinssatz die Differenz $i_{\mathrm{ref}} - f_{a,b}$ genommen wird. Da die Ausgleichszahlung aber nicht in $t = b$, sondern in $t = a$ erfolgt, ist dieser Betrag noch um die Zeit τ mit dem in $[a, b]$ geltenden variablen Zinssatz, nämlich i_{ref}, abzuzinsen, was durch den Nenner $1 + i_{\text{ref}} \cdot \tau$ zum Ausdruck kommt. So entsteht Beziehung $(*)$.

Was kann man mit dem Kauf eines FRA erreichen? Dies soll am Beispiel des Käufers eines FRA erläutert werden, der in der Zukunft einen Kredit aufnehmen will und sich gegen zu hohe variable Zinsen absichern will. Ein solches Vorgehen nennt man *Hedging*.[49]

Angenommen, unser FRA-Käufer weiß schon heute, dass er in $t = a$ einen Geldbedarf von N mit Rückzahlung in $t = b$ hat. Dann kann er sich durch den Kauf eines FRA dagegen absichern, keinen höheren Zinssatz zahlen zu müssen als die Forward Rate $f_{a,b}$. Dies erkauft er sich allerdings damit, dass er leider nicht auf einen niedrigeren Zinssatz als $f_{a,b}$ hoffen kann. Mit anderen Worten: Ganz egal, welcher Zinssatz im Absicherungszeitraum am Markt herrschen wird, er wird den Kredit auf jeden Fall mit der Forward Rate verzinsen müssen.

Zum Beweis dieser Behauptung haben wir drei Fälle zu untersuchen:

1. Fall: $\boxed{i_{\text{ref}} = f_{a,b}}$

Dann ist $A = 0$, d. h., es erfolgt keine Ausgleichszahlung und die Rückzahlung in $t = b$ lautet

$$R = N \cdot (1 + f_{a,b} \cdot \tau).$$

2. Fall: $\boxed{i_{\text{ref}} > f_{a,b}}$

In diesem Fall ist der variable Zinssatz höher als die Forward Rate. Folglich gilt $A > 0$ und der Käufer erhält den Betrag A vom Verkäufer. Damit hat er weniger zu finanzieren und benötigt nur noch den Betrag $N - A < N$. Der in $t = b$ zurückzuzahlende Betrag lautet dann

$$R = (N - A) \cdot (1 + i_{\text{ref}} \cdot \tau)$$

---

[49] Das entgegengesetzte Motiv des Agierens an den Finanzmärkten ist *Spekulation*.

$$= N \cdot \left(1 - \frac{i_{\text{ref}} \cdot \tau - f_{a,b} \cdot \tau}{1 + i_{\text{ref}} \cdot \tau} \right) \cdot (1 + i_{\text{ref}} \cdot \tau)$$

$$= N \cdot \frac{1 + i_{\text{ref}} \cdot \tau - i_{\text{ref}} \cdot \tau + f_{a,b} \cdot \tau}{1 + i_{\text{ref}} \cdot \tau} \cdot (1 + i_{\text{ref}} \cdot \tau)$$

$$= N \cdot \frac{1 + f_{a,b} \cdot \tau}{1 + i_{\text{ref}} \cdot \tau} \cdot (1 + i_{\text{ref}} \cdot \tau) \;=\; N \cdot (1 + f_{a,b} \cdot \tau) \, .$$

Damit ergibt sich dieselbe Summe wie im 1. Fall.

3. Fall: $\boxed{i_{\text{ref}} < f_{a,b}}$

Hier ist der variable Zinssatz niedriger als die Forward Rate. Da dieser Fall dem zweiten sehr ähnlich ist, wird die Rechnung weggelassen.

Übrigens: Hätte der FRA-Käufer im 3. Fall das Agreement nicht abgeschlossen, wäre es für ihn besser gewesen, denn dann hätte er nur den niedrigeren Zinssatz i_{ref} zahlen müssen. Aber er konnte ja nicht wissen, welcher Fall eintritt, und er wollte sich doch vor allem gegen zu **hohe** Zinsen absichern.

Grundsätzlich ergibt sich für einen Kreditmanager folgende Strategie: In Erwartung steigender Zinsen kauft er einen FRA, prognostiziert er jedoch fallende Zinsen, so verkauft er einen FRA.

Literatur:

Heidorn, T., Schäffler, C.: Finanzmathematik in der Bankpraxis. Vom Zins zur Option. 7. Aufl., Springer Gabler, Wiesbaden 2016

In der Sprache der Banker und Finanzmarktakteure kommt nicht selten der Ausdruck »Plain-Vanilla-Produkt« vor. Da gibt es *Plain-Vanilla Bonds (Plain-Vanilla-Anleihe)*, *Plain-Vanilla Swaps*, *Plain-Vanilla Options* oder auch *Plain-Vanilla Floating Rate Notes*.

Was steckt hinter dieser »einfachen Vanille«?[50]

Die Herkunft des Ausdrucks »plain vanilla« dürfte vom Vanilleeis kommen, das die gebräuchlichste und wohl auch einfachste Sorte darstellt, ohne jede Beimengung anderer Geschmackskomponenten oder Verfeinerungen aller Art.

Genauso verhält es sich mit den Plain-Vanilla-Produkten. Dabei handelt es sich um die jeweils einfachsten Formen der entsprechenden Produkte, ohne zusätzliche Bedingungen oder irgendwelche Besonderheiten hinsichtlich der Laufzeit, des Zinssatzes oder des Rückzahlungsbetrages. Ferner sind beispielsweise Kündigungsrechte seitens des Emittenten ausgeschlossen. Diese Produkte sind also klassisch strukturiert. Im Gegensatz zu komplexeren Produkten lassen sich die Preise und Risikokennzahlen von Plain-Vanilla-Produkten leicht berechnen. Da *exotische* oder *strukturierte*, d. h. komplizierte, Finanzprodukte in der Regel aus Standardprodukten zusammengesetzt sind, kann man auf diesem Wege auch deren Preise und Risikokennzahlen ermitteln.

Exemplarisch soll eine Standard-Anleihe, auch Plain-Vanilla-Anleihe genannt, betrachtet werden. Dies ist ein festverzinsliches Wertpapier, das zu festgelegten Zinsterminen einen *Kupon* (oder *Nominalzins*) zahlt, der über die gesamte Laufzeit des Papiers hinweg konstant ist. Dieser bezieht sich auf den Nennwert (Nominalwert) der Geldanlage. Am Ende der Laufzeit erfolgt die Rückzahlung des Nominalwertes. Es weist also eine sehr einfache, übersichtliche Struktur auf.

---

[50]Engl. *plain* = einfach, schlicht, leicht verständlich.

Der Zahlungsstrom einer Plain-Vanilla-Anleihe sieht so aus:

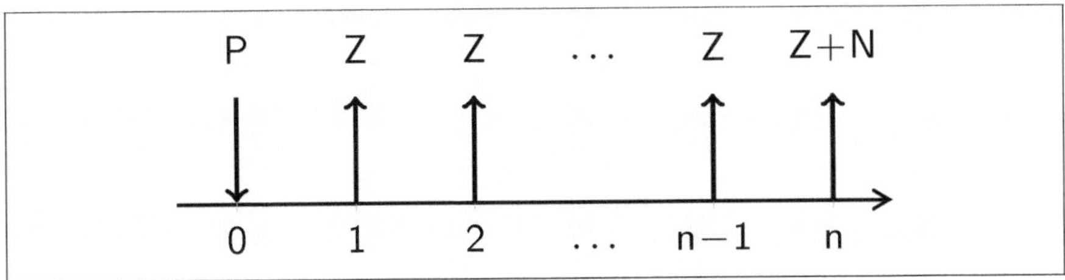

Abb. 13: Zahlungsstrom einer Plain-Vanilla-Anleihe (Standard-Anleihe)

Hierbei sind P der zu zahlende Preis bzw. *Kurswert*, N der *Nominalwert* und Z die jährlich gezahlten *Zinsen*.

Als Beispiel kann die Bundesanleihe mit Wertpapierkennummer WKN 113 535 dienen, die am 30.5.2008 begeben wurde und deren Laufzeit am 4.7.2018 endete. Sie war mit einem Kupon von 4,250 % ausgestattet, wobei die Zinsen jeweils am 4. Juli gezahlt wurden. Kaufte man also diese Anleihe, sagen wir, im Nominalwert von 1 000 Euro, so erhielt man jährlich im Juli 42,50 Euro an Zinsen, im Jahr 2018 wurden dann außerdem 1 000 Euro zurückgezahlt.[51]

Analog spricht man von einer *Plain-Vanilla Floating Rate Note*, wenn es sich um eine klassische Floating Rate Note (auch *Floater* genannt)[52] handelt, die keinerlei zusätzliche Eigenschaften wie etwa Optionsrechte aufweist.

Eine Plain-Vanilla Option ist eine *Standard-Option*, begrifflich abgegrenzt von einer Exotischen Option, deren Auszahlungsprofil nicht nur von der Differenz zwischen dem Kurs und dem Ausübungspreis abhängt (vgl. die Erzählung auf S. 142 und 149).

---

[51] Wie viel für Wertpapiere dieser Art beim Kauf zu zahlen ist, hängt von deren aktuellem Tageskurs ab. Weicht dieser von 100 ab, ist der zu zahlende Kurswert P ungleich dem Nominalwert.

[52] Das heißt eine variabel verzinsliche Anleihe, die an einen Referenzzinssatz wie bspw. den 3-Monats-LIBOR oder den 6-Monats-EURIBOR gekoppelt ist.

29 Tauschgeschäfte zum beiderseitigen Vorteil. Swaps

Eine Hand wäscht die andere.

Redewendung

Swaps (gesprochen *Swop*) sind häufig gehandelte Finanzprodukte. Ihr Prinzip soll an folgendem Beispiel veranschaulicht werden;

Ein Mann, nennen wir ihn Paul, kann sich jederzeit günstig mit Hemden versorgen, da er im Geschäft seines Bruders in New York einen großen Preisnachlass erhält. Er benötigt gerade dringend eine neue Hose. Anstatt in ein Hosengeschäft zu gehen, sucht er seinen Freund Peter auf, der derzeit ein neues Hemd benötigt und dessen Schwester ein Hosengeschäft in Frankfurt besitzt. Von ihr erhält Peter Sonderkonditionen.

Sinnvoll ist nun ein Tausch der Sonderkonditionen, ein *Swap*.

Das Tauschgeschäft läuft folgendermaßen ab. Paul aus New York tauscht Dollar in Euro und beauftragt Peter, ihm mit diesem Betrag in Frankfurt eine Hose mit Preisnachlass zu kaufen. Gleichzeitig verpflichtet sich Paul, mit den in Dollar getauschten Euro für Peter ein Hemd mit Preisnachlass zu erwerben. Anschließend werden die Produkte getauscht. Das Geschäft kommt natürlich nur dann zustande, wenn beide Partner profitieren, das heißt, wenn der jeweilige Preisvorteil größer ist als die durch Tausch und Transport entstandenen Kosten.

Auf die Finanzwelt übertragen sind Swaps Finanzinstrumente, deren Wesen im Austausch zukünftiger Zahlungsströme besteht. Die Motivation besteht darin, relative Kapitalmarktvorteile (wie z. B. Refinanzierungskosten) zum Nutzen beider Partner miteinander zu tauschen. Die Abwicklung des Geschäfts kann sowohl in unterschiedlichen Währungen als auch innerhalb einer Währung geschehen.

© Springer Fachmedien Wiesbaden GmbH, ein Teil von Springer Nature 2019
R. Korn und B. Luderer, *Mathe, Märkte und Millionen*,
https://doi.org/10.1007/978-3-658-23717-2_29

Die einfachste Form stellen *Zinsswaps* dar, bei denen zukünftige Zinszahlungen getauscht werden. Ein Zinsswap kommt zustande, wenn beide Partner annehmen, durch den Tausch der Zinszahlungen einen Nutzen erzielen zu können. Das Tauschgeschäft wird als *fair* oder *im Gleichgewicht* bezeichnet, wenn die Barwerte der zukünftigen Zinszahlungen bei Vertragsabschluss übereinstimmen. Dies kann man durch das Anpassen gewisser Parameter wie beispielsweise die *Swap Rate* (d. h. der Festzinssatz), Auf- oder Abschläge auf die variablen Zinsen (*Spreads*) oder Sonderzahlungen zu Beginn der Laufzeit (*Upfront Payments*) erreichen. Das Vorgehen zum Zustandekommen einer fairen Swap-Vereinbarung nennt man *Pricing*. Wie das Pricing von Swaps im einfachsten Fall erfolgt, wird in der Geschichte auf S. 107 beschrieben.

Es gibt eine Vielzahl von Swap-Arten: Beim *Interest Rate Swap (IRS)*, auch *Kuponswap* genannt, wird ein fester Zinssatz gegen einen variablen (Referenz-)Zinssatz, z. B. 6-Monats-LIBOR oder 3-Monats-EURIBOR) getauscht. Da ein Swap dieses Typs das Modell mit der einfachsten Struktur darstellt, heißt er auch *Plain-Vanilla Swap* (vgl. S. 102). Beim *Basisswap* werden variable Zinsen gegen variable Zinsen unterschiedlicher Fristigkeit getauscht. Darüber hinaus gibt es noch zahlreiche weitere, oftmals speziell zugeschnittene Swap-Arten.

Schließlich sei noch der *Währungsswap* (*Cross-Currency Swap*) genannt, bei dem feste (bzw. variable) Zinsen in einer Währung gegen feste (bzw. variable) Zinsen einer anderen Währung ausgetauscht werden. Dabei zahlt jeder Vertragspartner Zinsen in der Währung, in der er den Kapitalbetrag zu Beginn empfangen hat. Zusätzlich zu den Zinszahlungen werden die zugrunde liegenden Nominalbeträge am Anfang und am Ende der Laufzeit des Swaps getauscht, und zwar zum selben Wechselkurs wie beim Abschluss des Swap-Geschäfts.

Abschließend sollen die bei einem Währungsswap erfolgenden Zahlungen beispielhaft dargestellt werden. Der Vorteil für beide Partner geht aus den Zahlungen zwar nicht unmittelbar hervor, er liegt jedoch in der Höhe der vereinbarten Zinssätze.

Beispiel: Peter und Paul vereinbaren einen Währungsswap US-Dollar gegen Euro im Nominalwert von 1 Mio. Euro mit einer Laufzeit von vier Jahren, Beginn am 1.6.2013. Paul wird fixe Zinsen von 3 % in US-Dollar zahlen, während Peter variable Zinsen in Form des 3-Monats-LIBORS zahlen wird. Der Euro-Dollar-Kurs zu Beginn des Swap-Geschäfts möge 1,30 betragen. Aus dieser Vereinbarung entstehen die folgenden Zahlungen:

1.6.2013	Peter zahlt 1,3 Mio. US-Dollar an Paul und dieser zahlt 1 Mio. Euro an Peter.
1.6.2014 ⋮ 1.6.2017	Paul zahlt jährlich jeweils 2,8 % von 1,3 Mio. US-Dollar = 36 400 US-Dollar an Peter.
1.9.2013 1.12.2013 ⋮ ⋮ ⋮ 1.6.2017	Peter zahlt vierteljährlich den 3-Monats-LIBOR auf den Nominalbetrag von 1 Mio. Euro. Steht also der LIBOR für den Zeitraum 1.6.-1.9.2014 beispielsweise bei 2,6 %, so hat Peter am 1.9.2014 Zinsen in Höhe von 6 500 Euro an Paul zu zahlen. Insgesamt leistet Peter 16 Zinszahlungen.
1.6.2017	Paul zahlt an Peter 1,3 Mio. US-Dollar und erhält von Peter 1 Mio. Euro.

Die Nominalbeträge von Swaps liegen in aller Regel in Millionen- oder Milliardenhöhe. Und nicht immer ziehen beide Kontraktpartner Vorteile aus dem Abschluss solcher Geschäfte. Gerade in den letzten Jahren wurden von Banken an Kommunen, Unternehmen oder vermögende Kunden riskante Finanzwetten in Form von Währungsswaps verkauft. Wer dabei Verluste erlitt? Na, raten Sie einmal ...

Literatur:

Luderer B., Zuchanke O.: Ein einheitlicher Zugang zum Pricing von Swaps, Preprint 2000-14, TU Chemnitz, Fakultät für Mathematik, Chemnitz 2000

30 Das zusammengeschobene Teleskop. Oder: Wie lässt sich eine Swap Rate berechnen?

$\mathcal{E}$in *Zinsswap*[53] ist eine Vereinbarung, bei der lediglich Zinszahlungen getauscht werden, nicht aber ein Kapital als solches.

Ein Partner möchte einen festen, heute bekannten Zinssatz bezahlen (dies gibt ihm Planungssicherheit), der andere bevorzugt variable Zinsen, die – mit Ausnahme der ersten Periode – zum heutigen Zeitpunkt unbekannt sind. Er spekuliert vielleicht darauf, dass in der Zukunft die Zinsen fallen. Außerdem soll eine von beiden Partnern akzeptierte Zinsstrukturkurve (vgl. die Erzählung auf S. 94) mit den Spot Rates s_k, $k = 1, \ldots, n$, und den daraus berechneten Forward Rates

$$f_k = \frac{(1 + s_{k+1})^{k+1}}{(1 + s_k)^k} - 1$$

gegeben sein. Führt man die *Diskontierungsfaktoren*[54] $d_k = \frac{1}{(1+s_k)^k}$ ein, kann man obige Formel folgendermaßen umformen:

$$f_k = \frac{d_k}{d_{k+1}} - 1 = \frac{d_k - d_{k+1}}{d_{k+1}} \, .$$

Dabei gilt $d_0 = 1$ und, wie man leicht berechnet, $f_0 = s_1$.

Um einen Swap zu kaufen oder zu verkaufen, sind zwischen den Vertragspartnern folgende Größen zu vereinbaren:

n – Laufzeit des Swaps
N – Nominalkapital, auf das sich der Swap bezieht
r_n – *Swap Rate*; zur Laufzeit n des Swaps gehöriger Festzinssatz
i_{ref} – Referenzzinssatz.

---

[53] Auch *Kuponswap* oder *Interest Rate Swap (IRS)* genannt; vgl. S. 104.

[54] Diese beschreiben, wie viel eine zum Zeitpunkt k fällige Geldeinheit bei gegebener Zinsstrukturkurve heute (in $t = 0$) wert ist.

© Springer Fachmedien Wiesbaden GmbH, ein Teil von Springer Nature 2019
R. Korn und B. Luderer, *Mathe, Märkte und Millionen*,
https://doi.org/10.1007/978-3-658-23717-2_30

Während alle anderen Größen im Zeitpunkt null bekannt sind, ist der variable Zinssatz i_{ref} (z. B. der 12-Monats-LIBOR) nur für die erste Periode bekannt, nicht aber für alle zukünftigen Perioden.

Nun erhebt sich folgende Frage: Welcher Festzinssatz r_n soll festgelegt werden, damit die Vereinbarung für beide Partner fair ist?

Der Schlüssel zur Lösung besteht im Vergleich der Barwerte beider Seiten, der »festen« (mit dem Zinssatz r_n) und der »variablen« (mit den unbekannten Zinssätzen $i_{k,\mathrm{ref}}$, $k = 1, \ldots, n$). Stellt man den Barwert aller Zahlungen der Festzins-Seite dem Barwert aller Zahlungen der variablen Seite gegenüber, ergibt sich für $N = 1$:

$$(*) \qquad \sum_{k=1}^{n} r_n \cdot d_k = \sum_{k=1}^{n} i_{k,\mathrm{ref}} \cdot d_k.$$

Anstelle der im Intervall $[k - 1, k]$ geltenden variablen Referenzzinssätze $i_{k,\mathrm{ref}}$ werden die Forward Rates f_{k-1} (vgl. S. 94) eingesetzt, denn diese lassen sich heute schon durch geeignete Finanzprodukte sichern. Unter Berücksichtigung der oben hergeleiteten Beziehung $f_{k-1} = \frac{d_{k-1} - d_k}{d_k}$ ergibt sich auf diese Weise aus $(*)$ die Gleichung

$$r_n \cdot \sum_{k=1}^{n} d_k = \sum_{k=1}^{n} f_{k-1} \cdot d_k = \sum_{k=1}^{n} \frac{d_{k-1} - d_k}{d_k} \cdot d_k = \sum_{k=1}^{n} (d_{k-1} - d_k).$$

Und nun kommt das angekündigte Teleskop ins Spiel, denn die entstandene Summe ist eine sog. *Teleskopsumme*, d. h. eine endliche Summe von Differenzen, bei der sich je zwei Nachbarglieder – außer dem ersten und dem letzten – gegenseitig aufheben. Damit lässt sich letztere Summe gewissermaßen zusammenschieben wie ein Teleskop:

$$\begin{aligned} \sum_{k=1}^{n} (d_{k-1} - d_k) &= (d_0 - d_1) + (d_1 - d_2) + \ldots + (d_{n-1} - d_n) \\ &= d_0 - d_n = 1 - d_n. \end{aligned}$$

Nunmehr ist die Berechnung der Swap Rate, d. h. des festen Zinssatzes, sehr einfach. Aus $r_n \cdot \sum\limits_{k=1}^{n} d_k = 1 - d_n$ folgt

$$(\ast\ast) \qquad r_n = \frac{1 - d_n}{\sum\limits_{k=1}^{n} d_k} \; .$$

Diese Beziehung besagt: Der faire Festzinssatz eines Swaps hängt nur von den Diskontierungsfaktoren oder – mit anderen Worten – von den Spot Rates s_1, s_2, ..., s_n ab, nicht aber von den (ohnehin unbekannten) zukünftigen variablen Referenzzinssätzen.

Beispiel: Gegeben seien die Spot Rates $s_1 = 2\,\%$, $s_2 = 2{,}61\,\%$ und $s_3 = 3{,}12\,\%$. Die Swap Rate eines 3-jährigen Swaps lässt sich dann wie folgt ermitteln. Berechne zunächst die Diskontierungsfaktoren:

$$d_1 = \frac{1}{1{,}02} = 0{,}980\,392; \quad d_2 = \frac{1}{1{,}0261^2} = 0{,}949\,775;$$

$$d_3 = \frac{1}{1{,}0312^3} = 0{,}911\,950.$$

Dann gilt entsprechend Formel $(\ast\ast)$:

$$r_3 = \frac{1 - d_3}{d_1 + d_2 + d_3} = \frac{1 - 0{,}911\,950}{0{,}980\,392 + 0{,}949\,775 + 0{,}911\,950}$$

$$= 0{,}030\,98 = 3{,}10\,\%.$$

Folglich hat der eine Partner jedes Jahr 3,10 % Zinsen auf das vereinbarte Nominalkapital N zu zahlen, während der andere Partner jeweils den 12-Monats-LIBOR schuldet.

31 An den eigenen Haaren aus dem Sumpf ziehen. Die Bootstrapping-Methode

Baron Münchhausen erzählt:

»Bei der Verfolgung eines Hasen wollte ich mit meinem Pferd über einen Morast setzen. ... [Ich sprang] ... zu kurz und fiel nicht weit vom anderen Ufer bis an den Hals in den Morast. Hier hätte ich unfehlbar umkommen müssen, wenn nicht die Stärke meines Armes mich an meinem eigenen Haarzopf, samt dem Pferd, welches ich fest zwischen meine Knie schloss, wieder herausgezogen hätte.«

Diese wohl jedem bekannte Lügengeschichte des Baron Münchhausen gibt es auch im Englischen. Von dort dürfte die Redensart "to pull oneself up by one's bootstraps" oder auch "to pull oneself over a fence by one's bootstraps" stammen, sich an den eigenen Stiefelschlaufen[55] über den Zaun heben, ein eigentlich unmögliches Unterfangen.

Gerade aber das Möglichmachen dieser Unmöglichkeit fand Eingang in die englische Sprache, sodass »bootstrap« eine Vorgehensweise beschreibt, mithilfe derer eine Person, ein Gerät oder auch eine Methode aus eigener Kraft, ohne fremde Hilfe, etwas Schwieriges vollbringt. Gut bekannt ist beispielsweise das Booten eines Computers, indem durch ein einfaches System ein komplizierteres System gestartet wird.

Genau dieses Vorgehen, aus sich selbst heraus, Schritt für Schritt neue Größen zu berechnen, findet man auch beim *Bootstrapping*, einer Methode zur Berechnung von Spot Rates aus Swap Rates.

Zur Erinnerung: Spot Rates s_k sind Zinssätze für Geldanlagen oder Geldaufnahmen im Zeitraum $[0, k]$, sie bilden die *Zinsstrukturkurve*, auch *Zerozinskurve* genannt. Swap Rates r_k hingegen stellen die Festsatzseite eines Zinsswaps der Laufzeit k bei gegebener Zinsstruktur-

---

[55]An derben Schuhen oder Stiefeln angebrachte Schlaufen, die als Hilfe beim Anziehen derselben gedacht sind.

© Springer Fachmedien Wiesbaden GmbH, ein Teil von Springer Nature 2019
R. Korn und B. Luderer, *Mathe, Märkte und Millionen,*
https://doi.org/10.1007/978-3-658-23717-2_31

kurve dar. Dies soll nun verdeutlicht werden, indem die Barwerte der festen und der variablen Seite des Swaps für einen Nominalwert von $N = 1$ miteinander verglichen werden (vgl. S. 107):

$$r_n \cdot \sum_{k=1}^{n} d_k = \sum_{k=1}^{n} f_{k-1} \cdot d_k = \sum_{k=1}^{n} \frac{d_{k-1} - d_k}{d_k} \cdot d_k = 1 - d_n.$$

Alternativer Zugang: Es gibt noch eine andere Interpretation. Und zwar ist die *Swap Rate* oder *Par Rate* der Kupon einer zu 100 notierenden Anleihe mit Rückzahlung 100 und k Jahren Laufzeit bei gegebener Zinsstruktur:

$$100 = 100 r_n \cdot \sum_{k=1}^{n} d_k + 100 \cdot d_n.$$

Aus beiden Beziehungen erhält man die auf S. 109 hergeleitete Formel $(*)$ für die Swap Rate:

$$r_n = \frac{1 - d_n}{\sum\limits_{k=1}^{n} d_k}.$$

Da Swaps relativ häufig an den Finanzmärkten gehandelt werden und sich folglich deren »Preise«, die Swap Rates, durch Angebot und Nachfrage herausbilden, ist es naheliegend, das Finanzprodukt Swap als Ausgangspunkt für die Bestimmung anderer Kenngrößen zu nehmen, in unserem Fall der Spot Rates.

Fazit: Die Spot Rates s_k, $k = 1, \ldots, n$, sollen aus am Markt beobachteten Swap Rates r_k ermittelt werden.[56] Dazu dient die *Bootstrapping-Methode*, ein iteratives Verfahren, das sukzessive die Zinssätze s_1, s_2, s_3, ... berechnet, eben »aus sich selbst heraus«. Und das geht so:

---

[56]In der Geschichte auf S. 107 war es gerade andersherum: Dort wurden Swap Rates aus gegebenen Spot Rates berechnet.

Gegeben sind n Kupon-Swaps der Laufzeiten 1 bis n, deren Festzinssatz (Swap Rate) r_k, $k = 1, \ldots, n$ beträgt. Gesucht sind die Spot Rates s_k, $k = 1, \ldots, n$.

Bootstrapping-Methode:

$$s_1 = r_1;$$

$$s_k = \sqrt[k]{\frac{1 + r_k}{1 - r_k \cdot (d_1 + d_2 + \ldots + d_{k-1})}} - 1.$$

Dabei gilt $d_j = \frac{1}{(1+s_j)^j}$.

Beispiel: Die Swap Rates für Swaps der Laufzeiten 1, 2 und 3 Jahre seien wie folgt gegeben: $r_1 = 2{,}00\,\%$, $r_2 = 2{,}60\,\%$ und $r_3 = 3{,}10\,\%$. Daraus lassen sich die Spot Rates wie folgt berechnen:

$$s_1 = r_1 = 2{,}00\,\%; \qquad d_1 = \frac{1}{1 + s_1} = 0{,}9804;$$

$$s_2 = \sqrt{\frac{1 + r_2}{1 - r_2 d_1}} - 1 = \sqrt{\frac{1{,}026}{1 - 0{,}026 \cdot 0{,}9804}} - 1 = 2{,}608\,\%;$$

$$d_2 = \frac{1}{(1 + s_2)^2} = 0{,}9498;$$

$$s_3 = \sqrt[3]{\frac{1 + r_3}{1 - r_3(d_1 + d_2)}} - 1 = \sqrt[3]{\frac{1{,}031}{1 - 0{,}031(0{,}9804 + 0{,}9498)}} - 1$$

$$= 3{,}122\,\%.$$

Literatur:

Bürger G. A.: Münchhausen, Ueberreuter, Wien 2011

32 No risk, no fun! Risikokennzahlen von Rentenpapieren

Wer nicht wagt, der nicht gewinnt.
Deutsches Sprichwort

Onkel Wolfgang erkundigt sich bei seinem Neffen, ob der ihm wohl helfen könne. Patrick studiert Finanzmathematik und befindet sich mittlerweile im Masterstudium. Sein Onkel verfügt über ein stattliches Portfolio aus Rentenpapieren, d. h. festverzinslichen Wertpapieren, das Anleihen kurzer, mittlerer und langer Laufzeit, Zerobonds usw. enthält. Erstaunlicherweise macht ihn dieser Besitz jedoch nicht besonders glücklich. Im Gegenteil, bei jedem Ausschlag der Marktzinsen ist er sehr besorgt um den Wert seiner Geldanlagen. Daher möchte er sehr gern wissen, wie er die Änderungen seines Depotwertes bei Zinsänderungen berechnen kann, zumindest näherungsweise, damit er gegebenenfalls sein Vermögen mittels entsprechender Hedge-Strategien absichern kann.

Patrick ist stolz, seinem Lieblingsonkel helfen zu können. »Klar kann ich dir behilflich sein«, verspricht er ihm. »Wenn wir gewisse *Risikokennzahlen* deines Portfolios berechnen, lassen sich die Schwankungen des Portfolio-Barwertes ganz einfach beschreiben.«

»Ich wusste es ja, ein Investment in Wertpapiere ist immer mit großem Risiko verbunden«, murmelt Onkel Wolfgang verunsichert.

»So schlimm ist es nicht«, beruhigt ihn Patrick. »Zum einen kannst du mithilfe von Risikokennzahlen dein Portfolio absichern. Zum anderen ist auch der Begriff ›Risikokennzahl‹ eher missverständlich. Aus mathematischer Sicht müsste es besser heißen ›Kenngröße zur Beschreibung der näherungsweisen Barwertänderung bei Änderung des Marktzinssatzes‹, aber das ist wohl ein bisschen lang.«

Onkel Wolfgang ist gespannt, was ihm sein Neffe jetzt erklären wird.

»Pass auf, als Erstes ziehen wir eine Bilanz und beschreiben den Zah-

© Springer Fachmedien Wiesbaden GmbH, ein Teil von Springer Nature 2019
R. Korn und B. Luderer, *Mathe, Märkte und Millionen*,
https://doi.org/10.1007/978-3-658-23717-2_32

lungsstrom deiner Ausgaben und all deiner zukünftigen Einnahmen, wozu der Kaufpreis, die Kuponzahlungen, Schlussrückzahlungen etc. gehören. Wir vereinfachen das Ganze etwas, indem wir nur ganzzahlige Zeitpunkte für die Zahlungen annehmen, aber das Prinzip bleibt dasselbe, wenn man Zahlungen zu *beliebigen* Zeitpunkten zulässt. Allgemein kann man das so darstellen:

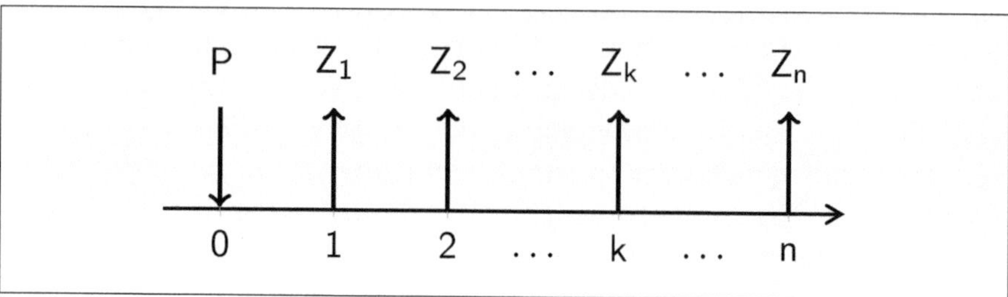

Abb. 14: Allgemeiner Zahlungsstrom

Jetzt berechnen wir den Barwert des Portfolios:

$$(*) \qquad P = f(i) = \sum_{k=1}^{n} \frac{Z_k}{(1+i)^k}.$$

Wie du siehst, haben wir jede Zahlung Z_k entsprechend der Zeit k, wann diese fällig ist, mithilfe der Grundformel (6) abgezinst und diese Beträge aufsummiert.«

»Ich verstehe«, sagt Onkel Wolfgang, »P ist sozusagen der heutige Wert all meiner zukünftigen Einnahmen bei gegebenem Zinssatz i.«

»Richtig, genau das«, bestätigt Patrick.

»Wenn sich nun die Größe i ändert, verändert sich auch P«, meint der Onkel, »dann muss ich also für jeden neuen Wert von i die Rechnung erneut durchführen. Ganz schön viel Arbeit.«

»Ja, Onkel. So könntest du vorgehen. Weil sich der Marktzinssatz i aber praktisch in jedem Moment ändert, ist es einfacher, nur einmal eine längere Rechnung auszuführen und dann die Barwertänderung bei beliebiger Änderung Δi des Zinssatzes anzugeben. Das schafft man mithilfe der Differenzialrechnung.«

»Oh, Gott, von Differenzialrechnung weiß ich überhaupt nichts mehr. Da habe ich in der Schule meistens gefehlt.« Onkel Wolfgang wird nervös.

»Warte doch erst einmal ab, Onkel,«, beruhigt ihn Patrick. »Ich erkläre dir zunächst die Idee und zeige den Rechenweg auf, danach leite ich einige sehr einfache Größen ab. Es genügt, diese zu kennen. Du wirst schon sehen, es ist alles ganz einfach.«

»Na dann mal los!« Onkel Wolfgang ist neugierig geworden.

»Die obige Beziehung (∗) stellt eine Funktion des Barwertes in Abhängigkeit vom Zinssatz dar: $P = f(i)$. Damit beschreibt der Ausdruck

$$(**) \qquad \mathrm{d}P = f'(i_0) \cdot \Delta i,$$

genannt *Differenzial*, die näherungsweise Änderung von $P_0 = f(i_0)$, wenn sich das Argument i_0 um Δi ändert, sodass der Zinssatz anschließend $i_0 + \Delta i$ beträgt.«

»Warum nur ›näherungsweise‹?«, will der Onkel wissen.

»Weil die *Marktzins-Barwert-Kurve f* bzw. ihr Graph durch die Tangente im Punkt $(i_0, f(i_0))$ ersetzt wird. Daher muss Δi auch relativ klein sein, sonst wird die Rechnung zu ungenau.«

»Und was ist i_0?«

»Das ist ein fester Zinssatz, quasi der Ausgangspunkt. Du kannst dir als i_0 beispielsweise den heutigen Marktzinssatz vorstellen. Mit $P_0 = f(i_0)$ bezeichnen wir dann den zugehörigen Barwert.«

»Gut, aber eine Frage habe ich noch: Was ist $f'(i_0)$? Hat das was mit der Differenzialrechnung zu tun?«

»Ja, hat es. Das ist die erste Ableitung der Funktion f, gesprochen ›f Strich‹. Wie man die berechnet, lernt man in der Schule, wenn man nicht gerade fehlt«. Patrick zwinkert seinem Onkel zu. »Oder aber man verfügt über einen ›schlauen‹ Taschenrechner, der das automatisch erledigt. In unserem Fall gilt[57]

$$f'(i_0) = \sum_{k=1}^{n} \frac{-k \cdot Z_k}{(1 + i_0)^{k+1}} \,.$$

Setzt man nun noch $\Delta i = 0{,}01\,\% = \frac{1}{10\,000}$, an den Finanzmärkten sagt man dazu *Basispunkt*, so ergibt sich aus $(**)$ der *Basispunktwert*:

$$W = \sum_{k=1}^{n} \frac{-k \cdot Z_k}{(1 + i_0)^{k+1}} \cdot \frac{1}{10\,000} \,.$$

Dieser beschreibt, um wie viel sich der Barwert P_0 näherungsweise ändert, wenn sich der Marktzinssatz i_0 um einen Basispunkt vergrößert. Die Größe W wird in Geldeinheiten gemessen, genau wie die Zahlungen Z_k.«

»Das habe ich gut verstanden«, meint Onkel Wolfgang erfreut. »Man muss nur einmal die Größe W ausrechnen und dann mit dem Vielfachen eines Basispunktes multiplizieren. Gestern erst hörte ich im Radio, dass der Zinssatz um 25 Basispunkte erhöht wurde, also muss ich mit 25 multiplizieren.«

»Ganz genau«, bestätigt Patrick, »du bist der schlaueste Onkel, den ich habe.«

»Ich bin ja auch dein einziger Onkel.«

»Es gibt noch zwei ähnliche Kennzahlen, die eng mit dem Basispunktwert zusammenhängen«, fährt Patrick in seinen Erläuterungen fort. Die erste wird *modifizierte Duration* genannt:

$$D_{\mathrm{mod}} = \frac{1}{P_0} \cdot \sum_{k=1}^{n} \frac{k \cdot Z_k}{(1 + i_0)^{k+1}} \,.$$

---

[57]Der Leser ist aufgefordert, die Rechnung nachzuvollziehen. Hinweis: Günstig ist die Umformung $\frac{1}{(1+i)^k} = (1 + i)^{-k}$. Dann kann man die Regel für das Ableiten einer Potenzfunktion anwenden.

Sie gibt an, um wie viel sich P_0 prozentual ändert[58], wenn sich i_0 um einen Prozentpunkt – das sind 100 Basispunkte – ändert. Die Größe D_{mod} selbst ist dimensionslos.«

»Das ist ja eine ganz ähnliche Formel wie die für den Basispunktwert, nur geht es jetzt um die relative Änderung, vorhin ging es um die absolute Barwertänderung. Stimmt's?«

»Ja, genau.« Patrick nickt. »Allerdings ist das Minus, das noch im Basispunktwert vorhanden war, hier verschwunden. Das liegt daran, dass es für die Finanzexperten klar wie Kloßbrühe ist, dass sich der Barwert bei Zinserhöhungen verringert und nicht vergrößert. Daher wird das Vorzeichen einfach weggelassen. Als zweite und für heute letzte Kenngröße kommt jetzt noch die *Duration*. Sie ist der modifizierten Duration sehr ähnlich und wurde in den 1930er Jahren von Frederick R. Macaulay eingeführt:

$$D = \frac{1}{P_0} \cdot \sum_{k=1}^{n} \frac{k \cdot Z_k}{(1+i_0)^k} = \frac{\displaystyle\sum_{k=1}^{n} \frac{k \cdot Z_k}{(1+i_0)^k}}{\displaystyle\sum_{k=1}^{n} \frac{Z_k}{(1+i_0)^k}} \ .$$

Die Duration wird in Jahren gemessen.[59] Sie ist eine sehr wichtige Risikokennzahl für Finanzmanager, weil sie eine Reihe interessanter Eigenschaften besitzt und zur Absicherung dient. Die Duration ist:

- Maß für die durchschnittliche Bindungsdauer einer Kapitalanlage,

- der Zeitpunkt, nach dessen Erreichen die Hälfte des Barwerts an den Investor zurückgeflossen ist,

- eine wichtige Kennzahl, denn ein festverzinsliches Wertpapier mit Duration D reagiert auf Zinsänderungen wie ein Zerobond mit Laufzeit D.«

---

[58] Streng genommen, gilt das wieder nur näherungsweise.

[59] Das liegt an dem Faktor k im oberen Zähler, während sich die Geldeinheiten der Zahlungen wegkürzen.

»Warte mal, Patrick«, ruft Onkel Wolfgang dazwischen. »Die Formel für die Duration sieht doch fast so aus wie die Schwerpunktgleichung für Punktmassen, die ich aus der Mechanik kenne, oder die Formel für den Erwartungswert einer diskreten Verteilung in der Wahrscheinlichkeitsrechnung.«

»Richtig, genau das ist die Begründung für die nächste Eigenschaft:

- Die Duration ist der Zeitpunkt, in dem die Barwerte des Zahlungsstroms im Gleichgewicht sind, d. h. der Schwerpunkt der ›Barwertmassen‹.«

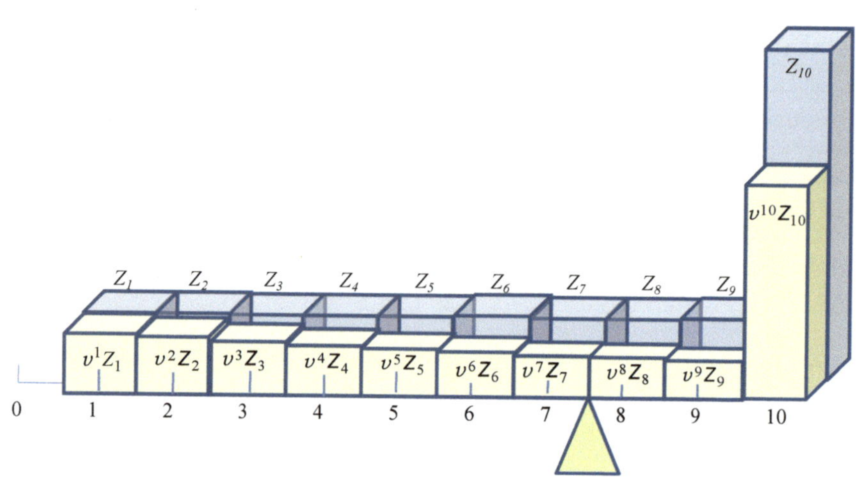

Abb. 15: Duration als Schwerpunkt der Barwertmassen (hier: D = 7,5); Quelle: Müller T.: Finanzrisiken in der Assekuranz. Springer Gabler, Wiesbaden 2013, S. 46

Die in der Abb. 15 vorkommenden Größen v^k sind die *Diskontierungsfaktoren*: $v^k = \frac{1}{(1+i)^k}$. Mitunter werden sie auch mit dem Symbol d_k bezeichnet.

»Könnten wir das alles noch einmal an einem Beispiel durchgehen?«

»Aber natürlich, Onkel.«

Beispiel: Anleihe im Nominalwert von $N = 100$, Kupon 5%, Laufzeit vier Jahre, Rückzahlung $R = 100$. Die Anleihe weist folgenden Zahlungsstrom auf: $Z_1 = 5$, $Z_2 = 5$, $Z_3 = 5$, $Z_4 = 105$. Der Marktzinssatz liege bei 3%. Daraus ergeben sich folgende Werte:

$$P_0 = \frac{5}{1{,}03} + \frac{5}{1{,}03^2} + \frac{5}{1{,}03^3} + \frac{105}{1{,}03^4} = 107{,}434,$$

$$W = -\frac{1}{10\,000}\left[\frac{1 \cdot 5}{1{,}03^2} + \frac{2 \cdot 5}{1{,}03^3} + \frac{3 \cdot 5}{1{,}03^4} + \frac{4 \cdot 105}{1{,}03^5}\right] = -0{,}039,$$

$$D_{\mathrm{mod}} = \frac{1}{107{,}434}\left[\frac{1 \cdot 5}{1{,}03^2} + \frac{2 \cdot 5}{1{,}03^3} + \frac{3 \cdot 5}{1{,}03^4} + \frac{4 \cdot 105}{1{,}03^5}\right] = 3{,}625,$$

$$D = \frac{1}{107{,}434}\left[\frac{1 \cdot 5}{1{,}03} + \frac{2 \cdot 5}{1{,}03^2} + \frac{3 \cdot 5}{1{,}03^3} + \frac{4 \cdot 105}{1{,}03^4}\right] = 3{,}734.$$

P_0 ist der Kurswert, d. h. der für die Anleihe zu zahlende Preis. Erhöht sich der Marktzinssatz um einen Basispunkt, steigt er also von $3{,}00\%$ auf $3{,}01\%$ an, so verringert sich der Barwert näherungsweise um $0{,}039$ auf $107{,}395$ Geldeinheiten.[60] Der Wert D_{mod} besagt: Erhöht sich der Marktzinssatz absolut um 1% auf 4% (bzw. um $0{,}1\%$ auf $3{,}1\%$), so verringert sich der Barwert um ca. $3{,}625\%$ (bzw. $0{,}3625\%$). So ergibt sich für $\Delta i = 0{,}1\%$ Folgendes: Der Barwert wird sich von $107{,}434$ Geldeinheiten um etwa $107{,}434 \cdot 0{,}3625\% = 0{,}389$ auf $107{,}045$ Geldeinheiten verringern.[61] Die Duration beträgt $D = 3{,}734$ Jahre und ist damit nur geringfügig kleiner als die Laufzeit der Anleihe, die vier Jahre beträgt (vgl. auch die Abbildung auf S. 118).

»Wie du dein Portfolio mithilfe dieser Größen und geeigneter Strategien absichern kannst, erzähle ich dir ein anderes Mal«, beendet Patrick seine Ausführungen.

---

[60]Zum Vergleich: Der exakte Wert lautet ebenfalls $P = f(0{,}03010) = 107{,}395$.
[61]Der exakte Wert beträgt $P = f(0{,}0310) = 107{,}046$.

33 Ruhig schlafen trotz turbulenter Märkte? Die Immunisierungseigenschaft der Duration

»Du wolltest mir doch erzählen, wie ich mein Portfolio gegen Zinsschwankungen absichern kann«, bedrängt Onkel Wolfgang seinen Neffen Patrick. Dieser hatte sein Versprechen bereits vergessen. »Ach ja«, erinnert er sich nun wieder, »dazu musst du die Immunisierungseigenschaft der Duration nutzen.«

»Wie bitte?«, fragt sein Onkel zurück. »Immunisierung? Das klingt ja so, als wäre die Duration unempfindlich gegenüber Zinsschwankungen.«

»Ganz so ist es nicht. Aber so ähnlich. Wenn D die Duration deines Portfolios ist, so wird der Wert des Portfolios in D Jahren auf keinen Fall kleiner sein als der, den du erzielen würdest, wenn du den heutigen Portfoliowert P_0 mit dem aktuellen Zinssatz i_0 (mit dem auch die Duration berechnet wurde[62]) aufzinsen würdest, egal wie sich die Zinsen zwischenzeitlich entwickeln. Der Portfoliowert ist also *immun* im Zeitpunkt $t = D$, und du kannst ruhig schlafen. Wenn du zum Beispiel genau zu diesem Zeitpunkt eine Zahlungsverpflichtung in Höhe von Z hast, wobei der abgezinste Wert von Z gerade gleich dem Barwert deines Portfolios P_0 entspricht, so kann dir nichts passieren – du kannst die Zahlungsverpflichtung in jedem Fall erfüllen.«

»Das klingt gut«, meint Onkel Wolfgang, »erzähl mal genauer.«

»Nehmen wir zunächst an, dein Portfolio bestehe nur aus einem Zerobond, also einer Null-Kupon-Anleihe, der Höhe Z, deren Laufzeit

---

[62]Vergleiche die Erzählung auf S. 113.

D beträgt. Dann ist die Auszahlung in $t = D$ fest (nämlich Z), ganz egal, wie sich die Zinsen in der Zwischenzeit ändern.«

»Das habe ich verstanden«, nickt der Onkel, »aber in meinem Portfolio sind keine Zerobonds, sondern Anleihen.«

»Klar, weiß ich doch«, entgegnet Patrick ungeduldig. »Nehmen wir also der Einfachheit halber an, du hast genau eine Anleihe im Portfolio. Was kann dann passieren? Wenn sich der ursprüngliche Zinssatz i_0 einmalig um Δi erhöht, so verringert sich einerseits der Barwert der Anleihe, d. h., bei ihrem Verkauf würde man weniger erhalten. Andererseits kann man die zwischenzeitlich gezahlten Zinsen zu einem höheren Zinssatz wieder anlegen. Ist umgekehrt die Zinsänderung δi negativ, so erhöht sich der Barwert, während der Wiederanlagezins geringer ausfällt. Das führt zu der folgenden Abbildung, in dem der Zeitwert der Anleihe schematisch dargestellt ist (darin bezeichnen P_0, P_δ bzw. P_δ die Barwerte des ursprünglichen Portfolios (für den Zinssatz i_0) sowie nach positiver bzw. negativer Zinsänderung Δi bzw. δi):

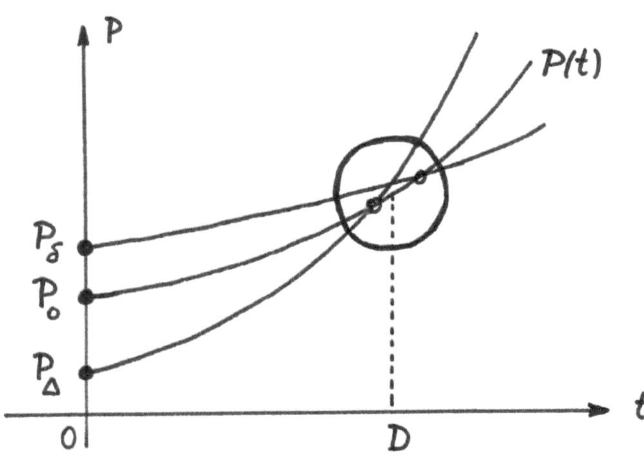

Abb. 16: Zeitliche Entwicklung des Portfoliowertes

Die Schnittpunkte der einzelnen Kurven fallen für endliche Größen Δi bzw. δi im Allgemeinen nicht zusammen, liegen jedoch nahe beieinander. Für $\Delta i \to 0$ bzw. $\delta i \to 0$, also für sehr kleine (genauer: unendlich kleine) Zinsänderungen, liegen die Schnittpunkte jedoch genau bei $t = D$, der Duration. Außerdem ist für $t = D$ der Portfoliowert bei beliebiger Zinsänderung niemals kleiner als der, der sich für den ursprünglichen Zinssatz i_0 ergeben würde.«

»Also«, fasst Patrick selbstsicher zusammen, »wenn du die Duration deines Portfolios durch geschickte Auswahl der darin enthaltenen Wertpapiere so wählst, dass sie gerade dem Zeitpunkt der Zahlungsverpflichtung entspricht, kannst du absolut ruhig schlafen. Was an den Märkten passiert, muss dich nicht interessieren.«

»Seltsam«, erwidert Onkel Wolfgang zweifelnd, »ich dachte immer, an den Finanzmärkten ist überhaupt nichts sicher, sondern alles ist risikobehaftet.«

»Na ja«, Patrick wird etwas verlegen, »leider ändert sich im Laufe der Zeit die Duration. Daher musst du dein Portfolio theoretisch fortlaufend (also in jedem Moment) umschichten, aus praktischer Sicht aber zumindest von Zeit zu Zeit. Das verursacht selbstverständlich Gebühren.«

»Dachte ich mir's doch«, seufzt der Onkel, »Theorie und Praxis sind wieder einmal ganz verschiedene Dinge.«

*Prognosen sind schwierig, besonders
wenn sie die Zukunft betreffen.*

*Mark Twain, Winston Churchill
und anderen zugeschrieben*

Annika ist ganz verzweifelt. Obwohl sie eigentlich mit Bedacht in Aktien investiert, hat ihr die Eurokrise einen dicken Strich durch die Rechnung gemacht. Sie hatte ihr Geld in Aktien der südeuropäischen $\alpha\beta\gamma$-Bank gesteckt, und nun sind diese gefallen und gefallen. Den Mut, irgendwann auszusteigen, brachte sie nicht auf. Nun sitzt Annika auf ihren abgestürzten Aktien und hofft, dass diese irgendwann einmal wieder steigen. Die Stimmung am Aktienmarkt hat sich etwas aufgehellt, sodass sie glaubt: »Ein bisschen wird der Kurs vielleicht noch fallen, aber dann geht es ganz bestimmt wieder nach oben. Ganz bestimmt! Wenn es doch nur schneller ginge.«

Da fällt ihr Blick auf ein Angebot der Epsilon-Bank:

> *»Kaufen Sie Phönix-Zertifikate auf die Aktien der $\alpha\beta\gamma$-Bank. Wenn deren Kurs erst fällt, dann steigt, so profitieren Sie überdurchschnittlich vom Kursanstieg. Kaufen Sie, solange der Vorrat reicht.«*

»Aber das ist doch wie für mich geschaffen«, freut sich Annika. »Einfach maßgeschneidert. Woher wissen denn die freundlichen Banker der Epsilon-Bank von meiner Misere? Wenn ich mir zu meinen Aktien zusätzlich Zertifikate kaufe, erholt sich mein Depot viel schneller. Wie hießen diese doch gleich – Phönix? Ist das nicht jener griechische Vogel, der im Feuer tanzte? Oder lebte er im alten Rom?«

Im Lexikon erfährt sie, dass Phönix ein heiliger Vogel in der ägyptischen Mythologie war (im Altägyptischen *benu* genannt), der im Abstand von mehreren Hundert Jahren erscheint, in der Glut der Morgenröte verbrennt und aus seiner Asche verjüngt wiederaufersteht.

© Springer Fachmedien Wiesbaden GmbH, ein Teil von Springer Nature 2019
R. Korn und B. Luderer, *Mathe, Märkte und Millionen*,
https://doi.org/10.1007/978-3-658-23717-2_34

An anderer Stelle heißt es, Phönix stamme aus der Asche des Gottes Osiris und erreiche ein hohes Alter von einigen Hundert Jahren. An seinem Lebensende erst baut er sich ein Nest, setzt sich hinein, bebrütet das Ei und verbrennt danach. Aus dem zurückbleibenden Ei schlüpft alsbald ein neuer Phönix. Sei es, wie es sei, genau weiß es wohl niemand. Doch die Redewendung »Wie Phönix aus der Asche« als Synonym für Auferstehung bzw. als Sinnbild für etwas bereits verloren Geglaubtes, das in neuem Glanz ersteht, blieb erhalten.

»Aber wie hängt das mit dem Phönix-Zertifikat zusammen?«, grübelt Annika.

Ganz einfach. Dieses Zertifikat wurde genau für eine Situation wie die folgende entwickelt: Der Kurs einer bestimmten Aktie, die den Basiswert des Zertifikats bildet, fällt und berührt oder unterschreitet während der Laufzeit des Zertifikats einen zuvor festgelegten Schwellenwert (Barriere). Steigt der Kurs anschließend wieder und notiert am Laufzeitende oberhalb des Schwellenkurses, so profitiert der Inhaber des Zertifikates überproportional am Kursanstieg, indem er neben der Aktie zusätzlich die Differenz zwischen Aktienkurs am Laufzeitende und Schwellenwert ausgezahlt bekommt. Damit ist das Zertifikat für ihn besser als der direkte Kauf der Aktie. Allerdings muss er dafür einen etwas höheren Preis als den aktuellen Aktienkurs bezahlen.

> *Beispiel:* Die Aktie der $\alpha\beta\gamma$-Bank kostet am 1. Februar 100 Euro. Das Zertifikat kostet, sagen wir, 105 Euro und besitzt eine Laufzeit von neun Monaten. Der Schwellenkurs liegt bei 90 Euro.

Wir betrachten folgendes Szenario: Der Aktienkurs sinkt im Mai bis 50 Euro, steigt dann wieder und notiert am 1. November bei 107 Euro und damit (deutlich) über der Schranke von 90 Euro. In diesem Fall beträgt die Differenz aus Kurs und Schranke 17 Euro und der Anleger kann sich über einen Gewinn von insgesamt 19 Euro freuen. Dieser resultiert aus dem Differenzbetrag von 17 Euro sowie einem Kursgewinn von 2 Euro, den er realisiert, indem er die gelieferte Aktie sofort an der Börse für 107 Euro verkauft (zur Erinnerung: der Kaufpreis des Zertifikats betrug 105 Euro).[63] Hätte er am 1. Februar direkt die Aktie gekauft, würde sein Gewinn nur 7 Euro betragen.

Dies war das Szenario der »Wiederauferstehung des Phönix«, das Annika im Blick hatte. Doch Vorsicht, Annika! Phönix steigt nur aller paar Hundert Jahre aus seiner Asche auf. Es kann daher auch ganz anders kommen.

Wird der Schwellenkurs während der gesamten Laufzeit nicht berührt oder unterschritten, verhält sich das Zertifikat wie die zugrunde liegende Aktie, allerdings ohne Anspruch auf Dividendenzahlung. Bleibt also die Aktie der $\alpha\beta\gamma$-Bank stets oberhalb von 90 Euro, so wird Annika am 1. November die Aktie geliefert, die sie vielleicht für 91 oder 100 oder 120 Euro verkaufen kann, je nachdem, wie der Kurs steht. Damit hat sie ggf. einen Verlust zu verzeichnen, kann aber auch einen Gewinn erzielen, der allerdings kleiner ist als bei direktem Aktienengagement, da ja das Zertifikat teurer war. Auf eventuell gezahlte Dividenden muss Annika außerdem verzichten.

Es kann aber noch schlimmer kommen: Phönix verbrennt und steht nicht wieder auf. Denn unterschreitet der Aktienkurs den Schwellenwert und bleibt darunter, so erhält Annika am Ende der Laufzeit die Aktie, die vielleicht nur noch 50, 40 oder gar nur 10 Euro wert ist. Damit hat sie einen unter Umständen erheblichen Verlust eingefahren.

Bleibt noch die Frage: Wie kann man den *fairen Preis* des Phönix-Zertifikats berechnen bzw. wie sichert sich die Bank ab?[64] Die das Zertifikat ausgebende Epsilon-Bank *dupliziert* die durch das Zertifikat garantierten Zahlungen durch folgende Konstruktion: Sie bildet

---

[63]Der aufmerksame und bewanderte Leser wird mit diesen Ausführungen nicht ganz einverstanden sein. Tatsächlich sind vom Gewinn noch evtl. anfallende Gebühren beim Kauf bzw. Verkauf sowie der entgangene Zinsgewinn für das für neun Monate gebundene Kapital abzuziehen.

[64]Der Emittent des Zertifikats konstruiert dieses so, dass er bei jeder Marktsituation garantiert einen Gewinn erzielt, indem er alle Risiken absichert und zusätzlich eine Marge verlangt.

ein Portfolio mit gleicher Auszahlungsfunktion, bestehend aus einer Aktie und einem Down-and-In-Call. Zum Nachweis der Gleichheit werden diese Bezeichnungen benötigt: T – Zeitpunkt der Fälligkeit, P_{Aktie}^T – Aktienkurs zum Zeitpunkt T, K – Schwellenwert. Fall 1: Der Aktienkurs berührt während der Laufzeit den Schwellenwert oder fällt darunter. Fall 2: Der Aktienkurs bleibt während der gesamten Laufzeit über dem Schwellenwert.

Auszahlungsfunktion des Phönix-Zertifikats:

$$W_{\text{Phönix}} = \begin{cases} K + 2(P_{\text{Aktie}}^T - K), & \text{falls } P_{\text{Aktie}}^T > K \text{ im Fall 1} \\ P_{\text{Aktie}}^T & \text{sonst.} \end{cases}$$

Auszahlungsfunktion des Portfolios:

$$W_{\text{Portfolio}} = W_{\text{Aktie}} + W_{\text{D-I-Call}}$$

$$= P_{\text{Aktie}}^T + \begin{cases} 0, & \text{falls Fall 2 vorliegt} \\ P_{\text{Aktie}}^T - K, & \text{falls } P_{\text{Aktie}}^T > K \text{ im Fall 1} \\ 0, & \text{falls } P_{\text{Aktie}}^T < K \text{ im Fall 1.} \end{cases}$$

Wie man sieht, stimmen beide Auszahlungsfunktionen überein. Daher lassen sich der faire Preis und die Risikokennzahlen des Phönix-Zertifikats aus denen der Portfoliobestandteile ermitteln.

Annika fasst einen Entschluss: »Ich glaube an die Auferstehung des Phönix, ich kaufe das Zertifikat.«

Was sie allerdings noch nicht beachtet hat: Zertifikate weisen ein *Emittentenrisiko* auf. Wenn die Bank insolvent wird, ist Annikas Zertifikat, das nicht zum Sondervermögen gehört, stark gefährdet. Es kann wertlos verfallen oder zumindest drastisch an Wert verlieren.

»Aber welche Bank geht schon pleite?«, denkt Annika.

Literatur:

Löwe G., Stoll H. A.: Die Antike in Stichworten. Koehler & Amelang, Leipzig 1967

Reichholf J.: Einhorn, Phönix, Drache: Woher unsere Fabeltiere kommen. S. Fischer Verlag, Frankfurt a. M. 2012

35 Die Ernte auf dem Halm. Sind Spekulanten schlechte Leute?

> *Mein Sohn, sey mit Lust bey den Geschäften am Tage, aber mache nur solche, dass wir bey Nacht ruhig schlafen können.*
>
> *Thomas Mann: Buddenbrooks*

Spekulation und Hedging – zwei Antipoden. Gleichzeitig sind sie die beiden wichtigsten Strategien am Markt und an den Börsen. Im allgemeinen Sprachgebrauch ist der Begriff *Spekulant* sehr negativ besetzt.[65] Positiver klingt die Duden-Erklärung zum Begriff *Börsenspekulant*: »Jemand, der aus erwarteten Kursschwankungen Gewinne erzielen möchte.« Ist in diesem Sinne nicht jeder ein Spekulant?

An der Börse, insbesondere dort, wo es um Termingeschäfte geht, kommt ein Marktteilnehmer, der seine Positionen absichern will (*Hedging*) jedoch nicht ohne seinen Gegenpart, den Spekulanten aus, indem er künftige Risiken auf Letzteren überträgt. Dieser wird natürlich nur dann in das Geschäft einwilligen, wenn er eine angemessene Rendite erwarten kann, wenn er die Hoffnung hegen kann, letztendlich einen Gewinn zu erzielen.

Zu den historisch ersten bekannten Warentermingeschäften dürfte der Verkauf der »Ernte auf dem Halm« gehören. Bei Spremann, S. 555, lesen wir: »Vor allem dienen Termingeschäfte der Absicherung des Preisänderungsrisikos. So kann ein landwirtschaftlicher Produzent die ›Ernte auf dem Halm‹ per Terminkontrakt verkaufen und hat sich mit dem vereinbarten Terminkurs den Erlös frühzeitig gesichert, was die weitere Planung sicherer macht.« Abgesehen von möglichen Notsituationen, wie einem dringenden Finanzbedarf, kann sich damit der Verkäufer gegen die unbekannten zukünftigen Bedingungen absichern. Es ist ihm also gleichgültig, wie das Wetter werden wird, welche Ernteerträge in seiner Umgebung, im Land oder weltweit erzielt werden

---

[65]Der Duden erklärt dieses Wort als »Geschäftemacher (abwertend)«.

© Springer Fachmedien Wiesbaden GmbH, ein Teil von Springer Nature 2019
R. Korn und B. Luderer, *Mathe, Märkte und Millionen*,
https://doi.org/10.1007/978-3-658-23717-2_35

und wie sich die Nachfrage nach seinem Produkt entwickeln wird. Sein Erlös ist davon unabhängig, alle Risiken hat er auf seinen Vertragspartner übertragen. Im Gegenzug kann er freilich auch nicht auf einen evtl. erzielbaren Rekordgewinn hoffen.

Der Käufer hingegen kann (viel) gewinnen oder auch (viel) verlieren. Zudem muss er nicht unbedingt bis zur tatsächlichen Ernte warten, er kann seinen Kauf durch ein Gegengeschäft – den Wiederverkauf der Ernte – *glattstellen*, wie der Fachmann sagt. Liegt sein Kaufpreis unter dem dann erzielten Verkaufspreis, hat er einen Gewinn erzielt.

In Thomas Manns Roman »Buddenbrooks« schlägt Tony, die Schwester des Senators Thomas Buddenbrook, diesem ein solches Termingeschäft vor. Herr von Maiboom, der Gatte ihrer Freundin, benötige aufgrund beträchtlicher Spielschulden dringend eine größere Summe, Fünfundreißigtausend Kurantmark[66]. Als ehrbarer Kaufmann will der Senator davon nichts wissen und seine Geschäfte entsprechend dem Motto seiner Vorfahren betreiben, damit »... wir bey Nacht ruhig schlafen können«. Er antwortet mit Worten wie »... unreinliche Manipulationen, ... im Trüben fischen, ... den Wehrlosen übers Ohr zu hauen, ihn zwingen, mir die Ernte eines Jahres gegen den halben Preis abzutreten, damit ich einen Wucherprofit einstreichen kann ...«

Nach einiger Überlegung willigt er jedoch ein, ist sich jedoch nach wie vor im Zweifel: »Ach, Tony, ich wollte, ich hätte schon wieder verkauft!« Vermutlich wollte er das Geschäft glattstellen. Er tut es jedoch nicht und muss – genau am Tage des hundertjährigen Firmenjubiläums – einen herben Verlust verbuchen: All sein investiertes Geld ist weg – Hagel hat das Getreide vollständig vernichtet.

Literatur:

Mann T.: Buddenbrooks. Verfall einer Familie. Fischer Taschenbuch Verlag, Frankfurt a. M. 2012

Spremann K.: Portfoliomanagement. 3. Aufl., Oldenbourg Verlag, München 2006

---

[66]Die Kurantmark war bis ins 19. Jh. eine vor allem im Bereich der norddeutschen Hansestädte gebräuchliche Münze bzw. Währung.

Schlossallee 19. Es klingelt an der Wohnungstür. Ein Spediteur erkundigt sich bei Frau Neumann, wo denn die bestellten, tiefgefrorenen Schweinehälften abgeladen werden sollen. Es müsse schnell gehen, hinter ihm würden noch weitere Lkw warten.

Frau Neumann bekommt einen Schreck und stürzt zum Fenster – die gesamte Schlossallee bis hinunter zur Parkstraße steht voller Kühllastwagen. Weiter hinten sieht sie noch mehrere Tankfahrzeuge – orange gestrichen mit der Aufschrift »O-Saft«. Schnell zum Handy gegriffen und ihren Mann angerufen. »Schatz, was soll denn das mit den Schweinen und dem Orangensaft?«

Schweigen. Man hört förmlich zwanzig Fragezeichen. Dann die Frage: »Mausi, welches Datum haben wir heute? Was, den 10. Mai? Oh, da habe ich doch völlig vergessen, meine beiden Terminkontrakte glattzustellen.«

Der Rest des Telefongesprächs soll aus Gründen der Rücksichtnahme lieber verschwiegen werden. Vielmehr soll davon berichtet werden, wie es zu dem »Schweineauflauf« in der Schlossallee kommen konnte.

Im Februar war Herr Neumann wie immer zur monatlichen Zusammenkunft des Börsen-Clubs gegangen. Dort hatte ein Börsenprofi über *unbedingte Termingeschäfte* gesprochen und den Teilnehmern die Sache so richtig schmackhaft gemacht:

»Termingeschäfte werden ›heute‹ abgeschlossen, während deren Erfüllung, d. h. Lieferung bzw. Bezahlung, erst in der Zukunft erfolgt. Während bei unbedingten Termingeschäften beide Partner zur Einhaltung des Vertrages verpflichtet sind, hat bei bedingten Termingeschäften, wie beispielsweise Optionen einer der Partner ein Wahlrecht. Meine Damen und Herren, beim Handel mit Termingeschäften kann man mit sehr geringem Geldeinsatz sehr viel Geld verdienen«, so hatte er gesagt.

Dass man natürlich ebenso gut Geld verlieren kann, verschwieg der Redner lieber.

Herr Neumann hatte sich daher entschlossen, Terminkontrakte über 4 000 Schweinehälften und 30 000 lbs[67] Orangensaft-Konzentrat zu kaufen, Fälligkeit 10. Mai. Diese Kontrakte musste er ja nicht sofort bezahlen, sodass er – bis auf einen nicht allzu großen Sicherheitsbetrag, die sog. *Margin* – kein Kapital einsetzen musste. Selbstverständlich brauchte er keine Schweine und hektoliterweise Orangensaft. Nein, er wollte diese Verträge ein paar Wochen später *glattstellen*, also wieder verkaufen, natürlich zu einem besseren Preis, als er beim Erwerb gezahlt hatte. Die Differenz (abzüglich einiger Gebühren) wäre dann sein Gewinn gewesen. Alles tutti paletti. Nur – die beiden Kontrakte waren in Vergessenheit geraten, und nun war der 10. Mai herangekommen und die Lieferung war fällig. Dumm gelaufen!

Warentermingeschäfte spielen eine große Rolle an den Finanzmärkten. Der Handel mit sog. *Commodities* umfasst solche Rohstoffe wie Edelmetalle (Gold, Silber, Platin etc.), Erdöl und andere Energieträger (Heizöl, Erdgas etc.), Industriemetalle (Aluminium, Kupfer, Zink etc.) sowie Agrargüter (wie etwa Weizen, Kakao, Mais). Motive des Handelns können sowohl die Spekulation als auch die Absicherung, das Hedgen, sein.

Aber nicht nur Waren werden »auf Termin« gehandelt. Auch Finanzprodukte, Anleihen zum Beispiel. Einer dieser Kontrakte nennt sich »Euro-Bund-Future«. Er hat als Basiswert (Underlying) eine fiktive Anleihe mit einem Kupon von 6 % und einer Laufzeit von 10 Jahren.

Wie man dessen fairen Preis und seine Risikokennzahlen berechnen kann, wird in der Geschichte auf S. 131 erzählt.

Übrigens, lieber Leser, falls Sie ein halbes Schwein benötigen: In der Schlossallee 19 werden Schweine zurzeit sehr billig verkauft.

---

[67]Pfund, englische Maßeinheit für Gewicht.

37 Leere Taschen und kein Geld. Von Leerverkäufen und No-Arbitrage-Portfolios

Investieren kann man nur, wenn man über Kapital verfügt. Denkt man. Nicht so die Finanzwirtschaftler: Die kommen mit leeren Taschen und investieren. Wie das geht? Sehr einfach: Man borge sich Geld und investiere dieses. Ja, so einfach ist das – zumindest theoretisch. Praktisch gesehen, muss man Sicherheiten vorweisen, damit man auch wirklich Geld geliehen bekommt.[68] Aber wozu soll man sich dann überhaupt Geld leihen – theoretisch oder praktisch?

Theoretisch ist es sinnvoll, sich Geld zu leihen, um den *fairen,* d. h. theoretischen, Preis eines komplizierten Produkts zu ermitteln, indem man es in ein Portfolio einfacherer Produkte zerlegt, das den gleichen Zahlungsfluss generiert wie das ursprüngliche Produkt. Dazu benötigt man Geld. Mithilfe einer solchen Zerlegung (man spricht von *Duplikation*) lassen sich auch die Risikokennzahlen des komplizierten Produkts aus denen der (einfacheren) Bestandteile bestimmen.

Praktisch kann man sich Geld leihen, um evtl. festgestellte Preisdifferenzen zu seinen Gunsten auszunutzen, d. h. von Arbitragemöglichkeiten Gebrauch zu machen (vgl. S. 136).

Diese recht allgemeinen Aussagen sollen nun exemplarisch für den *Euro-Bund-Future* veranschaulicht werden. Der Euro-Bund-Future ist ein unbedingtes Termingeschäft, dessen Vertragsbedingungen »heute« festgelegt, aber erst in der Zukunft erfüllt werden, wobei sich beide Vertragspartner an die Vereinbarungen halten müssen. Der Euro-Bund-Future bezieht sich auf eine fiktive Bundesanleihe (*Underlying*) mit einem Kupon von $6\,\%$ und einer Laufzeit von 10 Jahren.

Wir belauschen die Herren Obermayr und Niedermayr, die sich zu ihrem wöchentlichen »Finanzabend« bei Rotwein getroffen haben, um Erfahrungen auszutauschen.

---

[68] Es soll angenommen werden, derartige Sicherheiten seien vorhanden.

© Springer Fachmedien Wiesbaden GmbH, ein Teil von Springer Nature 2019
R. Korn und B. Luderer, *Mathe, Märkte und Millionen,*
https://doi.org/10.1007/978-3-658-23717-2_37

»Hör mal, Toni«, beginnt Herr Obermayr das Gespräch. »Du hast doch große Erfahrungen mit Termingeschäften. Da würde ich auch gern einsteigen. Ich habe da vom Euro-Bund-Future gehört. Kannst du mir bitte etwas darüber erzählen?«

»Gerne, Franz«, antwortet Herr Niedermayr, »zunächst muss ich dir erzählen, wie dieses unbedingte Termingeschäft überhaupt funktioniert. Ist aber nicht ganz einfach.«

»Mach nur, Toni, ich bin ganz Ohr.«

»Der Nominalwert eines Kontrakts beträgt 100 000 Euro. Diese Summe muss man jedoch bei Vertragsabschluss nicht sofort bezahlen, nur einen Sicherheitsbetrag, den sog. *Margin.* Am Liefertag des Euro-Bund-Futures[69] hat der Verkäufer eine *lieferbare Anleihe*[70] zu liefern. Diese Anleihe soll mit dem Buchstaben A bezeichnet werden. Der Käufer zahlt ihm dafür den *Andienungspreis*, das ist der Abrechnungsbetrag B, der sich aus dem Produkt der Größen *EDSP* (*Exchange Delivery Settlement Price*) und F_A (*Konversions-* oder *Preisfaktor* der gelieferten Anleihe A) plus den für die Anleihe A zu zahlenden Stückzinsen berechnet. Wie das genau geht, erzähle ich dir später.«

»Stopp mal, Toni, was sind denn Stückzinsen und was bedeutet die Größe EDSP?«

»Stückzinsen muss der Käufer einer Anleihe an den Verkäufer für den Zeitraum zahlen, der seit der letzten Kuponzahlung vergangen ist. Der Käufer der Anleihe muss ja bis zur nächsten Kuponzahlung nicht eine ganze Periode lang warten, sondern im Allgemeinen nur einen Bruchteil davon, sodass er bevorteilt wäre. Deshalb muss er die ›zu viel‹ erhaltenen Zinsen bereits zum Kaufzeitpunkt an den Verkäufer abgeben. Was den EDSP anbelangt, das ist der Preis des Euro-Bund-Futures am letzten Handelstag. Bleibt noch der Begriff

---

[69] Jeweils der zehnte Kalendertag im März, Juni, September und Dezember, sofern dieser Tag ein Börsentag ist, sonst der nächstliegende Börsentag.

[70] Anleihen mit hoher Sicherheit, einer Laufzeit von 8,5 bis 10 Jahren und jährlicher Kuponzahlung.

Konversionsfaktor. Dieser Faktor F_A drückt das Verhältnis des Preises der konkreten Anleihe A zu dem der fiktiven Anleihe aus, die das Underlying des Euro-Bund-Futures bildet. In diesem Verhältnis finden die Laufzeit und der Kupon der Anleihe A, die im Allgemeinen von 10 Jahren bzw. 6 % abweichen, Berücksichtigung.[71] Die Konversionsfaktoren aller lieferbaren Anleihen werden täglich von der Eurex Clearing AG bekanntgegeben.«

»Das ist aber ganz schön kompliziert, Toni«, stöhnt Herr Obermayr. »Aber mach nur weiter. Wie viel müsste man denn theoretisch für einen Future-Kontrakt bezahlen?«

»Dazu muss man den *fairen Preis* eines Euro-Bund-Futures ermitteln. Es handelt sich dabei um einen *Terminkurs*, der heute vereinbart wird, aber erst später, am Liefer- bzw. Verfallstag des Futures zu zahlen ist. Dieser Tag wird im Börsenjargon übrigens *Hexensabbat* genannt. Viermal im Jahr verfallen an diesem Tag – gewöhnlich der dritte Freitag des dritten Monats eines Quartals – Terminkontrakte wie Futures und Optionen. Um nun diesen Terminkurs theoretisch zu ermitteln[72], konstruieren wir ein Portfolio mit dem Wert null zum Zeitpunkt t, dem Kauf- bzw. Verkaufszeitpunkt des Futures. Unter der Annahme der Nicht-Existenz von Arbitrage hat dieses Portfolio auch im späteren Zeitpunkt T, dem Verfallstag des Futures, den Wert null. Solch eine Konstruktion nennt man *No-Arbitrage-Portfolio*.

Die folgenden Zeitpunkte werden eine Rolle spielen:

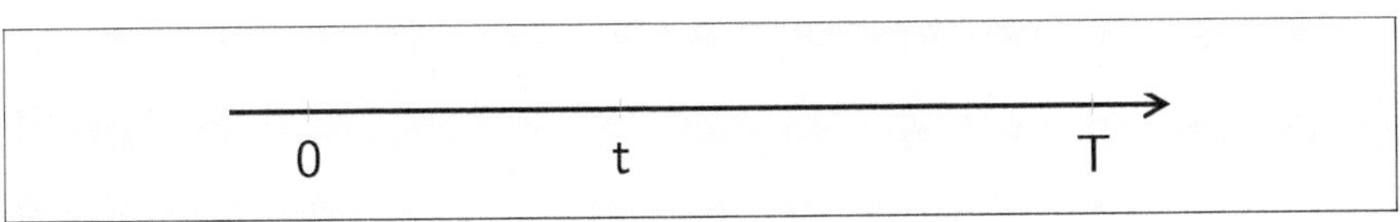

Abb. 17: Handelszeitpunkt t und Verfallszeitpunkt T eines Futures

---

[71]Hätte die konkrete Anleihe A eine Laufzeit von exakt 10 Jahren sowie einen Kupon von 6 %, wäre der Konversionsfaktor F_A gleich eins.

[72]Praktisch bildet er sich durch Angebot und Nachfrage an der Börse heraus.

Die zeitliche Differenz zwischen t und T soll mit τ bezeichnet werden: $\tau = T - t$. Nun wird das No-Arbitrage-Portfolio wie folgt konstruiert: Im Zeitpunkt t (›heute‹) wird die Anleihe A (mit Kupon p_A, Preis P_A und Preisfaktor F_A) gekauft. Ihr Kupontermin soll bei $t = 0$ liegen, sodass für diese Anleihe insgesamt $P_A + p_A \cdot t$ zu zahlen ist, d. h. Kaufpreis plus Stückzinsen. Da wir leere Taschen und kein Geld haben, nehmen wir einen Kredit in genau dieser Höhe auf. Außerdem verkaufen wir F_A Stück eines Euro-Bund-Futures.«

»Moment mal«, wundert sich Herr Obermayr, »wie kann man denn etwas verkaufen, das man überhaupt nicht besitzt?«

»Es handelt sich dann um einen sog. *Leerverkauf*«, erklärt Herr Niedermayr. »Theoretisch ist das immer möglich, praktisch nur eingeschränkt. Eine Aktie zum Beispiel kann man ›leer‹ verkaufen, indem man sich diese leiht und später zurückgibt, wenn man den Leerverkauf rückgängig gemacht oder – wie man sagt – die Position *glattgestellt* hat. Der Gesetzgeber hat diese Möglichkeit aber teilweise beschnitten, um Spekulationen zu verhindern.«

»Und was bringt uns dieser Leerverkauf des Euro-Bund-Futures?«

»Zum Zeitpunkt t erhalten wir nichts dafür, aber zum Zeitpunkt T bekommen wir den Betrag $F_A \cdot P^T$, wobei P^T der (Termin-)Preis des Futures (in t) ist. Das ist gerade die zu bestimmende Größe. Damit lautet die Bilanz zum Zeitpunkt t wie folgt:

$$P_A + p_A \cdot t - (P_A + p_A \cdot t) = 0.$$

Der Portfoliowert ist also gleich null. Demzufolge muss sein Wert im Zeitpunkt T ebenfalls gleich null sein. Für T ergibt sich die folgende Portfolio-Bilanz: Erhalt der in t vereinbarten Verkaufssumme, Glattstellung der verkauften Futureposition durch Rückkauf, Lieferung der Anleihe und Rückzahlung des Kredits. Dies liefert:

$$F_A \cdot P_A - F_A \cdot EDSP + [F_A \cdot EDSP + p_A(t + \tau)]$$
$$-(P_A + p_A \cdot t)(1 + \tau \cdot r) \overset{!}{=} 0.$$

Dabei stellt der Summand $p_A(t + \tau)$ die Stückzinsen für die gelieferte Anleihe A dar, und r ist der kurzfristige risikolose Zinssatz (im Zeitintervall $[t, T]$ der Länge τ). Durch einfache Formelumstellung erhält man daraus die Beziehung

$$P^T \cdot F_A = P_A + [(P_A + p_a \cdot t) \cdot r \cdot \tau - p_A \tau]\,,$$

woraus sich nach Division durch F_A der gewünschte faire Preis P^T ergibt. Übrigens, den in der eckigen Klammer stehenden Ausdruck nennt man *Cost of Carry (Haltekosten)*, bestehend aus Finanzierungskosten abzüglich Stückzinsen. Das war's. Jetzt weißt du Bescheid, Franz.«

»Noch nicht ganz, Toni. Welche der möglichen lieferbaren Anleihen nehmen wir? Kann es denn nicht sein, dass sich für unterschiedliche Anleihen auch unterschiedliche Preise P^T ergeben?«

»Richtig, Franz, das habe ich ganz vergessen. Man nimmt stets die ›beste‹ lieferbare Anleihe, die sogenannte *Cheapest-to-Deliver*- oder kurz *CtD-Anleihe*. Aber das sind Feinheiten, mit denen ich dich nicht auch noch belasten will.«

»Hm, eigentlich wollte ich mit all diesem Kram, vor allem mit den Anleihen, gar nichts zu tun haben. Ich wollte nur den Euro-Bund-Future kaufen und dann irgendwann wieder verkaufen oder auch umgekehrt, wenn das geht.«

»Klar, das kannst du machen. So agieren ja auch die meisten Marktteilnehmer. Kaufen, wenn es billig ist, und verkaufen, wenn die Preise hoch sind. Auf diese Weise kannst du viel verdienen oder auch viel verlieren, wenn es gerade andersherum kommt. Dafür brauchst du – wie ich bereits erwähnt habe – gar nicht so viel Kapital, nur den Sicherheitsbetrag musst du einsetzen. Aber riskant sind solche Termingeschäfte allemal, nichts für schwache Nerven.«

38 Geld verdienen ohne Kapital und Risiko. Arbitragegeschäfte und faire Preise

Mittwochnachmittag. Der »Klub der allseits interessierten Hausfrauen« ist zu seinem wöchentlichen Treffen zusammengekommen. Heute ist Frau Schlemmer-Niedermayr, eine bekannte Investmentbankerin, als Referentin zu Gast. Sie tritt im Zyklus »Finanzmärkte von A bis Z« mit dem Thema »A wie Arbitrage«[73] auf.

»Meine sehr verehrten Damen«, beginnt Frau Schlemmer-Niedermayr ihren Vortrag, »bei der *Arbitragestrategie* kauft der Akteur an einem Ort ein Produkt zu einem bestimmten, niedrigen Preis und verkauft es zeitgleich an einem anderen Ort, wo dasselbe Produkt einen höheren Preis aufweist. Dabei sind allerdings die Gewinne im Vergleich zum eingesetzten Kapital meist sehr gering. Aber, meine Damen, wie der Volksmund sagt: ›Kleinvieh macht auch Mist‹.«

»Gibt es denn so etwas überhaupt?«, rufen einige Damen dazwischen. »Dann würde doch jeder diese Chance nutzen.«

»Nur wenn die Preise aller Produkte *fair* wären, gäbe es keine Arbitrage. Aber ab und zu kommen schon Arbitragemöglichkeiten vor, man muss nur die nötigen Informationen haben, um diese aufzudecken. Und meist bestehen solche Möglichkeiten nur kurze Zeit, weil das Ausnutzen von Preisunterschieden durch Arbitrage schnell zu einer Angleichung der Preise führt. Aber Genaueres darf ich Ihnen nicht sagen, denn Insiderwissen darf nicht in Insidergeschäfte an der Börse umgesetzt werden, das wäre strafbar.«

Die Zuhörerinnen reagieren enttäuscht, hatten sie doch auf Informationen gehofft, wie ohne Kapital und Risiko Geld zu verdienen wäre.

---

[73]Wurzeln dieses Begriffs findet man im Französischen (*arbitrer*: schlichten, vermitteln) und Lateinischen (z. B. *arbitrari*: beobachten).

© Springer Fachmedien Wiesbaden GmbH, ein Teil von Springer Nature 2019
R. Korn und B. Luderer, *Mathe, Märkte und Millionen*,
https://doi.org/10.1007/978-3-658-23717-2_38

»Selbstverständlich kann ich Ihnen einige theoretische Fälle schildern, in denen Arbitrage anwendbar ist, meine Damen«, fährt Frau Schlemmer-Niedermayr augenzwinkernd fort. »Was Sie dann daraus machen, ist natürlich Ihre Sache.«

Die Mienen hellen sich auf.

> *Beispiel 1:* Ein Finanzmarktteilnehmer beobachtet, dass der Euro-Dollar-Kurs in London bei 1,30 und in Tokio bei 1,305 steht. Er kauft eine Million Euro in London, wofür er 1,3 Mio. US-Dollar zahlen muss. Gleichzeitig verkauft er in Japan eine Million Euro und erhält dafür 1,305 Mio. US-Dollar. Sieht man von anfallenden Gebühren und den Kosten für die Liquidität bzw. für das Bereitstellen von Sicherheiten ab, beträgt sein Gewinn 5 000 Euro.

»Da viele Marktteilnehmer so handeln würden, gleichen sich die Kurse in London und Tokio schnell an, denn durch vermehrte Käufe von Euro in London wird der Preis rasch steigen, während er in Tokio, bedingt durch ein höheres Verkaufsvolumen, sinken würde. Daher existieren Arbitragemöglichkeiten – wenn überhaupt – nur kurze Zeit.

Nun zu einer anderen Situation. Die *Cash-and-Carry-Arbitrage*[74] bezeichnet an den Finanzmärkten eine Strategie, die Preisunterschiede zwischen dem Kassamarkt und dem Terminmarkt ausnutzt, um einen risikolosen Gewinn zu erzielen. Auf dem *Kassa-* oder *Spotmarkt* findet die Abwicklung eines Geschäfts, d. h. die Bezahlung, Lieferung oder Abnahme von Wertpapieren, Finanzinstrumenten, Devisen oder Waren, unmittelbar nach Abschluss des Geschäfts statt. Daher spricht man vom *Kassageschäft*. Erfolgt die Abwicklung erst zu einem späteren Zeitpunkt, spricht man von einem *Termingeschäft* und entsprechend vom *Terminmarkt*. Cash-and-Carry-Arbitrage ist immer dann möglich, wenn der Terminkurs eines Finanzprodukts im Vergleich zu dessen Kassakurs zu hoch ist.«

---

[74]Cash and carry bedeutet »bar bezahlen und selbst transportieren«; auch Abholmärkte werden so genannt.

> *Beispiel 2:* Die Aktie der $\alpha\beta\gamma$-Bank, für die keine Dividenden gezahlt werden, notiert am 1. Februar bei exakt 100 Euro, während der Terminkurs für den 1. August bei 102 Euro liegt. Der risikolose Zinssatz für Laufzeiten von einem halben Jahr beträgt 2 %. Damit würde der theoretische (oder faire) Terminkurs 101 Euro betragen, denn für ein halbes Jahr fielen Zinsen von einem Euro an.
>
> *Arbitragestrategie am 1. Februar*: Verkaufe eine Aktie der $\alpha\beta\gamma$-Bank per 1. August zum Preis von 102 Euro. Kaufe eine Aktie dieser Bank am Kassamarkt zu 100 Euro und leihe dir dafür 100 Euro.
>
> *Bilanz am 1. August*: Die Aktie der $\alpha\beta\gamma$-Bank wird geliefert, wofür 102 Euro gezahlt werden. Der Kredit ist samt Zinsen zu tilgen, was 101 Euro kostet. Die Differenz von einem Euro ist der Gewinn des Arbitrageurs.

»Meine lieben Zuhörerinnen, gerne möchte ich Ihnen noch ein drittes Beispiel für Arbitrage bringen, falls ich Sie noch nicht zu sehr ermüdet habe. Und zwar soll eine gegebene Anleihe mit drei Jahren Laufzeit durch ein Portfolio aus drei Anleihen mit Laufzeiten von ein, zwei bzw. drei Jahren dupliziert werden. Dabei wird das Portfolio billiger als die gegebene Anleihe sein. Das Interessante daran ist, dass die beiden vorkommenden Anleihen mit drei Jahren Laufzeit dieselbe Rendite aufweisen, im finanzmathematischen Sinne also gleich gut sind.[75] Doch nun im Detail.«

> *Beispiel 3:* Gegeben seien die folgenden vier Anleihen, wobei A_1 ein Jahr läuft, A_2 zwei Jahre, während A_3 und B die gleiche (Rest-) Laufzeit von drei Jahren aufweisen. Ihre Zahlungen im Jahr k sollen mit Z_k, $k = 1, 2, 3$, bezeichnet werden:

---

[75] Da in diesem Beispiel kein einheitlicher Zinssatz, sondern eine Zinsstrukturkurve mit steigenden Spot Rates vorliegt, sind die beiden dreijährigen Anleihen dennoch unterschiedlich zu bewerten.

Anleihe	Laufzeit	Preis	Z_1	Z_2	Z_3	Rendite
A_1	1	100,00	108	–	–	8,00 %
A_2	2	96,54	7	107	–	8,97 %
A_3	3	102,49	11	11	111	10,00 %
B	3	95,00	8	8	108	10,00 %

Behauptung: Aus den Anleihen A_1, A_2 und A_3 lässt sich ein *Arbitrageportfolio* konstruieren, das den Zahlungsstrom von B dupliziert, aber billiger als B ist. Die Ermittlung dieses Portfolios führt auf das gestaffelte lineare Gleichungssystem

$$\begin{aligned}
108x_1 \;+\; 7x_2 \;+\; 11x_3 &= 8 \\
107x_2 \;+\; 11x_3 &= 8 \\
111x_3 &= 108.
\end{aligned}$$

Dabei bezeichnen die Größen x_1, x_2 und x_3 die Menge an Anleihen, die von A_1, A_2 und A_3 gekauft (oder verkauft) werden müssen, rechts stehen die Zahlungen der Anleihe B. Als Lösung dieses linearen Gleichungssystems ergeben sich die Werte $x_1^* = -0{,}023\,388$, $x_2^* = -0{,}025\,259$, $x_3^* = 0{,}972\,973$, wie man durch Einsetzen dieser Größen in das Gleichungssystem leicht überprüft. Eine Beziehung der Art $x_i < 0$ bedeutet »Leerverkauf« (man verkauft eine Anleihe, die man gar nicht besitzt, und kauft sie später wieder zurück).

Interpretation: Verkaufe 0,023 Stück von A_1 sowie $0,025$ Stück von A_2 und kaufe 0,973 Stück von A_3.[76] Der Preis dafür beträgt

$$P_{\text{Portfolio}} = 100x_1^* + 96{,}54x_2^* + 102{,}49x_3^* = 94{,}94$$

und ist damit kleiner als der Preis von Anleihe B.

---

[76] Wer einwendet, dies wäre nicht möglich, da man keine Bruchteile von Anleihen handeln kann, multipliziere alle Zahlen mit 1 000. Dann hat man ganze Stückzahlen, die Idee bleibt dieselbe, ist aber jetzt, zumindest im Prinzip, realisierbar.

»Meine Damen, ich möchte Ihnen zum Abschluss noch eine kleine ›Hausaufgabe‹ mit auf den Weg geben: Überlegen Sie sich, wie Sie mithilfe des in Beispiel 3 beschriebenen Portfolios risikolos Geld verdienen können.«[77]

Die Vorsitzende des »Klubs allseitig interessierter Hausfrauen« bedankt sich sehr herzlich bei der Referentin: »Wirklich sehr lehrreich. Vielen Dank, liebe Frau Schlemmer-Niedermayr. Nun müssen wir nur noch die von Ihnen beschriebenen Arbitragemöglichkeiten aufspüren. Dann können wir uns leicht ein kleines Taschengeld dazuverdienen.«

Allgemeine Heiterkeit.

© posinote/stock.adobe.com

Literatur:

Gramlich L. et al. (Hrsg.): Gabler Bank-Lexikon. Bank – Börse – Finanzierung. 14. Aufl., Springer Gabler, Wiesbaden 2012

Heidorn, T.: Finanzmathematik in der Bankpraxis. Vom Zins zur Option. 6. Aufl., Gabler Verlag, Wiesbaden 2009

---

[77] Antwort: Kauft man beispielsweise 972 973 Stück von Anleihe A_3 und verkauft 23 388 Stück von A_1, 25 259 Stück von A_2 sowie 1 000 000 Stück von Anleihe B, so kann man aus den Zahlungen von A_3 (näherungsweise) alle Zahlungen von A_1, A_2 und B gewährleisten. Dabei verdient man, abgesehen von anfallenden Gebühren, rund $1\,000\,000 \cdot (95 - 94{,}94) = 60\,000$ Geldeinheiten. Setzt man die Preise aus obiger Tabelle ein, sind es exakt 57 301 Geldeinheiten.

Teil 4

Nur Rechte und keine Pflichten – Optionen

39 Eine Reise rund um die Welt. Verschiedene Typen von Optionen

Welcher Laie wird wohl je verstehen, dass der Verkäufer der Verkaufsoption bei Ausübung der Verkaufsoption durch den Käufer der Verkaufsoption der Käufer der von dem Käufer der Verkaufsoption verkauften Wertpapiere ist?

Serge Demolière, Landesbank Berlin

Frau Wagner wendet sich an ihren Mann: »Dieter, wenn du mit deinen Freunden vom Börsen-Club zusammenhockst, höre ich immer wieder den Begriff *Option*. Was ist das eigentlich?«

Herr Wagner erklärt: »Eine Option – das ist eine Wahlmöglichkeit, ein Wahlrecht, welches man ausüben kann, aber nicht muss. Du hast doch sicher schon von Profifußballern gehört, die eine vertragliche Verpflichtung von, sagen wir, drei Jahren bei einem Fußballverein eingegangen sind mit dem Recht einer Vertragsverlängerung um ein oder zwei Jahre, ggf. auch einem vorzeitigen Ausstieg aus dem Vertrag. Der Fußballverein muss der Entscheidung des Profis in jedem Fall zustimmen.«[78]

»Meine Frage bezog sich nicht auf Fußball«, wirft Frau Wagner ein. »Ich kenne mich mit Fußball nicht aus. Du weißt doch, ich bin Boxfan und Musikliebhaberin.«

»Na schön, Renate, du kannst dir auch einen berühmten Dirigenten vorstellen, der einen Vertrag mit der Intendanz eines philharmonischen Orchesters abschließt. Das läuft auf dasselbe hinaus.« Herr Wagner fährt in seinen Erklärungen fort: »In der Finanzwirtschaft nun bezeichnet eine *Option* das Recht, eine bestimmte Sache, das *Basisgut*, auch *Basiswert* oder *Underlying* genannt – beispielsweise Aktien oder Rohstoffe – in einer bestimmten Menge zu einem festge-

---

[78]Natürlich kann das Wahlrecht auch bei der anderen Seite liegen; dies ist eine Frage der Vertragsausgestaltung bzw. der Verhandlungsstärke.

© Springer Fachmedien Wiesbaden GmbH, ein Teil von Springer Nature 2019
R. Korn und B. Luderer, *Mathe, Märkte und Millionen*,
https://doi.org/10.1007/978-3-658-23717-2_39

legten zukünftigen Zeitpunkt zu einem vereinbarten Preis zu kaufen. In diesem Fall spricht man von *Kaufoption* oder *Call*. Besteht das Recht darin, das Basisgut zu verkaufen, handelt es sich um eine *Verkaufsoption* oder *Put*. Da lediglich das Recht, nicht aber die Pflicht zum Kauf oder Verkauf besteht und es sich um ein Geschäft handelt, das nicht heute, sondern in der Zukunft stattfindet, spricht man von einem *bedingten Termingeschäft*. Der Verkäufer der Option muss die Entscheidung des Käufers in jedem Fall akzeptieren, er muss ›stillhalten‹, weshalb er auch *Stillhalter* heißt. Da eine Option vom Basisgut und dessen Preis abhängig ist, wird sie *Derivat*[79] genannt.«

»Das war ein bisschen viel auf einmal«, klagt Frau Wagner. »Geht es nicht ein bisschen anschaulicher?«

»Gut«, schlägt Herr Wagner seiner Frau vor, »wir begeben uns – rein gedanklich – auf eine Reise rund um die Welt.«[80]

»Unsere virtuelle Reise beginnt in Europa. Liegt der Ausübungszeitpunkt fest, nämlich am Ende der Optionslaufzeit, spricht man von *Europäischer Option*. Aus mathematischer Sicht ist dieser Typ am einfachsten zu behandeln, weshalb man sie mitunter auch Plain-Vanilla-Optionen nennt (vgl. S. 102). Das heißt aber nicht, dass es einfach wäre, eine Europäische Option zu bewerten (vgl. S. 149). Kann hingegen die Option zu einem beliebigen Zeitpunkt innerhalb der Laufzeit ausgeübt werden, liegt eine *Amerikanische Option* vor. Dieser Typ lässt sich mathematisch wesentlich komplizierter beschreiben.«

»Da kann ich mir also den besten Zeitpunkt heraussuchen, wann ich die Option einlöse?«, fragt Frau Wagner ihren Mann, und es klingt sehr sachkundig.

»Ja, genau. Aber nun weiter auf unserer Reise. Auf dem Weg nach Amerika haben wir die Bermudas überflogen. Genau so, wie die Ber-

---

[79] Das bedeutet »abgeleitetes« Produkt.

[80] Hier ist anzumerken, dass Optionen zwar keinen direkten geografischen Bezug haben, dass aber verschiedene Typen von Optionen sehr anschaulich durch Erdteile oder Länder charakterisiert werden.

mudas zwischen Europa und Amerika liegen, ist auch die *Bermuda-Option* ein Zwischending zwischen Europäischer und Amerikanischer Option – bei ihr gibt es mehrere mögliche Ausübungszeitpunkte, doch nur zu einem davon kann sie ausgeübt werden. Nun geht die Reise weiter nach Westen.«

»Bermuda-Option klingt sehr exotisch«, unterbricht ihn seine Frau. »So etwas müssen wir uns unbedingt einmal kaufen. Gibt es auch Hawaii- oder Bora-Bora-Optionen? Die könnten mir auch gefallen.«

»Das ist mir nicht bekannt«, antwortet Herr Wagner, »aber *Exotische Optionen* gibt es schon. Darunter versteht man solche mit komplizierteren Auszahlungsstrukturen als bei Standard-Optionen. Oftmals hängt die Auszahlung nicht nur vom Wert des Underlyings in einem Zeitpunkt ab, sondern vom gesamten Kursverlauf während der Optionslaufzeit oder zumindest von den Kursen zu mehreren Zeitpunkten. Um den *fairen*, d. h. theoretischen, *Wert* solcher Optionen zu berechnen, bedarf es tiefliegender mathematischer Hilfsmittel.«

»Kommst du mir schon wieder mit Mathematik? Davon verstehe ich doch nichts. Ich will lieber Geld verdienen mit Optionen.«

»So einfach ist das nicht, wie du dir das vorstellst. Aber ich bringe dir einige Beispiele von Exotischen Optionen. Da wären zunächst die *Asiatischen Optionen,* eine spezielle Form Exotischer Optionen, bei denen die Auszahlung am Ausübungstag von der Differenz zwischen dem Ausübungspreis und dem arithmetischen oder geometrischen Mittelwert vergangener Kurse des Basiswerts abhängt, zum Beispiel von den Schlusskursen an jedem Monatsletzten. Die *Russischen Optionen,* ein sehr seltener Typ von Optionen, sind unbefristete Amerikanische Optionen. Sie haben keine befristete Laufzeit und können zu jeder Zeit ausgeübt werden. Damit schließt sich der Kreis, und unsere gedankliche Reise rund um die Welt ist beendet. Die Welt der Optionen ist allerdings noch viel, viel größer.«

»Sag mal, Dieter«, erkundigt sich Frau Wagner, »gibt es nicht auch *Knock-out-Optionen?*«

»Ja, die gehören zu den sogenannten *Barriere-Optionen* und verfallen wertlos, wenn eine gewisse vereinbarte Barriere erreicht wird. Bei *Knock-in-Optionen* verhält es sich genau umgekehrt: Sie erlangen nur dann einen Wert, wenn die Barriere im Laufe der Zeit mindestens einmal erreicht wird, sonst verfallen sie. Beide Typen sind sehr riskant, ich rate dir dringend davon ab. Wie kommst du darauf?«

»Du weißt doch, dass ich Boxkämpfe über alles liebe, besonders diejenigen, die mit K. o. enden. Nun hat mir mein Vermögensberater vorige Woche einige Knock-out-Optionen zum Schnäppchenpreis angeboten. Die hatte er speziell für mich reserviert, weil sie so große Gewinnchancen bieten. Und außerdem klang der Name so schön, wie Boxen. Der Berater sagte, wenn die Aktie der $\alpha\beta\gamma$-Bank in den nächsten drei Monaten nicht unter 20 Euro sinke, bekäme ich eine hohe Auszahlung. Wie schön! Ich möchte ja irgendwann einmal tatsächlich eine Weltreise unternehmen und nicht ›alles nur in meinem Kopf‹ ablaufen lassen, wie es im Lied heißt. Die Optionen haben ja auch nur 3 000 Euro gekostet.«

»3 000 Euro? Grundgütiger! Hast du nicht gehört, dass es gestern einen Kursrutsch der meisten europäischen Bankaktien gegeben hat? Die Aktie der $\alpha\beta\gamma$-Bank ist auf 19 Euro gefallen. Da ist ja unser gesamtes eingesetztes Geld futsch!« Herr Wagner verdreht die Augen und kippt um.

»Knock-out!«, stellt Frau Wagner lakonisch fest. »Die Optionen tragen ihren Namen zu Recht.«

Literatur:

Hull, J. C.: Optionen, Futures und andere Derivate. 9. Aufl., Pearson Studium, München 2015

Uszczapowski I.: Optionen und Futures verstehen. Grundlagen und neue Entwicklungen. 7. Aufl., Deutscher Taschenbuch Verlag, München 2012

Zeidler E. (Hrsg.): Springer-Taschenbuch der Mathematik. 3. Aufl., Springer Spektrum, Wiesbaden 2013

40 Zwei Dreigestirne. Von Arbitrage bis Spekulation

Die Terminologie der Finanzmärkte scheint weiblich und mitunter auch sächlich zu sein – nur Männlichkeit hat weniger Raum:

| *die* Rendite | *das* Risiko | *die* Liquidität |
| *die* Arbitrage | *die* Absicherung | *die* Spekulation |

Je drei dieser Begriffe stehen in engem Zusammenhang.

Rendite – Risiko – Liquidität: Hat ein Investor hohe Liquiditätsanforderungen, will er also stets »flüssig« sein, sodass sein Geld kurzfristig verfügbar ist, muss er im Allgemeinen mit einer geringeren Rendite rechnen. Will er andererseits eine hohe Rendite erwirtschaften, hat er in der Regel auch ein höheres Risiko in Kauf zu nehmen.

Arbitrage – Absicherung – Spekulation: Diese Dreiergruppe charakterisiert die Akteure und Strategien an den Finanzmärkten. Zum einen stehen sich Hedger und Spekulant gegenüber. Ersterer bevorzugt die Sicherheit und ist bereit, einen bestimmten Preis für die Absicherung seines Vermögens oder seiner Geschäfte zu zahlen, indem er das Risiko seinem Vertragspartner, dem Spekulanten, überlässt. Ohne ihn kann er nicht agieren. Letzterer wiederum ist bereit, Risiko zu tragen, natürlich mit der Absicht, Gewinne zu erzielen.

Von *Arbitrage*, dem Erzielen risikoloser Gewinne ohne den Einsatz eigenen Kapitals durch das Ausnutzen von Preisdifferenzen für ein und dasselbe Produkt auf verschiedenen Märkten, träumt wohl ein jeder. Und weil jeder davon träumt, gibt es Arbitrage (so gut wie) nicht, zumal in unserer modernen Informationsgesellschaft, wo Tausende von Computersystemen über kleinste Preisdifferenzen wachen und Arbitragemöglichkeiten aufspüren. Werden tatsächlich welche gefunden, verschwinden sie im Handumdrehen durch Käufe und Verkäufe und die damit einhergehende Preisanpassung. Daher gehen viele Finanzmarktmodelle aus gutem Grund von der *No-Arbitrage-Bedingung* aus.

© Springer Fachmedien Wiesbaden GmbH, ein Teil von Springer Nature 2019
R. Korn und B. Luderer, *Mathe, Märkte und Millionen*,
https://doi.org/10.1007/978-3-658-23717-2_40

41 Nix ist umsonst. Das Arbitrageprinzip

There is no such thing as a free lunch.

Milton Friedman (1912–2006),
amerikan. Wirtschaftswissenschaftler

» Der Finanzmarkt lebt nur von Bauchentscheidungen und Spekulation. Wo sind denn da die Naturgesetze, wo die Prinzipien? Da ist nichts verlässlich.« Dr. Schmidt aus der theoretischen Physik war kein Freund der Finanzmathematik. – »In der Finanzmathematik gibt es Prinzipien, die der menschlichen Natur näherstehen als die Relativitätstheorie und sogar zu Nobelpreisen führen können.« Da hatte sich Frau Professor Pfeifer aus der Finanzmathematik zu einem Satz provozieren lassen, den sie mit ihrem sonst üblichen Understatement nicht sagen würde. Jetzt musste sie liefern.

»Nehmen wir zum Beispiel das Arbitrageprinzip als Grundlage nahezu all unserer theoretischen Resultate.« – »Aha«, runzelte Schmidt die Stirn, »was besagt es denn?« – »Es besagt, dass es an einem Finanzmarkt keine Arbitragemöglichkeiten geben darf, weswegen es im Englischen auch als *No arbitrage principle* bezeichnet wird.« – Schmidt zog die linke Augenbraue hoch, sagte aber nichts. – »Eine Arbitragemöglichkeit ist quasi die Lizenz zum Geld drucken. Sie kostet nichts und führt zu einem nicht-negativen zukünftigen Vermögen, das mit einer positiven Wahrscheinlichkeit strikt positiv ist«, fuhr sie fort.[81] – »Frau Professor Pfeifer, das ist aber doch unrealistisch. Eine solche Möglichkeit würde ja jeder wahrnehmen und in kürzester Zeit würde sie etwas kosten.« – »Das, Herr Schmidt, ist genau die theoretische Begründung, warum es sie nicht geben sollte. Sie scheinen ein gutes Gefühl für Finanzmathematik zu haben«, versuchte Frau Professor Pfeifer das Gespräch in ruhigere Bahnen zu lenken. »Wir bauen unsere Theorie auf von allen akzeptierten Prinzipien auf. Da

---

[81] Ein einfaches Beispiel für eine Arbitragemöglichkeit ist die kostenlose Teilnahme an einer Lotterie; vgl. außerdem die Erzählung auf S. 136.

© Springer Fachmedien Wiesbaden GmbH, ein Teil von Springer Nature 2019
R. Korn und B. Luderer, *Mathe, Märkte und Millionen*,
https://doi.org/10.1007/978-3-658-23717-2_41

am Finanzmarkt Menschen handeln, können wir ihnen nicht einfach Handlungsweisen als Naturgesetz vorschreiben, sondern dürfen nur Annahmen machen, die jeder akzeptiert, solange er sich nicht selbst schaden will. Und dass nichts umsonst ist, wird wohl jeder einsehen.«

»Gut, aber bringt denn so eine einfache Annahme etwas?« Schmidt hatte sich jetzt auf das Thema eingelassen, aber Frau Pfeifer ließ ihn noch etwas zappeln. »Ja, klar. Zum Beispiel folgt aus dem Arbitrageprinzip das Duplikationsprinzip (vgl. die Beiträge auf den Seiten 123 und 131). Es besagt, dass zwei Investmentmöglichkeiten, die in der Zukunft exakt die gleichen Zahlungen liefern, heute dasselbe kosten müssen.«

»Das ist doch trivial!«. Schmidt schien an Pfeifer zu zweifeln.

»Genau. Deshalb ist es die Grundlage der Optionsbewertung. Kann man eine zukünftige Zahlung aus dem Besitz einer Option auch durch geschicktes Investieren in beispielsweise Aktien und Festgeld erzielen, also *duplizieren,* so muss die Option heute dasselbe kosten wie dieses Investment. Die Kosten des Investments können wir aber direkt an den Preisen der Aktien und dem benötigten Festgeld ablesen. Und jetzt das Beste! Auf der Basis des Duplikationsprinzips kann man die Black-Scholes-Formel für den Preis von Europäischen Call- und Put-Optionen herleiten (siehe Grundformel (20)). Diese Formel ist tatsächlich 1997 mit dem Nobelpreis für Ökonomie[82] bedacht worden.« – »Davon habe ich schon entfernt gehört, wusste aber gar nicht, dass das Mathematiker sind.« – »Herr Schmidt, vielleicht begeistert es Sie sogar, dass bei der Herleitung der exakten Preisformel die Wärmeleitungsgleichung[83] eine entscheidende Rolle spielt.« Das wirkte! Schmidt musste aber unbedingt das letzte Wort behalten: »Sehen sie, die ganze Welt ist doch Physik!« Dem wollte Frau Professor Pfeifer lieber nichts mehr entgegensetzen.

---

[82]Der Nobelpreis ging an Robert Merton und Myron Scholes für ihre Arbeiten, Fischer Black starb bereits 1995 und konnte daher nicht mehr geehrt werden.
[83]Die Wärmeleitungsgleichung ist eine partielle Differentialgleichung aus der Physik, die eng mit der Dichte der Normalverteilung zusammenhängt.

42 Wie viel muss ich für mein Recht bezahlen? Optionspreisberechnung nach Black und Scholes

Ein Abend unter Freunden. Herr Obermayr erkundigt sich bei seinem Freund Niedermayr nach der Bewertung von Optionen.

»Hör mal, Toni«, beginnt Herr Obermayr, »du hast doch schon eine ganze Menge mit Optionen verdient. Kaufst du die einfach so aus dem Bauch heraus oder berechnest du auch, ob sie günstig oder ungünstig bewertet sind?«

»Freilich rechne ich, Franz«, antwortet Herr Niedermayr, »da gibt es so eine berühmte Beziehung, die *Black-Scholes-Formel*, die benutze ich immer. Ich weiß zwar, dass die Voraussetzungen für deren Anwendbarkeit eigentlich gar nicht erfüllt sind. Aber weil so viele an der Börse danach rechnen, stimmen die berechneten Ergebnisse trotzdem ganz gut mit den gehandelten Preisen überein.«

»Kannst du mich in deine ›schwarze Magie‹ einweihen?«, bittet Herr Obermayr seinen Freund.

»Na klar, gerne. Zunächst einmal schreiben wir die Formel in all ihrer Schönheit hin[84]:

$$(*) \quad P_{\text{Call}} = P_{\text{Aktie}} \cdot \Phi(d_1) - S \cdot \mathrm{e}^{-iT} \cdot \Phi(d_2),$$

wobei

$$d_1 = \frac{1}{\sigma\sqrt{T}} \left[\ln\frac{P_{\text{Aktie}}}{S} + T\left(i + \frac{1}{2}\sigma^2\right) \right] \quad \text{und} \quad d_2 = d_1 - \sigma\sqrt{T}$$

zwei Hilfsgrößen sind. Das ist sie, die Black-Scholes-Formel für einen Europäischen Aktien-Call.«

---

[84]Siehe auch Grundformel (20).

© Springer Fachmedien Wiesbaden GmbH, ein Teil von Springer Nature 2019
R. Korn und B. Luderer, *Mathe, Märkte und Millionen*,
https://doi.org/10.1007/978-3-658-23717-2_42

»Ach herrjemine! Wer soll denn das verstehen?« Herr Obermayr ist ratlos. »Was bedeuten denn all diese Größen?«

»Zunächst einmal musst du wissen, dass es um eine *Kaufoption*[85] geht, um einen *Call* also, und P_{Call} ist der zu berechnende Preis für diese Option, manchmal auch *Optionsprämie* genannt. P_{Aktie} ist der aktuelle Preis des Basiswerts. Nehmen wir zum Beispiel die Aktie der $\alpha\beta\gamma$-Bank, so hat diese heute einen Preis von $P_{\mathrm{Aktie}} = 100$. Dass T die Laufzeit ist, liegt nahe. Wir wollen als Beispiel eine Call-Option mit einem halben Jahr Restlaufzeit kaufen, sodass $T = 0{,}5$ gilt. Nun kommt S, der *Basispreis* (engl. *strike*). Zu diesem Preis kann der Inhaber der Option die Aktie in einem halben Jahr kaufen. Dafür wählen wir beispielsweise $S = 95$. Die nächste Größe in der Runde ist i, der risikolose Zinssatz. Zinssätze sind im Moment sehr niedrig, weshalb wir $i = 1\,\%$ setzen. Schließlich kommt noch σ, die *Volatilität*[86], vor, ein Maß für die Schwankung der Kurse der $\alpha\beta\gamma$-Aktie. Die zu berechnen ist schwierig, aber im Internet habe ich den Wert 0,2 gefunden.«

»Warte mal«, wirft Herr Obermayr ein, »das ging mir zu schnell. Ich möchte daher gern alle Werte in einer Übersicht aufschreiben:

$$(**) \quad P_{\mathrm{Aktie}} = 100; \ S = 95; \ T = 0{,}5; \ i = 0{,}01; \ \sigma = 0{,}2.$$

Und was bedeutet das Symbol Φ?«

»Das ist der griechische Buchstabe Phi; er bezeichnet die Verteilungsfunktion der Standardnormalverteilung. In der Abbildung auf S. 151 ist sie dargestellt. Wie du siehst, liegen ihre Funktionswerte zwischen 0 und 1, außerdem ist sie symmetrisch. Jetzt berechnen wir zuerst die beiden Hilfsgrößen d_1 und d_2:

$$d_1 = \frac{1}{0{,}2 \cdot \sqrt{0{,}5}} \cdot \left[\ln \frac{100}{95} + 0{,}5 \cdot \left(0{,}01 + \frac{1}{2} \cdot 0{,}2^2 \right) \right] = 0{,}469,$$

$$d_2 = 0{,}469 - 0{,}2 \cdot \sqrt{0{,}5} = 0{,}327.$$

---

[85]Mehr zu Optionen siehe in der Erzählung auf S. 142.
[86]Vergleich hierzu die Geschichte auf S. 177.

Daraus werden $\Phi(d_1)$ und $\Phi(d_2)$ ermittelt, wozu wir eine Tabelle der Verteilungsfunktion der Standardnormalverteilung benötigen, in der man diese Werte ablesen oder interpolieren kann. Solche Tabellen gibt es in fast allen Formelsammlungen. Aufgrund der Beziehung $\Phi(-x) = 1 - \Phi(x)$ sind sie nur für positive Werte von x tabelliert. In unserem Fall gilt $\Phi(0{,}469) = 0{,}6805$ und $\Phi(0{,}327) = 0{,}6282$. Nun verbleibt nur noch, alle Größen in die Formel $(*)$ einzusetzen, und wir erhalten[87]

$$P_{\mathrm{Call}} = 100 \cdot 0{,}6805 - 95 \cdot \mathrm{e}^{-0{,}01 \cdot 0{,}5} \cdot 0{,}6282 = 8{,}65.$$

Fertig. Das war schon alles.«

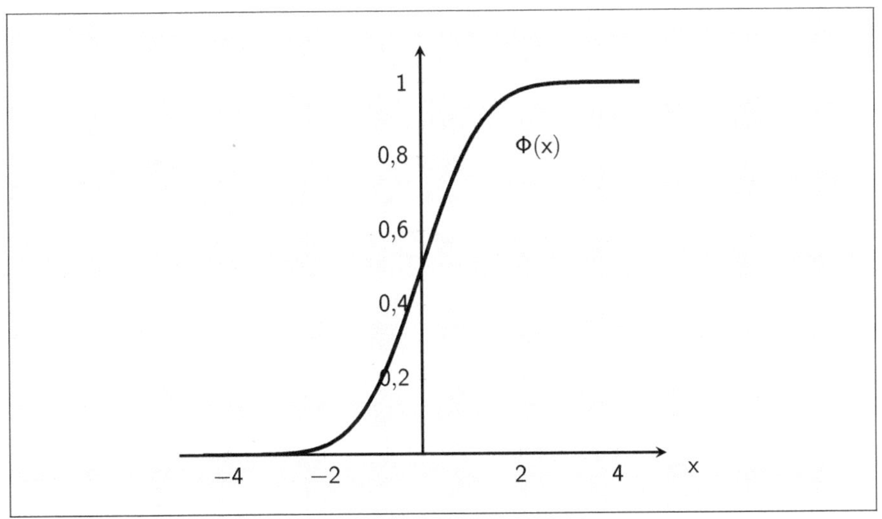

Abb. 18: Verteilungsfunktion der Standardnormalverteilung

»Und wie habe ich den Wert 8,65 zu interpretieren?«

»Ganz einfach. Um für die gewählten Parameter $(**)$ eine Call-Option und damit das Recht auf den Kauf der $\alpha\beta\gamma$-Aktie in einem halben

---

[87]Rechnung intern mit höherer Genauigkeit, Zwischenergebnisse gerundet.

Jahr zum Preis von 95 Euro zu erwerben, musst du 8,65 Euro bezahlen. Steht die Aktie dann höher, zum Beispiel bei 110 Euro, kannst du die Differenz aus Kurs und Basispreis als Gewinn einstecken, abzüglich des Optionspreises natürlich.«[88]

»Wenn ich nun eine Option mit niedrigerem Basispreis kaufen würde, beispielsweise mit $S = 70$, wäre mein Gewinn doch wesentlich höher«, überlegt Herr Obermayr.

»Ja, dafür wäre aber der Preis der Call-Option auch höher. In unserem Beispiel müssten wir so rechnen:

$$d_1 = \frac{1}{0,2 \cdot \sqrt{0,5}} \cdot \left[\ln \frac{100}{70} + 0,5 \cdot \left(0,01 + \frac{1}{2} \cdot 0,2^2 \right) \right] = 2,628,$$

$$d_2 = 2,487, \quad \Phi(2,628) = 0,9957, \quad \Phi(2,487) = 0,9936.$$

Damit läge der Preis bei $P_{\text{Call}} = 100 \cdot 0,9957 - 70 \cdot \mathrm{e}^{-0,01 \cdot 0,5} \cdot 0,9936 =$ 30,36. Du siehst, der Preis ist deutlich höher. Man kann mathematisch nachweisen, dass der Call-Preis bei sinkendem Basiswert ansteigt, aber das ist auch intuitiv klar: Je niedriger der Basispreis, desto höher die Chance auf Gewinn durch Ausübung der Option. Ähnlich verhält es sich mit der Größe σ, der Volatilität: Je größer die Schwankung der Aktienkurse, desto höher die Gewinnchancen. Wenn du mehr über diese Abhängigkeiten wissen willst, musst du dich mit den sogenannten ›Griechen‹ beschäftigen« (vgl. S. 163).

»Nein, danke, für heute reichen mir diese Erklärungen. Aber Optionen sind schon eine spannende Sache.«

»Zum Abschluss würde ich dir noch empfehlen, den Call-Preis mit obigen Parametern (∗∗), allerdings mit den beiden ›extremen‹ Basispreisen $S = 150$ (Optionsausübung sehr unwahrscheinlich) und $S = 10$ (Ausübung fast sicher) zu berechnen.«[89]

---

[88] Eigentlich muss man den Optionspreis noch bis zum Zeitpunkt T mit dem risikolosen Zinssatz i aufzinsen, was jedoch – vor allem bei kurzen Laufzeiten – vernachlässigt werden kann.

[89] Die Ergebnisse lauten $P_{\text{Call}} = 0,01$ Euro bzw. $P_{\text{Call}} = 90,05$ Euro.

43 Es braucht stets deren zwei. Optionsbewertung im Binomialmodell

» Ich will gern die Mathematik hinter der Börse lernen. Wenn all die Banker das können, sollte ich das auch schaffen. So schwer kann das doch nicht sein.« Mein Freund Peter war hoch motiviert. Er wollte nicht nur die Begriffe der Börse sondern auch die mathematischen Grundlagen beherrschen. »Das freut mich, aber das ist komplizierte Mathematik. Und die Banker verstehen die in der Regel auch nicht im Detail. Du fährst ja auch dein Auto gut und sicher, kannst aber nicht erklären, wie alle Einzelteile funktionieren. Ich habe einen Kompromissvorschlag. Es gibt das sogenannte Binomialmodell, das einfach zu verstehen ist, aber alle Prinzipien beachtet und die analogen Resultate und Eigenschaften zum Black-Scholes-Modell hat, welches den meisten spektakulären Ergebnissen der modernen Finanzmathematik zugrunde liegt.«

Peter war begeistert: »Ja, das ist doch schon mal was!«

»Im Ein-Perioden-Binomialmodell gibt es zwei Investmentmöglichkeiten im Zeitpunkt $t = 0$, die man dann bis zum Zeitpunkt T halten muss.[90] Eine davon ist ein Sparkonto. Es liefert pro Geldeinheit Zinsen in Höhe von $i \cdot T$ zum Zeitpunkt T und zwar sowohl auf positive als auch auf negative Geldbeträge, die im Zeitpunkt $t = 0$ angelegt wurden.«

»Was, Kreditzins gleich Sparzins? Das ist doch unrealistisch!«, warf Peter ein.

»Ja, das stimmt. Aber wir betrachten ja auch ein Modell. Dort beginnt man immer einfach und macht sich das Leben erst später schwer. Als zweites gibt es eine Aktie, die mit dem Anfangspreis P_{Aktie} startet und im Endzeitpunkt T die beiden möglichen Werte $u \cdot P_{\text{Aktie}}$ und $d \cdot P_{\text{Aktie}}$

---

[90] Man stelle sich einen gewünschten Zeitraum vor, z. B. $T = 1$ Jahr oder $T = 1$ Monat.

© Springer Fachmedien Wiesbaden GmbH, ein Teil von Springer Nature 2019
R. Korn und B. Luderer, *Mathe, Märkte und Millionen*,
https://doi.org/10.1007/978-3-658-23717-2_43

annehmen kann. Dabei ist es wichtig, dass beide Werte eine positive Wahrscheinlichkeit für ihr Auftreten besitzen und die folgende *No-Arbitrage-Bedingung*, gilt:

$$\text{(NA)} \qquad 0 < d < 1 + iT < u.$$

Das bedeutet, dass einmal der Kurs der Aktie steigt, evtl. sogar deutlich, während im zweiten Fall der Aktienkurs nur minimal steigt, stagniert oder fällt. Die Bezeichnungen u und d kommen vom englischen *upside change* und *downside change* und stehen für eine Auf- bzw. Abwärtsbewegung des Aktienkurses. Man kann jetzt die beiden Werte u und d zum Beispiel so wählen, dass der skalierte Aktienendwert $P_{\text{Aktie}}(T)/P_{\text{Aktie}}$ einen vorgegebenen Erwartungswert μ und eine vorgegebene Varianz σ^2 besitzt.[91] Nehmen wir beispielsweise an, dass $p = \frac{1}{2}$ gilt und geben wir einen Erwartungswert von $\mu = 1{,}05$ sowie eine Varianz von $\sigma^2 = 0{,}0225$ vor, so kann man unschwer nachrechnen, dass die beiden Gleichungen (deren rechte Seiten sich aus den Definitionen von Erwartungswert und Varianz auf S. 300f. ergeben)

$$
\begin{aligned}
1{,}05 &= 0{,}5 \cdot u + 0{,}5 \cdot d \\
0{,}0225 &= 0{,}5 \cdot u^2 + 0{,}5 \cdot d^2 - 1{,}05^2
\end{aligned}
$$

von den Werten $u = 1{,}2$ und $d = 0{,}9$ gelöst werden.[92]

»Klar, die Aktie muss sich in einem Fall besser und im anderen Fall schlechter als das Sparkonto entwickeln«, nickte Peter verständnisvoll. »Wäre sie immer mindestens so gut wie das Sparkonto, so würde man einfach einen Kredit aufnehmen und Aktien kaufen. Den könnte

---

[91] Hier bezeichnet P_{Aktie} nach wie vor den (bekannten) heutigen Aktienkurs (in $t = 0$), während $P_{\text{Aktie}}(T)$ für den (unbekannten) Kurs am Periodenende steht.

[92] Wählt man $p = \frac{1}{2}$, so spricht man vom *Rendleman-Bartter-Baum*, wählt man $u = \frac{1}{d}$ und bestimmt dann u und p so, dass die vorgegebenen Werte für μ und σ^2 erfüllt werden, so spricht man vom *Cox-Ross-Rubinstein-Baum* (siehe Korn (2014), Kapitel 1 und 4).

man dann in T zurückzahlen und hätte im besseren Fall sogar einen Gewinn gemacht. Das ist doch eine Arbitragemöglichkeit, oder?«

»Stimmt!« Peter hatte das Prinzip verstanden. Und auch im Fall, dass die Aktie nie besser als das Sparkonto abschneiden würde, hätte man eine solche Möglichkeit. Man verkauft dann die Aktie in $t = 0$, legt den Erlös aufs Sparkonto und liefert die Aktie erst zum Zeitpunkt T.[93] Sie kostet dann höchstens so viel, wie das im Sparkonto zur Zeit T vorhandene Geld, im für den Aktienverkäufer günstigen Fall sogar weniger.

»So, und mit diesem simplen Modell kann man jetzt was machen?«, fragte Peter skeptisch.

»Ja, klar! Stell Dir vor, du willst eine Kauf-Option, einen Call, auf die betrachtete Aktie erwerben. Welchen Preis würdest du zahlen?«

»Da fehlen mir aber noch ein paar Angaben. Ich muss doch den Ausübungspreis S des Calls kennen, den risikolosen Zinssatz i, die Vermehrungsfaktoren u und d der Aktie und natürlich auch die Wahrscheinlichkeit p, mit der die Aktie den Preis $u \cdot P_{\text{Aktie}}$ annimmt!« Peter hatte **fast** recht.

»Das stimmt alles, bis auf das letzte. Die Wahrscheinlichkeit p braucht man nicht.«

»Das kann doch gar nicht sein. Wie soll ich denn dann einschätzen, ob sich der Optionskauf für mich lohnt?« Peter war überrascht.

»Wart mal ab, das ist zwar wirklich überraschend, aber für den Finanzmarkt typisch und eines der zentralen Resultate«, bat ich Peter um etwas Geduld.

In der Tat erscheint es auf den ersten Blick erstaunlich, dass die Wahrscheinlichkeit p keine Rolle spielt. Um das zu erklären, muss man

---

[93]Man spricht hierbei von einem *Leerverkauf*, also einem Verkauf, ohne das entsprechende Wertpapier zu besitzen. Es wird erst im Lieferzeitpunkt erworben und seinem Besitzer übergeben, der schon in $t = 0$ den Preis P_{Aktie} gezahlt hat. Leerverkäufe sind rechtlich streng geregelt.

verstehen, dass man die Zahlung der Option mittels eines geeigneten Investments in die Aktie und das Sparkonto künstlich nachbilden kann. Man spricht auch von einer *Duplikation*. Hierzu gehen wir davon aus, dass die Beziehung

$$d \cdot P_{\text{Aktie}} \leq S < u \cdot P_{\text{Aktie}}$$

gilt, man also nur im Fall des starken Preisanstiegs der Aktie[94] eine positive Zahlung erhält.[95] Wir wollen dann den Betrag x, der zur Zeit $t = 0$ ins Sparkonto zu investieren ist und die Anzahl y der in $t = 0$ zu erwerbenden Aktien so bestimmen, dass sich im Endzeitpunkt T genau die Zahlung ergibt, die man erhalten würde, wenn man den Call erworben hätte, egal welchen der beiden Werte $u \cdot P_{\text{Aktie}}$ bzw. $d \cdot P_{\text{Aktie}}$ der Aktienpreis in T annimmt. Hierfür setzen wir die Zahlungen aus dem Call und der oben beschriebenen Investmentstrategie gleich. Dies entspricht den beiden linearen Gleichungen

$$x \cdot (1 + iT) + y \cdot u \cdot P_{\text{Aktie}} = u \cdot P_{\text{Aktie}} - S$$
$$x \cdot (1 + iT) + y \cdot d \cdot P_{\text{Aktie}} = 0,$$

aus denen x und y zu bestimmen sind. Löst man z. B. die zweite Gleichung nach y auf und setzt den entstandenen Ausdruck in die erste Gleichung ein, so erhält man

$$x = -\frac{1}{1 + iT} \cdot \frac{u \cdot P_{\text{Aktie}} - S}{u - d} \cdot d, \quad y = \frac{u \cdot P_{\text{Aktie}} - S}{(u - d) \cdot P_{\text{Aktie}}}.$$

---

[94]Mit dem Ausdruck *starker Preisanstieg* ist im Folgenden jeweils die zur Größe u gehörige Aufwärtsbewegung gemeint.

[95]Man macht sich leicht klar, dass die anderen möglichen Wahlen von S entweder zu keiner positiven Zahlung und damit einem Wert der Option von null oder immer zu einer positiven Optionszahlung führen. Im letzteren Fall ergibt die Option – unabhängig vom angenommenen Wert der Aktie in T – die Zahlung $Z = P_{\text{Aktie}}(T) - S$. Diese Zahlung Z im Zeitpunkt T erhält man auch durch den Kauf einer Aktie und die Aufnahme eines Kredits in Höhe von $\frac{S}{1+i}$ zum Zeitpunkt $t = 0$. Um eine Arbitragemöglichkeit zu vermeiden, muss deshalb die Option in $t = 0$ den Preis $P_{\text{Call}} = P_{\text{Aktie}} - \frac{S}{1+i}$ haben.

Da nun x und y bekannt sind, erhält man den Preis des Calls in $t = 0$ wie folgt:

$$P_{\text{Call}}(0) = x + y \cdot P_{\text{Aktie}}$$

$$(*) \qquad = \frac{1}{1 + iT} \cdot \frac{1 + iT - d}{u - d} \cdot (u \cdot P_{\text{Aktie}} - S).$$

Nehmen wir beispielsweise folgende Werte an: heutiger Aktienkurs $P_{\text{Aktie}} = 100$[96], Ausübungspreis (Strike) $S = 100$, $T = 1$, $i = 0,05$; die Änderungsfaktoren mögen $u = 1,2$ und $d = 0,7$ betragen. Dann ergibt sich aus der Formel $(*)$ ein Call-Preis von $13,33$ Euro. Weiter erhalten wir $x = -26,67$ und $y = 0,4$, sodass wir also einen Kredit über $26{,}67$ Euro aufnehmen und $y = 0,4$ Aktienanteile erwerben müssen.[97]

»Schöne Formeln und sicher richtig, und ich sehe auch, dass ich die Größe p nicht brauche. Aber haben die Formeln auch einen tieferen Sinn?« Peter war schon immer gut darin, die richtigen Fragen zu stellen.

»Ja, natürlich. Wenn man die Größe $q = \frac{1+iT-d}{u-d}$ einführt, so liegt dieser Wert aufgrund der Annahme (NA) zwischen null und eins und kann somit als eine Wahrscheinlichkeit angesehen werden kann. Und es gilt noch mehr.«

Interpretiert man die Zahl q als Wahrscheinlichkeit für den starken Kursanstieg, so sieht man aus der nachstehenden Rechnung, dass sich die Aktie im Mittel genau wie das Sparkonto entwickelt:

$$q \cdot u \cdot P_{\text{Aktie}} + (1 - q) \cdot d \cdot P_{\text{Aktie}}$$

$$(**) \qquad = \frac{u + uiT - ud + du - d - diT}{u - d} \cdot P_{\text{Aktie}}$$

$$= (1 + iT) \cdot P_{\text{Aktie}}.$$

---

[96] Der Wert 100 wird gern genommen, kann man doch einfach mit ihm rechnen.

[97] Wer einwendet, dies gehe nicht, der multipliziere alle Werte mit 10, 100 oder 1000.

Es wird also bei Verwendung von q keine Risikoprämie für den Aktienkauf berechnet. Das zugehörige Wahrscheinlichkeitsmaß Q, das dem starken Aktienanstieg die Wahrscheinlichkeit q zuordnet und den Rest $1-q$ dem Endwert der Höhe $d \cdot P_{\text{Aktie}}$, wird daher auch *risikoneutrales Maß* genannt. Deshalb lässt sich der Optionspreis gemäß Gleichung (**) als abgezinster Erwartungswert der Call-Auszahlung unter dem risikoneutralen Maß Q interpretieren.

»Moment mal! Der Aktienpreis bewegt sich doch nicht unter einem solchen Maß Q. Ohne Risikoprämie würde doch niemand in Aktien investieren!«, klang Peter nur halb zufrieden. »So ein Maß Q, das können sich doch nur die Mathematiker überlegen. Das taucht doch in der Realität nie auf!«

Es brauchte noch Überzeugungsarbeit. »Schau mal. Aus Gleichung (**) ergibt sich, dass Q das einzige Wahrscheinlichkeitsmaß ist, unter dem der abgezinste Erwartungswert des zukünftigen Aktienkurses $P_{\text{Aktie}}(T)$ gleich dem heutigen Aktienpreis P_{Aktie} ist. Das bedeutet, dass der Markt als Ganzes bei Anwendung des *Nettobarwertprinzips*[98] schon die Aktie mithilfe des risikoneutralen Maßes bewertet hat. Deshalb ist es nur konsequent, den Call als Aktienderivat auch unter Q zu bewerten.«

»Das klingt logisch, aber irgendwie denke ich doch, dass man die Wahrscheinlichkeit p braucht.«

Peters Gefühl trog auch nicht. »Ja, aber nur für dich selbst. Nämlich um einzuschätzen, ob du den Optionskauf für ein gutes Geschäft hältst oder nicht.

Der Optionspreis steht nämlich fest, weil bereits der Aktienpreis feststeht. Für den Aktienpreis gilt übrigens das Gleiche: Der ist gegeben, unabhängig davon, wie du p einschätzt.

Den Kauf von Aktie oder Call wirst du für ein gutes Geschäft halten,

---

[98]Das Nettobarwertprinzip besagt, dass man den Wert einer zukünftigen Zahlung als ihren auf heute abgezinsten Erwartungswert erhält.

wenn deine subjektive Einschätzung p der Wahrscheinlichkeit für den starken Aktienkursanstieg größer ist als das risikoneutrale q.«

»Darauf können wir uns einigen. Aber ich bin noch nicht recht zufrieden mit deinem Modell. Zwei mögliche Werte nach einem Jahr, das ist ja wirklich eine sehr grobe Vereinfachung.«

»Das stimmt selbstverständlich. Um das zu beheben, hat man das N-Periodenmodell entwickelt.«

Im N-Periodenmodell kann sich der Aktienpreis zu den N Zeitpunkten $\frac{T}{N}$, $\frac{2T}{N}$, ...T jeweils um den Faktor u oder den Faktor d ändern. Es ergibt sich also der folgende *Binomialbaum* möglicher Preise, dargestellt in Abbildung 19.

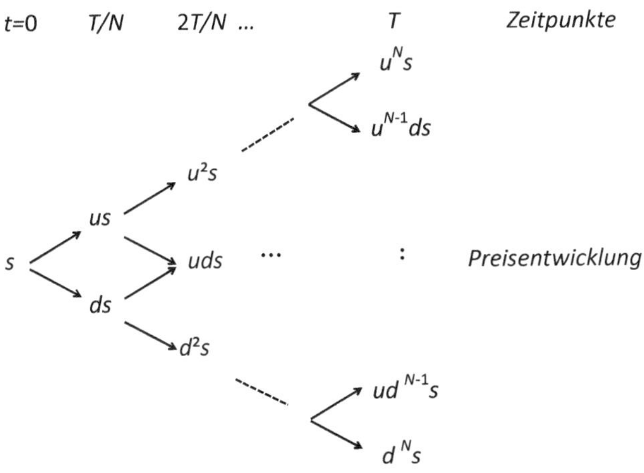

Abb. 19: Aktienpreismodell im N-Perioden-Binomialmodell

Hierbei haben wir die Abkürzung $s = P_{\text{Aktie}}$ verwendet. Des Weiteren werden dem Sparkonto immer in den Zeitpunkten $\frac{iT}{N}$ Zinsen der Höhe $\frac{iT}{N}$ pro Geldeinheit zugeschrieben. Man nimmt im Binomialbaum an, dass die Preisänderung der Aktie von allen vorherigen Preisänderungen unabhängig ist und sich der Aktienkurs immer mit der gleichen Wahrscheinlichkeit p nach oben bewegt (und mit $1 - p$ nach unten). Die Anzahl der starken Anstiege u des Aktienkurses im Binomialbaum mit N Perioden ist dann binomialverteilt mit den Parametern N und p.[99] Außerdem hat die Bedingung (NA) jetzt die Form

$$0 < d < 1 + \frac{iT}{N} < u \,.$$

Wenn man nun zum Beispiel einen Europäischen Call auf die betrachtete Aktie bewerten will, so fängt man am Ende an. Daher kennt man für alle möglichen angenommenen Aktienpreise die Endzahlungen des Calls im Zeitpunkt T, die von der Form

$$P_{\text{Call}}\left(T, u^i d^{N-i} P_{\text{Aktie}}\right) = \max\left\{u^i d^{N-i} P_{\text{Aktie}} - S, 0\right\}$$

für $i = 0, 1, ..., N$ sind und mit dem Preis der Option zum Zeitpunkt T übereinstimmen.

Man kann auch im N-Perioden-Binomialmodell zeigen, dass die Bewertung von Optionen unter dem risikoneutralen Maß Q geschieht. Dabei ist Q eindeutig wegen der Unabhängigkeit der einzelnen Preiszuwächse der Aktie und durch die Wahrscheinlichkeit

$$q = \frac{1 + \frac{iT}{N} - d}{u - d}$$

für den jeweiligen starken Kursanstieg gegeben.

Man erhält die Call-Preise $P_{\text{Call}}\left(\frac{jT}{N}, u^i d^{j-i} P_{\text{Aktie}}\right)$ in den vorhergehenden Zeitpunkten durch Rückwärtsrechnen im Binomialbaum aus

---

[99] Die Anzahl der starken Anstiege entspricht gerade der Anzahl der Erfolge in N 0-1-Experimenten und ist deshalb binomialverteilt (siehe Abschnitt 2.1.1 auf S. 296).

den jeweils bereits vorhandenen Call-Preisen vermittels der Beziehung

$$P_{\text{Call}}\left(\tfrac{jT}{N}, u^i d^{j-i} P_{\text{Aktie}}\right)$$

$$= \frac{1}{1+\frac{iT}{N}} \cdot \left[q \cdot P_{\text{Call}}\left(\frac{j+1}{T}N, u^{i+1} d^{j-i} P_{\text{Aktie}}\right)\right.$$

$$\left. + \ (1-q) \cdot P_{\text{Call}}\left(\frac{(j+1)T}{N}, u^i d^{j+1-i} P_{\text{Aktie}}\right)\right]$$

für $i = 0, 1, ..., j;\;\; j = N-1, N-2, ..., 0$. Der Call-Preis in $t = 0$ ergibt sich dann als $P_{\text{Call}} = P_{\text{Call}}(0, P_{\text{Aktie}})$ für $j = 0$. Man fasst also immer einen Knoten mit seinen beiden Nachfolgeknoten im Baum als einen Ein-Perioden-Binomialbaum auf und führt dort die entsprechenden Rechnungen durch.

Die Berechnungsvorschriften zeigen auch, dass man zur Preisberechnung von anderen Optionen, deren Form der Auszahlung ebenfalls nur vom Endwert der zugrunde liegenden Aktienpreise abhängen[100], die Form der Optionszahlung nur in die Berechnung des Optionspreises zum Zeitpunkt T explizit eingeht. Die restlichen Iterationsschritte erfolgen dann analog zur Iteration im Fall des Calls.

Mehr noch, Binomialbäume sind in der Praxis immer noch gebräuchlich, da man mit ihrer Hilfe auch sehr einfach Amerikanische Optionen[101] bewerten kann. Man muss hier nämlich nur in jedem Knoten des Binomialbaums zusätzlich entscheiden, ob die aktuelle Auszahlung bei Ausübung der Option größer als der berechnete Wert der Option ist, wenn man sie nicht ausüben würde. Letzteren hat man aber gerade in der Iteration rückwärts bis hin zum aktuellen Knoten berechnet. Der Optionspreis im Knoten ergibt sich dann als der

---

[100] Ein Beispiel ist die Europäische Put-Option mit $P_{\text{Put}}(T, u^i d^{N-i} P_{\text{Aktie}}) = \max\left\{S - u^i d^{N-i} P_{\text{Aktie}}, 0\right\}$.

[101] Im Unterschied zu Europäischen Optionen kann bei diesen die das Optionsrecht zu einem beliebigen Zeitpunkt innerhalb der Laufzeit ausgeübt werden; vgl. die Geschichte auf S. 142.

größere der beiden Werte. Mehr mathematische Hintergründe zum Binomialmodell findet man beispielsweise in Korn (2014).

»Und dann habe ich noch etwas für dich, Peter. Ich habe einen Aktienkursverlauf für ein Jahr in einem 1000-Perioden-Modell simuliert, also an jedem Handelstag vier Kursänderungen zugelassen. Dabei habe ich die Änderungsfaktoren $u = 1{,}006$ und $d = 0{,}994$ sowie die Wahrscheinlichkeit $p = 0{,}55$ gewählt. Dann habe ich in jedem Zeitpunkt mit dieser Wahrscheinlichkeit ausgelost, ob u oder d als Änderungsfaktor verwendet wird. Das Bild sieht doch realistischen Preisverläufen sehr ähnlich, oder? Und damit kann man natürlich auch Optionspreise berechnen.«

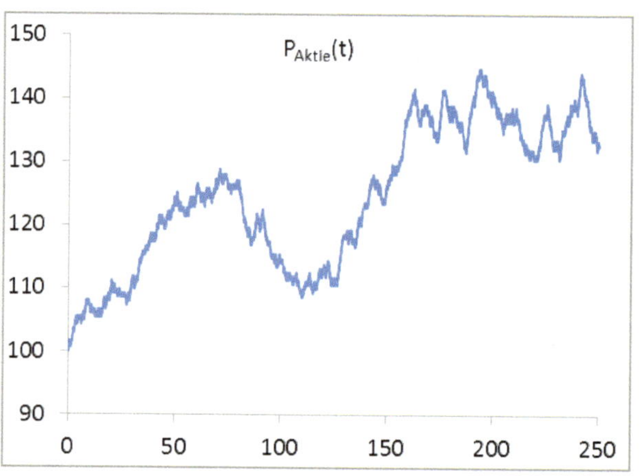

Abb. 20: Simulierter Aktienpreisverlauf über 250 Tage im 1000-Perioden-Binomialmodell (d. h. 4 Kursbewegungen pro Tag)

»Da hast du recht. Scheint gar nicht so schlecht zu sein, das Binomialmodell.«

Literatur:

Korn R.: Moderne Finanzmathematik – Theorie und praktische Anwendung, Bd 1. Springer Spektrum, Wiesbaden 2014

44 Die Griechen und das Risiko. Über Risikokennzahlen für Aktienoptionen

> *Die Fähigkeit, auf welche die Menschen am meisten Wert legen, ist die Zahlungsfähigkeit.*
>
> *Oscar Blumenthal, dt. Schriftsteller (1852–1917)*

Nein, nicht die Griechen vom Peloponnes, die sind nicht gemeint. Hier geht es um mathematische Größen, sog. *Risikokennzahlen*. Diese beschreiben die Abhängigkeit des Optionspreises von gewissen Inputparametern. Da die wichtigsten von ihnen mit griechischen Buchstaben bezeichnet werden, heißen sie im Fachjargon kurz *Die Griechen – the Greeks.*[102]

Die »Griechen« sind die (ersten oder zweiten) partiellen Ableitungen des Optionspreises nach den einzelnen in die Black-Scholes-Formel (20) eingehenden Parametern P_{Aktie}, σ, T, i, S und beschreiben damit näherungsweise[103] die Veränderung des Wertes der Call-Option bei Änderung des entsprechenden Parameters um eine Einheit, während alle anderen Einflussfaktoren gleich bleiben. Da die Black-Scholes-Formel eine explizite Berechnungsvorschrift für den Optionspreis darstellt[104], lassen sich diese partiellen Ableitungen relativ leicht berechnen, Grundkenntnisse der Differenzialrechnung vorausgesetzt.

Die »Griechen« sind wichtig für das Risikomanagement, da sie es erlauben, den Einfluss der einzelnen Größen zu untersuchen, was insbe-

---

[102] Es gibt allerdings auch Risikokennzahlen, die Bezeichnungen wie Vega, Vomma, Zomma oder Vanna tragen. Dies sind keine griechischen Buchstaben.

[103] »Näherungsweise« deshalb, weil (partielle) Ableitungen von Funktionen stets Linearisierungen, d. h. lineare Approximationen der Funktion, darstellen oder – geometrisch gesprochen – weil der Graph der Funktion durch die Tangente an denselben ersetzt wird.

[104] Dies liegt an den vereinfachenden Annahmen; in vielen anderen Situationen kann eine Berechnung nur mithilfe numerischer Lösungsverfahren erfolgen.

© Springer Fachmedien Wiesbaden GmbH, ein Teil von Springer Nature 2019
R. Korn und B. Luderer, *Mathe, Märkte und Millionen*,
https://doi.org/10.1007/978-3-658-23717-2_44

sondere für Portfolios aus verschiedenen Finanzprodukten von großer Bedeutung ist. Ferner können die »Griechen« auch zur Absicherung gegen Risiken verwendet werden, beispielsweise mit der Strategie des Delta-Hedgings (s. S. 173) oder des Delta-Gamma-Hedgings (siehe unten).

In der Geschichte auf S. 167 wurde die Risikokennzahl

$$\Delta = \frac{\partial P_{\text{Call}}}{\partial P_{\text{Aktie}}}(P_{\text{Aktie}}, \sigma, T, i, S) = \Phi(d_1)$$

berechnet. Die Änderung von Delta und damit die zweite partielle Ableitung von P_{Call} nach P_{Aktie} wird mit dem Symbol Γ (*Gamma*) bezeichnet. Diese lässt sich aus Delta und der Hilfsgröße d_1 (s. S. 168) berechnen (zur Erinnering: $\Phi'(x) = \varphi(x)$):

$$\Gamma = \frac{\partial^2 P_{\text{Call}}}{\partial P_{\text{Aktie}}^2} = \frac{\partial \Delta}{\partial P_{\text{Aktie}}} = \varphi(d_1) \cdot \frac{1}{\sigma\sqrt{T}} \cdot \frac{S}{P_{\text{Aktie}}} \cdot \frac{1}{S}.$$

Damit gilt

$$\Gamma = \frac{\varphi(d_1)}{\sigma \cdot \sqrt{T} \cdot P_{\text{Aktie}}} > 0.$$

Beispielhaft soll noch eine weitere, besonders wichtige Kennzahl angegeben werden, die Größe *Vega*, mitunter auch *Lambda* genannt. Sie beschreibt die Abhängigkeit des Call-Preises von der Änderung der Volatilität σ und lautet

$$\Lambda = \frac{\partial P_{\text{Call}}}{\partial \sigma} = \varphi(d_1) \cdot P_{\text{Aktie}} \cdot \sqrt{T} > 0.$$

Die Größe Vega kann – wie auch die anderen Risikokennzahlen – nach den Regeln der Differenzialrechnung berechnet werden und besagt Folgendes: Erhöht sich die Volatilität, d. h., schwanken die Aktienkurse stärker und steigen damit die Chancen auf eine Kurserhöhung, so erhöht sich der Optionspreis.

Zahlreiche weitere »Griechen« findet man in einschlägigen Lehrbüchern oder Formelsammlungen (z. B. Grundmann/Luderer, Uszczapowski) und selbstverständlich auch im Internet.

Zum Abschluss soll beschrieben werden, wie (neben Delta) die Kennzahl Gamma als Bestandteil einer Absicherungsstrategie, dem *Delta-Gamma-Hedging*, genutzt werden kann.

In der Geschichte auf S. 173 wurde erzählt, dass eine Call-Position mit dem Delta-Wert Δ durch den Verkauf von Δ Aktien abgesichert werden kann, sodass das Portfolio, bestehend aus einem Call und Δ (leer-)verkauften Aktien bei Erhöhung des Aktienpreises um eins keine Wertveränderung erleidet. Den gleichen Effekt kann man erreichen, wenn man ein ganzes Portfolio verschiedener Optionen mit ein und demselben Basiswert hat. Wir nehmen an, dieses *Portfolio 0* habe ein Delta von Δ_0. Durch den Verkauf von Δ_0 Aktien dieses Basiswerts wird es *Delta-neutral*, d. h., der Delta-Wert Δ_1 des neu konstruierten *Portfolios 1* ist gleich null.

Diese Bilanz gilt aber nur für kurze Zeit. Weil sich am Markt beständig alle Preise ändern, verändern sich auch die Risikokennzahlen. Deshalb muss das Portfolio von Zeit zu Zeit umgeschichtet werden, was allerdings Kosten verursacht. Da die Kennzahl Gamma gerade die Veränderung von Delta beschreibt, ist es sinnvoll, auch Gamma in eine Absicherungsstrategie einzubauen. Diese verfolgt das Ziel der *Gamma-Neutralität* und funktioniert so, dass ein neues *Portfolio 2* konstruiert wird, dessen Gamma gleich null ist. Dann ändert sich folglich Delta wenig und Umschichtungen sind weniger häufig notwendig. Diese Strategie trägt die Bezeichnung *Delta-Gamma-Hedging*.

Angenommen, die Risikokennzahl Gamma von *Portfolio 1* lautet Γ_1. Nun wird eine bestimmte Menge w einer Call-Option auf den betrachteten Basiswert mit den Kennzahlen Δ_* und Γ_* gekauft. Damit nun

$$\Gamma_{\text{Portfolio 2}} = \Gamma_1 + w \cdot \Gamma_* = 0$$

gilt, muss $w = -\Gamma_1/\Gamma_*$ gewählt werden. Dadurch ändert sich aber auch das Delta wieder. Für das neue *Portfolio 2* gilt daher

$$\Delta_{\text{Portfolio 2}} = 0 + w \cdot \Delta_* = -\frac{\Gamma_1}{\Gamma_*}\Delta_*.$$

Um dies wiederum zu korrigieren, werden $\frac{\Gamma_1}{\Gamma_*}\Delta_*$ Aktien hinzugekauft, deren Delta gleich eins und deren Gamma gleich null ist, denn es gilt:

$$\frac{\partial P_{\text{Aktie}}}{\partial P_{\text{Aktie}}} = 1 \quad \text{bzw.} \quad \frac{\partial^2 P_{\text{Aktie}}}{\partial P_{\text{Aktie}}^2} = 0.$$

Für das neue *Portfolio 3*, das aus dem ursprünglichen *Portfolio 0* zuzüglich $-\frac{\Gamma_1}{\Gamma_*}$ gekaufter Calls und $-\Delta_0 + \frac{\Gamma_1}{\Gamma_*}\Delta_*$ gekaufter Aktien besteht[105], können wir damit folgende Bilanz ziehen:

$$\Delta_{\text{Portfolio 3}} = \Delta_0 - \frac{\Gamma_1}{\Gamma_*} \cdot \Delta_* + \left(-\Delta_0 + \frac{\Gamma_1}{\Gamma_*}\Delta_*\right) \cdot 1 = 0,$$

$$\Gamma_{\text{Portfolio 3}} = \Gamma_{\text{Portfolio 2}} = 0.$$

Das konstruierte *Portfolio 3* ist daher sowohl Delta- als auch Gamma-neutral.

Literatur:

Grundmann W., Luderer B.: Finanzmathematik, Versicherungsmathematik, Wertpapieranalyse. Formeln und Begriffe. Vieweg + Teubner, Wiesbaden 2009

Rudolph B., Schäfer K.: Derivative Finanzmarktinstrumente: Eine anwendungsbezogene Einführung in Märkte, Strategien und Bewertung. 2. Aufl., Springer, Berlin 2008

Uszczapowski I.: Optionen und Futures verstehen. Grundlagen und neue Entwicklungen. 7. Aufl., Deutscher Taschenbuch Verlag, München 2012

---

[105]Negative Zahlen bedeuten Verkauf, sodass also $\frac{\Gamma_1}{\Gamma_*}$ Calls und Δ_0 Aktien verkauft und $\frac{\Gamma_1}{\Gamma_*}\Delta_*$ Aktien gekauft werden.

45 Falsch gerechnet – richtiges Ergebnis. Kann das sein? Die korrekte Herleitung der Risikokennzahl Delta

Die möglichst einfache Beschreibung bzw. Berechnung von Funktionswertänderungen ist nicht nur ein Grundanliegen der Differenzialrechnung, sondern auch der Finanzmathematik und speziell der Optionspreisberechnung. Die Differenzialrechnung stellt dafür ein wunderbares Hilfsmittel bereit – das *Differenzial*:[106]

$$\mathrm{d}f = f'(x_0) \cdot \Delta x.$$

Diese Größe beschreibt näherungsweise die Funktionswertänderung der Funktion $y = f(x)$ bei Änderung des Arguments x. Dabei ist x_0 ein fester Punkt, Δx beschreibt die Änderung des x-Wertes (von x_0 auf $x_0 + \Delta x$) und $f'(x_0)$ ist die Ableitung von f im Punkt x_0.

Ganz ähnlich verhält es sich mit Funktionen mehrerer Veränderlicher $y = f(x_1, x_2, \ldots, x_n)$. Ändert sich, ausgehend von einem festen Punkt $x^0 = (x_1^0, \ldots, x_n^0)$, nur die i-te Komponente um Δx_i (von x_i^0 auf $x_i^0 + \Delta x_i$), während alle anderen Komponenten unverändert bleiben, so beschreibt das *partielle Differenzial*

$$(*) \qquad \mathrm{d}_i f = \frac{\partial f}{\partial x_i}(x^0) \cdot \Delta x_i$$

näherungsweise die Funktionswertänderung:

$$\Delta y = f(x_1^0, \ldots, x_i^0 + \Delta x_i, \ldots, x_n^0) - f(x_1^0, \ldots, x_i^0, \ldots, x_n^0) \approx \mathrm{d}_i f.$$

Nun soll es um die bekannte *Black-Scholes-Formel*[107]

$$(**) \qquad P_{\mathrm{Call}} = P_{\mathrm{Aktie}} \cdot \Phi(d_1) - S \cdot \mathrm{e}^{-iT} \cdot \Phi(d_2)$$

---

[106]In dieser Geschichte werden vom Leser Grundkenntnisse der Differenzialrechnung erwartet.

[107]Siehe Grundformel (20).

für den Preis einer Call-Option auf eine Aktie (vgl. S. 149) gehen, wobei

$$d_1 = \frac{1}{\sigma\sqrt{T}}\left[\ln\frac{P_{\text{Aktie}}}{S} + T\left(i+\frac{1}{2}\sigma^2\right)\right] \quad \text{und} \quad d_2 = d_1 - \sigma\sqrt{T}$$

zwei Hilfsgrößen sind. Ferner bedeuten: P_{Aktie} – aktueller Kurs des Basiswertes, S – Basispreis, i – risikoloser Zinssatz, T – Restlaufzeit, σ – Volatilität (Standardabweichung der relativen Kursänderungen bzw. Renditen). Sind alle Größen gegeben, kann P_{Call} relativ leicht durch Einsetzen dieser Parameter berechnet werden.

Nun soll sich die vielleicht wichtigste Einflussgröße auf den Optionspreis, nämlich der Kurs P_{Aktie} der zugrunde liegenden Aktie, um eins ändern, während alle anderen Parameter gleich bleiben. Dann wird sich der Call-Preis unter Berücksichtigung der Beziehung (∗) ungefähr um den Wert

$$\Delta = \frac{\partial P_{\text{Call}}}{\partial P_{\text{Aktie}}}(P_{\text{Aktie}}, \sigma, T, i, S)$$

ändern. Man muss daher die partielle Ableitung von P_{Call} nach P_{Aktie} im Punkt $(P_{\text{Aktie}}, \sigma, T, i, S)$ berechnen. Zur Erinnerung: Die Größen, die sich nicht verändern, also alle Parameter außer P_{Aktie}, werden beim Differenzieren als Konstanten behandelt (als konstante Faktoren oder konstante Summanden), während nunmehr P_{Aktie} die einzige Variable ist.

Leider steht so mancher Schüler oder Student mit der Differenzialrechnung auf Kriegsfuß und vergisst beim Ableiten zusammengesetzter Funktionen die innere(n) Ableitung(en). Dass man dennoch mitunter zufälligerweise das richtige Ergebnis erhalten kann, zeigt die nachfolgende

Falsche Rechnung: (»leichtfertiges« Differenzieren) Bei P_{Aktie} steht nur die Größe $\Phi(d_1)$ als Faktor, ansonsten taucht P_{Aktie} in der Beziehung (∗∗) nicht auf. Ergebnis:

$$\Delta = \Phi(d_1).$$

Und siehe da – das Ergebnis ist trotz falscher Rechnung richtig. Das ist natürlich nur Zufall!

Aber wieso ist die Rechnung falsch? Wo steckt der Fehler? Der Grund liegt darin, dass die Variable P_{Aktie} auch noch in den Hilfsgrößen d_1 und d_2 vorkommt, die die inneren Funktionen von P_{Call} bilden. Deshalb muss korrekterweise die Kettenregel der Differenzialrechnung angewendet werden.

Richtige Rechnung: (Anwendung der Kettenregel) Die partielle Differenziation der Beziehung (∗∗) nach P_{Aktie} liefert Folgendes (φ ist die Dichtefunktion der Standardnormalverteilung, d. h. die erste Ableitung der Verteilungsfunktion Φ):

$$\Delta = \Phi(d_1) + P_{\text{Aktie}} \cdot \varphi(d_1) \cdot \frac{1}{\sigma\sqrt{T}} \cdot \frac{1}{\frac{P_{\text{Aktie}}}{S}} \cdot \frac{1}{S}$$

$$-S \cdot \mathrm{e}^{-iT} \cdot \varphi(d_2) \cdot \frac{1}{\sigma\sqrt{T}} \cdot \frac{1}{\frac{P_{\text{Aktie}}}{S}} \cdot \frac{1}{S}$$

$$= \Phi(d_1) + \frac{1}{\sigma\sqrt{T}} \cdot \frac{1}{P_{\text{Aktie}}} \left[P_{\text{Aktie}} \cdot \varphi(d_1) - S \cdot \mathrm{e}^{-iT} \cdot \varphi(d_2) \right].$$

Wegen der Beziehung

$$P_{\text{Aktie}} \cdot \varphi(d_1) = S \cdot \mathrm{e}^{-it} \cdot \varphi(d_2)$$

(s. Grundmann/Luderer, S. 135) ist der Ausdruck in der eckigen Klammer gleich null und das oben falsch berechnete Ergebnis tatsächlich richtig.

Dass falsches Rechnen im Normalfall natürlich auf falsche Ergebnisse führt, zeigt die Risikokennzahl Gamma, die partielle Ableitung von Delta nach P_{Aktie} und damit die zweite partielle Ableitung von P_{Call}

nach P_{Aktie}: Die Ableitung von $\Delta = \Phi(d_1)$ nach P_{Aktie} ohne Berücksichtigung der inneren Ableitung ergäbe null, während das korrekte Resultat

$$\Gamma = \frac{\partial^2 P_{\text{Call}}}{\partial P_{\text{Aktie}}^2} = \frac{\partial \Delta}{\partial P_{\text{Aktie}}} = \frac{\varphi(d_1)}{P_{\text{Aktie}} \cdot \sigma \cdot \sqrt{T}}$$

lautet (s. Grundmann/Luderer, S. 135). Der in der Differenzialrechnung bewanderte Leser ist aufgerufen, letzteres Ergebnis selbstständig herzuleiten.

Aufgrund der Eigenschaften der Verteilungsfunktion gilt $\Phi(x) > 0$. Somit ist die oben berechnete Größe Delta stets positiv, sodass sich mit der Erhöhung des Kurses der zugrunde liegenden Aktie auch der Preis der Call-Option erhöht. Ferner ändert sich aufgrund der Eigenschaften der Verteilungsfunktion der Standardnormalverteilung $\Phi(x)$ die Größe Δ dort am stärksten, wo $d_1 = 0$ gilt (vgl. die Abbildung auf S. 151), was auch das Handeln mit Optionen in diesem Bereich am spannendsten macht. Für kurze Restlaufzeiten trifft dies gerade dann zu, wenn sich die Option »am Geld« befindet, d. h., wenn $P_{\text{Aktie}} \approx S$ gilt. Mit anderen Worten: Die stärkste Änderung von Delta erfolgt dann, wenn sich der Aktienkurs in der Nähe des Basispreises bewegt.

Die Risikokennzahl Δ spielt eine wichtige Rolle bei Absicherungsstrategien wie dem *Delta-Hedging* bzw. dem *Delta-Gamma-Hedging* (vgl. die Erzählungen auf S. 173 und 165).

Literatur:

Grundmann W., Luderer B.: Finanzmathematik, Versicherungsmathematik, Wertpapieranalyse. Formeln und Begriffe. Vieweg + Teubner, Wiesbaden 2009

46 »Im, am und aus dem Geld«. Die Sprache der Finanzmarktakteure

»Seitdem du an der Börse mit Optionen handelst, gebrauchst du ständig solche seltsamen Redewendungen wie ›im Geld‹, ›am Geld‹ oder ›aus dem Geld‹. Was bedeutet das alles?«, wendet sich Julia an ihren Freund Romeo. »Insbesondere der letzte Ausdruck macht mir Angst. « – »Nun, ich will versuchen, dir das zu erklären.«

Es gibt *Kauf-* und *Verkaufsoptionen,* auch *Calls* bzw. *Puts* genannt.[108] Der Einfachheit halber soll im Weiteren eine Europäische Kaufoption auf eine Aktie betrachtet werden. Diese besitzt eine *(Rest-)Laufzeit,* einen *Basiswert* (hier: die zugrunde liegende Aktie) und einen *Basispreis* (oder *Ausübungspreis*; das ist der Preis, zu dem man diese Aktie erwerben kann, unabhängig vom tatsächlichen Aktienkurs). Angenommen, der aktuelle Aktienkurs beträgt 100 Euro und der Basispreis 90 Euro[109], dann ist die Differenz aus beiden positiv und die Option liegt »im Geld«, denn man könnte – bliebe der Aktienkurs so wie heute – am Ende der Laufzeit die Aktie zum Basispreis von 90 Euro erwerben, für 100 Euro verkaufen und hätte 10 Euro Gewinn erzielt (von etwaigen Gebühren abgesehen). Man sagt, die Option liege »am Geld«, wenn der heutige Aktienkurs und der Basispreis in etwa übereinstimmen, und »aus dem Geld«, wenn der Aktienkurs kleiner als der (abgezinste) Basispreis ist.

»Das ist schon alles«, beendet Romeo seine Ausführungen, »oder fast alles. Die Differenz, von der oben die Rede war, nennt man den *inneren Wert* der Option. Er zeigt dir an, wie viel dein Optionsrecht wert ist,

---

[108]Vgl. die Erzählungen auf den Seiten 149 und 142.

[109]Eigentlich muss man noch den Basispreis auf den heutigen Zeitpunkt abzinsen, was man aber bei niedrigen risikolosen Zinssätzen vernachlässigen kann.

© Springer Fachmedien Wiesbaden GmbH, ein Teil von Springer Nature 2019
R. Korn und B. Luderer, *Mathe, Märkte und Millionen,*
https://doi.org/10.1007/978-3-658-23717-2_46

wenn es heute ausgeübt würde[110]. Steigt der Aktienkurs, erhöht sich auch der innere Wert, und zwar überproportional. Allerdings weicht der heutige Preis der Option im Allgemeinen vom inneren Wert ab, denn es kommt ein Preisaufschlag in Form des *Zeitwertes* hinzu. Im Zeitwert drückt sich zum einen die Hoffnung aus, dass die Chancen auf Gewinn desto besser stehen, je größer Volatilität (Schwankung des Aktienkurses) und Restlaufzeit sind. Zum anderen sind auch Zinsgewinne während der Restlaufzeit Bestandteil des Zeitwertes, denn man muss den Ausübungspreis erst am Ende zahlen, also heute weniger zurücklegen, als man bei direkter Ausübung zahlen müsste.«

»Ja, aber kann man denn mit einer Option, die ›aus dem Geld‹ ist, auch Gewinn erzielen«, fragt Julia unsicher, »oder ist dort der Verlust schon vorprogrammiert?« – »Natürlich. Du musst ja nicht bis zum Ende der Laufzeit warten, um die Option auszuüben, sondern kannst bereits eher deinen Optionsschein verkaufen. Daher kommt es nur auf den unterschiedlichen Preis der Option bei Kauf und Verkauf an.

Dieser Preis hängt eng mit der Verteilungsfunktion der Standardnormalverteilung zusammen, verwendet man als Modell die Black-Scholes-Formel (vgl. Grundformel (20)). Im Bild auf S. 151 sieht man, dass die größte Änderung des Optionspreises (bei Änderung des Aktienkurses) in der Nähe von $x = 0$ erfolgt, das sind gerade die Optionen ›am Geld‹, speziell für kurze Restlaufzeiten. Ist aber x beispielsweise negativ und sehr klein, was Optionen entspricht, die ›weit aus dem Geld‹ liegen, so gibt es selbst bei einer großen Veränderung des Aktienkurses kaum eine Änderung des Optionspreises; da müsste der Aktienkurs schon einen Riesensprung machen. Aus diesem Grund werden am häufigsten solche Optionen gehandelt, die ›am Geld‹ liegen.«

»Du siehst also, man kann mit jedem Produkt Gewinne erzielen«, gibt sich Romeo optimistisch, »ein paar Euro werde ich schon an der Börse verdienen.« – »Na, hoffentlich!«

---

[110]Das ist bei einer Europäischen Option allerdings nicht möglich, denn diese kann erst am Ende der Laufzeit ausgeübt werden; allerdings kann man den Optionsschein zu einem beliebigen Zeitpunkt verkaufen.

47 Sicher hinter der Hecke. Hedging von Aktienpositionen

Sicher ist, dass nichts sicher ist. Selbst das nicht.

Joachim Ringelnatz (1883–1934),
deutscher Schriftsteller und Kabarettist

Der eine liebt das Risiko, der andere die Sicherheit. Letzterer ist daher bestrebt, zukünftige Geschäfte oder den Wert seines Aktienvermögens abzusichern, damit er nicht eines Tages erwacht und feststellt, dass er nichts mehr besitzt. Die Absicherung wird sicherlich nicht für alle Zeiten gelingen, für die mittelfristige Zukunft aber schon. Wie das geht? Zum Beispiel mithilfe von Optionen (vgl. die Erzählungen auf S. 142 und 149). Der Fachmann spricht vom *Hedgen* oder *Hedging*. Dieser Begriff kommt vom englischen Wort *hedge*, Hecke, hinter der man sich sicher fühlen kann, die einem Schutz bietet.

Nun aber der Reihe nach. Frau Simone Ängstlich hat einen größeren Bestand an Aktien der XYZ Aktiengesellschaft geerbt. Sehr erfreulich für sie. Gleichzeitig aber auch beunruhigend. Bisher lebte sie fröhlich in den Tag hinein. Seit der Erbschaft aber ist Frau Ängstlich in ständiger Unruhe. Schon morgens schaut sie auf ihr Smartphone, um den Kurs der XYZ-Aktie zu checken, mittags wieder und abends noch einmal. Ist der Kurs gestiegen oder gefallen, hat es gar einen Crash gegeben? Soll sie die Aktien weiter halten oder lieber verkaufen? Ihre Ruhe ist dahin.

Glücklicherweise trifft sie ihre Freundin Vera, die sich in Börsen- und Finanzmarktfragen bestens auskennt.

»Du musst Optionen kaufen«, rät Vera ihrer Freundin Simone. »Damit kannst du deine Aktien absichern.«

»Um Himmels willen, bloß nicht!« Simone ist ganz erschrocken. »Die Aktienkurse schwanken ja schon hin und her wie die Pappeln im

© Springer Fachmedien Wiesbaden GmbH, ein Teil von Springer Nature 2019
R. Korn und B. Luderer, *Mathe, Märkte und Millionen*,
https://doi.org/10.1007/978-3-658-23717-2_47

Sturm. Und jetzt kommst du mir noch mit Optionen. Das sind doch Derivate, habe ich mal gelesen, also hochkomplizierte Produkte. Noch nicht einmal die Banker selbst verstehen diese Produkte. Deshalb gibt es doch ständig Finanzkrisen.«

»Na, ganz so schlimm ist es nun auch wieder nicht mit den Optionen. Wenn man sich ein bisschen mit ihnen beschäftigt, verlieren sie ihre Geheimnisse. Pass auf, ich versuche es dir zu erklären. Angenommen, du kaufst eine Verkaufsoption, einen sog. *Put*, auf deine XYZ-Aktie. Das ist ein Finanzprodukt, welches dir das Recht gibt, an einem bestimmten Tag die XYZ-Aktie zu einem festgelegten Preis zu verkaufen, diesen nennt man *Basispreis* (engl. *strike*). Wie stehen denn deine Aktien zurzeit?«

»Bei genau 50 Euro.«

»Na gut, nehmen wir einmal an, du kaufst eine Put-Option auf die XYZ-Aktie mit Basispreis 50[111], deren Restlaufzeit exakt ein Jahr beträgt. Dann kannst du die Aktie in einem Jahr zum Preis von 50 Euro verkaufen.«

»Wenn die Aktie in einem Jahr aber 58 Euro kostet, da wäre ich ja schön dumm, sie für 50 Euro zu verkaufen. Nein, ich möchte keine Optionen kaufen.«

»Warte doch mal, du musst sie ja nicht verkaufen. Du hast zwar das Recht dazu, aber nicht die Pflicht. Nicht umsonst heißt es ja *Option*, also Wahlrecht. Es ist doch klar, dass du dieses Recht nur dann ausüben wirst, wenn der Aktienkurs in einem Jahr unter 50 Euro liegt, z. B. bei 42 oder 37 Euro.«

»Auch dann bekomme ich 50 Euro?«

»Selbstverständlich.«

»Fein, dann kaufe ich Put-Optionen. Am besten mit einem hohen Basispreis«, jubelt Simone.

---

[111]Genauso gut könnten es auch 40, 45, 60 Euro oder ein anderer Wert sein.

»Die sind aber umso teurer, je höher der Basispreis liegt. Umsonst ist das Optionsrecht nicht und je größer die Chance, desto höher der Preis«, erklärt Vera.

»Und was hat das alles nun mit der Absicherung meines Aktienvermögens zu tun?«, möchte Simone wissen.

»Das erkläre ich dir gleich«, erwidert Vera. »Vorher musst du noch wissen, dass sich der Wert der Put-Option natürlich ändert, wenn sich der Kurs der zugrunde liegenden Aktie, das *Underlying*, wie der Finanzmarktprofi sagt, ändert. Je höher der Aktienkurs, desto niedriger der Optionspreis, weil die Chancen geringer werden, dass der Aktienkurs in einem Jahr unter dem Basispreis von 50 Euro liegen wird.«

»Klar, das ist einzusehen«, bestätigt Simone, die zwar nichts verstanden hat, das aber nicht zugeben will. »Was hat denn das nun mit der Absicherung meiner Aktien zu tun?« Simone wird langsam ungeduldig.

»Die Erklärung kommt gleich«, antwortet Vera. »Dafür brauchen wir die Zahl Δ.«

»Komisch, eine Zahl, die Dreieck heißt, kenne ich nicht«, wundert sich Simone. »Kann man denn mit Dreiecken rechnen?«

»Das ist ein griechischer Buchstabe, das große Delta, eine sogenannte *Risikokennzahl*[112]. Dieses Delta gibt an, um wie viel sich der Optionspreis (näherungsweise) ändert, wenn sich der Aktienkurs um eins erhöht. Sie ist negativ und liegt zwischen -1 und 0, weil sich die Optionsprämie bei Kurserhöhung verringert, wie du weißt.«

»Klar. Und wie groß ist Delta? Kann man das berechnen?«

»Ja, natürlich, kauf' dir zum Beispiel das Buch ›Mathe, Märkte und Millionen‹ und lies dort auf S. 167 nach. Aber nun zum Hedgen. Wenn du $|\Delta|$ Aktien besitzt[113] und eine Put-Option kaufst, ergibt

---

[112] Von weiteren Risikokennzahlen erzählt die Geschichte auf S. 163.

[113] $|\Delta|$ bezeichnet den absoluten Betrag von Δ und ist demnach eine positive Zahl.

sich für dieses Portfolio folgende Gesamtbilanz der Wertänderung bei Kurserhöhung der XYZ-Aktie um eins:

$$|\Delta| \cdot 1 + 1 \cdot \Delta = -\Delta \cdot 1 + 1 \cdot \Delta = 0.$$

Siehst du, der Wert deines Portfolios aus $|\Delta|$ Aktien und einer Put-Option ändert sich nicht, auch wenn der Aktienkurs fällt.«

»Ich habe aber nicht $|\Delta|$ Aktien. Wie soll denn das überhaupt gehen, wenn $\Delta = -\frac{1}{2}$, d. h. $|\Delta| = \frac{1}{2}$, ist oder irgendein anderer Bruch? Eine halbe Aktie gibt es doch gar nicht.«

»Angenommen, du hast 200 Aktien, dann brauchst du eben 400 Puts. So einfach ist das.«

»Aber 400 Put-Optionen kosten ja auch was, das habe ich inzwischen gelernt.«

»Ja, so ist das. Sicherheit gibt es nicht umsonst. Wenn du aus Sicherheitsgründen eine Hecke um dein Haus anlegst, musst du ja auch etwas dafür bezahlen. Es kommt nur darauf an, wie viel du bezahlen musst. Neben der eben beschriebenen *Delta-Hedging-Strategie* gibt es auch noch andere Hedge-Methoden. Wenn du möchtest, kann ich dir das gerne erklären.«

»Nein, lass mal. Ich verkaufe meine Aktien und Schluss.«

So kommt Vera gar nicht dazu, Simone zu erzählen, dass man eigentlich meist umgekehrt Optionsgeschäfte durch Aktienkäufe bzw. -verkäufe absichert, dass man Aktien auch mithilfe von CFDs (*Contracts For Difference* = Differenzgeschäfte) vor Verlusten bewahren kann, dass Hedging auch bei Termin- und Währungsgeschäften angewendet wird usw. usf.

Weil Δ im vorliegenden Fall negativ ist, gilt $|\Delta| = -\Delta$.

48 Die Volatilität bestimmt den Preis – und auch wieder nicht

» Es gibt doch nur eine Volatilität, oder?« Mein Freund Peter stieg bei unserem regelmäßigen Mittagsgespräch gleich in die Mathematik am Finanzmarkt ein, als wollte er keine Zeit verschwenden. »Sie misst die Schwankungsbreite der Renditen einer Aktie, das habe ich doch richtig verstanden?« – »Ja, das hast du«, bestätigte ich. Peter hatte vollkommen recht – aber auch wieder nicht, denn sein Problem kam gleich hinterher: »Ich wollte Call-Optionen auf die HX-AG kaufen, habe meinen Bankberater angerufen und jetzt bin ich verwirrt. Er hat mich nämlich gefragt, ob ich solche zum Preis der impliziten Volatilität von 20 % oder von 30 % wolle. Ich habe mir dann erst einmal Bedenkzeit ausgebeten.« – »Ja, die Börsenleute reden so«, sagte ich, »ich versuche, dir das zu erklären.«

Betrachtet man die Volatilität σ als die Standardabweichung der Aktienrendite p. a. (also auf Jahresbasis), so gibt es tatsächlich nur eine Volatilität, die *historische Volatilität*, die sich aus den Bewegungen des Aktienpreises in der Vergangenheit berechnet. Liegen beispielsweise monatliche Aktienkurse $S(0), S\left(\frac{1}{12}\right), ..., S(1)$ vor, so wird sie über die Formel

$$\hat{\sigma} = \sqrt{12} \cdot \sqrt{\frac{1}{11} \cdot \sum_{i=1}^{12}\left(\ln\frac{S\left(\frac{i}{12}\right)}{S\left(\frac{i-1}{12}\right)} - \frac{1}{12}\cdot\sum_{j=1}^{12}\ln\frac{S\left(\frac{j}{12}\right)}{S\left(\frac{j-1}{12}\right)}\right)^2}$$

geschätzt[114]. An der Börse spielt die historische Volatilität, die sich aus Preisen der Vergangenheit berechnet, fast keine Rolle. Die Händler

---

[114]Allgemein gilt beim Vorliegen von Beobachtungen zu N äquidistanten Zeitpunkten pro Jahr (bei täglichen Beobachtungen wählt man meist $N = 252$ Börsentage) die Formel $\hat{\sigma} = \sqrt{N} \cdot \sqrt{\frac{1}{N-1} \cdot \sum_{i=1}^{N}\left(\ln\frac{S\left(\frac{i}{N}\right)}{S\left(\frac{i-1}{N}\right)} - \frac{1}{N}\cdot\sum_{j=1}^{12}\ln\frac{S\left(\frac{j}{N}\right)}{S\left(\frac{i-1}{N}\right)}\right)^2}$.

© Springer Fachmedien Wiesbaden GmbH, ein Teil von Springer Nature 2019
R. Korn und B. Luderer, *Mathe, Märkte und Millionen*,
https://doi.org/10.1007/978-3-658-23717-2_48

verwenden den Begriff Volatilität auf eine ganz andere Weise, nämlich als den Wert für σ, den man in die Black-Scholes-Formel (s. Grundformel (20)) für den Preis einer Europäischen Call-Option einsetzen muss, um exakt den Marktpreis C_{Markt} der Option (bei gegebenen Größen P_{Aktie}, S, i und T) zu erhalten[115], also

$$C_{\text{Markt}} = P_{\text{Aktie}} \cdot \Phi\left(d_1\right) - Se^{-iT} \cdot \Phi\left(d_1\right),$$

wobei wir wie üblich die Abkürzungen

$$d_1 = \frac{1}{\sigma\sqrt{T}} \cdot \left(\ln\frac{P_{\text{Aktie}}}{S} + T\left(i + \frac{1}{2}\sigma^2\right)\right), \quad d_2 = d_1 - \sigma\sqrt{T}$$

verwendet haben. Die sich so ergebende »Volatilität« σ_{impl}, die nur indirekt gegeben ist, nennt man dann die *implizite Volatilität*.

Ist z. B. der Marktpreis einer Europäischen Call-Option mit einer Laufzeit von einem Jahr bei einem risikolosen Zinssatz von $i = 2\,\%$, einem heutigen Aktienpreis von P_{Aktie} und einem Ausübungspreis von $S = 100$ gleich 8,92 Euro, so ergibt das »Lösen« der obigen Gleichung eine implizite Volatilität von $\sigma_{\text{impl}} = 20\,\%$. Für einen anderen Ausübungspreis, wie z. B. $S = 95$, erhält man für einen gegebenen Marktpreis der Option von 15,27 Euro eine implizite Volatilität von $\sigma_{\text{impl}} = 30\,\%$. Natürlich ändert sich hierdurch nicht die Schwankung der Aktienrenditen der Vergangenheit. Die historische Volatilität hat also nur sehr wenig mit der impliziten Volatilität zu tun.

Meist ist es so, dass die historische Volatilität für Optionen ›am Geld‹ (d. h., wenn der aktuelle Aktienpreis gleich dem auf heute abgezinsten Ausübungspreis ist) die größte Ähnlichkeit zur historischen Volatilität hat, denn das ist oft der Bereich, für den Call-Optionen am stärksten gehandelt werden.

---

[115]In der Black-Scholes-Formel sind $\Phi(\cdot)$ die Verteilungsfunktion der Standard-Normalverteilung, i der gegebene Zinssatz, S der Ausübungspreis und T die Laufzeit der Europäischen Call-Option; vgl. S. 149.

»Das heißt also, dass die implizite Volatilität nur eine Art Preisangabe für eine Call-Option mit gegebener Laufzeit T und Ausübungspreis S ist. Hm, das hätte mir mein Bankberater doch sagen können, aber ich bin mir gar nicht so sicher, ob er das selbst weiß.« Peter hatte damit vielleicht gar nicht mal so unrecht.

© Alex Moe/stock.adobe.com

»Ein mathematische Frage hätte ich aber noch an dich«, meinte Peter. Er ist wirklich allseitig interessiert. »Du hast oben zwei Beispiele angegeben, in denen das Ergebnis jeweils schön rund ist: 20 % bzw. 30 %. Das sieht mir sehr nach konstruierter Aufgabe aus.« – »Da hast du ganz recht, die Werte der Marktpreise habe ich so gewählt, dass ein rundes Ergebnis herauskommt«, entgegnete ich.

»Dachte ich es mir doch: Typisch Mathematiker! Aber was ist, wenn ich reale Zahlen für alle vorkommenden Größen außer σ einsetze. Kann ich dann wirklich die Black-Scholes-Gleichung (20) so einfach nach σ ›auflösen‹, wie du behauptest hast?«

»Nein, explizit nach σ kann man die Gleichung nicht auflösen. Aber ich sprach auch nicht von auflösen, sondern von lösen. Man kann σ nämlich mithilfe numerischer Methoden berechnen, beispielsweise mit der ›Löwenfangmethode‹. Kennst du diese?« – »Nein«, bedauerte Peter. – »Na, dann schau dir einmal die Geschichte auf S. 9 an.«

49 Spekulieren mit Optionen. Sitzt man wirklich am längeren Hebel?

Gewaltig ist des Schlossers Kraft,
wenn er mit langem Hebel schafft.

Handwerkerweisheit

»So richtig schnelles Geld kann man nur mit Optionen machen und hauptsächlich dann, wenn man Optionen mit einem großen Hebel kauft.«

Da musste ich meinem Freund Peter zustimmen, wollte aber auch gleich ein bisschen nörgeln: »So richtig schnell Geld verlieren kann man mit Optionen aber auch, selbst ohne großen Hebel«, setzte ich nach. »Und dann ist halt immer gleich alles weg.«

»Ja, aber ich muss zugeben, dass ich das mit dem Hebel gerne etwas genauer verstehen wollte. Das könntest du mir doch sicher mathematisch erklären.« Peter war offensichtlich scharf darauf, etwas zu lernen, das man auch praktisch anwenden könnte.

»Gut, fangen wir mal mit dem Verlust an. Das Problem einer Option ist, dass sie ein auslaufendes Wertpapier ist. Wenn die Optionszahlung zur Fälligkeit nicht positiv ist, ist der Kaufpreis verspielt. Bei einer Aktie kann man zwar auch Verluste erleiden, aber auch auf Erholung in der Zukunft hoffen.« – Peter wurde etwas ungeduldig: »Weiß ich doch schon. Aber was ist mit dem Hebel?«

Unter dem Hebeleffekt (engl. *Leverage*) versteht man die Tatsache, dass man unter bestimmten Voraussetzungen mit einer Option einen prozentual deutlich größeren Gewinn als mit der zugrunde liegenden Aktie erzielen kann. Wir erklären das am Beispiel der Europäischen Call-Option. Wenn der Aktienkurs um eine Geldeinheit steigt, dann steigt er um eine Geldeinheit. Was so banal klingt, kann man auch so ausdrücken: *Die Aktie besitzt einen Hebel von 1.* Das heißt, dass

© Springer Fachmedien Wiesbaden GmbH, ein Teil von Springer Nature 2019
R. Korn und B. Luderer, *Mathe, Märkte und Millionen*,
https://doi.org/10.1007/978-3-658-23717-2_49

der Aktienpreis als Funktion von sich selbst die Identität ist und eine Steigung von eins besitzt. Um den Hebel bei einer Europäischen Call-Option zu ermitteln, muss man zunächst die Black-Scholes-Formel nach dem Aktienpreis ableiten, denn die 1. Ableitung beschreibt bekanntlich die Steigung einer Funktion (hier: Funktion des Call-Preises in Abhängigkeit vom Aktienpreis). Aus der Grundformel (20), die den Call-Preis nach Black und Scholes beschreibt, erhält man das Delta der Option als[116]

$$\frac{\partial P_{\text{Call}}}{\partial P_{\text{Aktie}}} = \Phi\left(\frac{\ln\frac{P_{\text{Aktie}}}{S} + T\left(i + \frac{1}{2}\sigma^2\right)}{\sigma\sqrt{T}}\right) = \Phi(d_1)\,.$$

»Moment mal, dieser Wert ist doch kleiner als eins, denn Φ ist eine Verteilungsfunktion! Folglich ist dieser Hebel ja gar nicht besser als eins!« Peter hatte das richtig erkannt.

»Im Prinzip ja, aber du kannst für den Preis einer Aktie auch mehr als eine Option kaufen. Der Hebel bei der Call-Option im Black-Scholes-Modell ergibt sich deshalb wie folgt:

$$H = \frac{\partial P_{\text{Call}}}{\partial P_{\text{Aktie}}} \cdot \frac{P_{\text{Aktie}}}{P_{\text{Call}}} = \Phi(d_1) \cdot \frac{P_{\text{Aktie}}}{P_{\text{Call}}} > 1\,.$$

Hast du verstanden?« – »Nein,« entgegnete Peter.

»Ich will es dir begründen: Aus der Black-Scholes-Formel (20) folgt die Abschätzung $P_{\text{Call}} = P_{\text{Aktie}} \cdot \Phi(d_1) - S \cdot e^{-iT} \cdot \Phi(d_2) < P_{\text{Aktie}} \cdot \Phi(d_1)$, woraus sich unmittelbar die Ungleichung $1 < \Phi(d_1) \cdot \dfrac{P_{\text{Aktie}}}{P_{\text{Call}}}$ ergibt. Für die weiteren Überlegungen schauen wir uns einmal zwei Diagramme an.«

---

[116]Siehe die Geschichten zur Berechnung des Optionspreises und zur Herleitung der Risikokennzahl Delta auf den Seiten 149 bzw. 167.

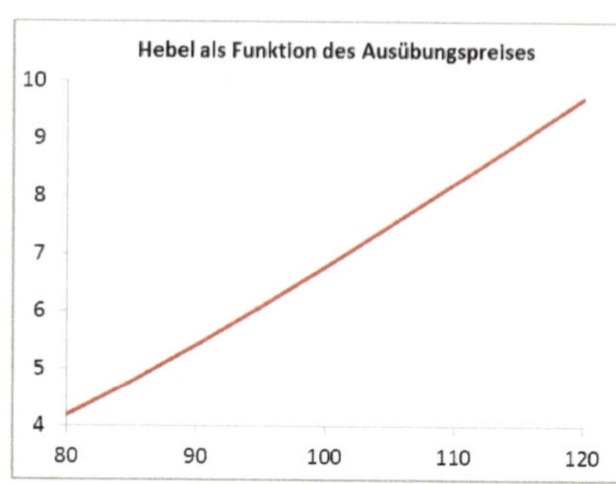

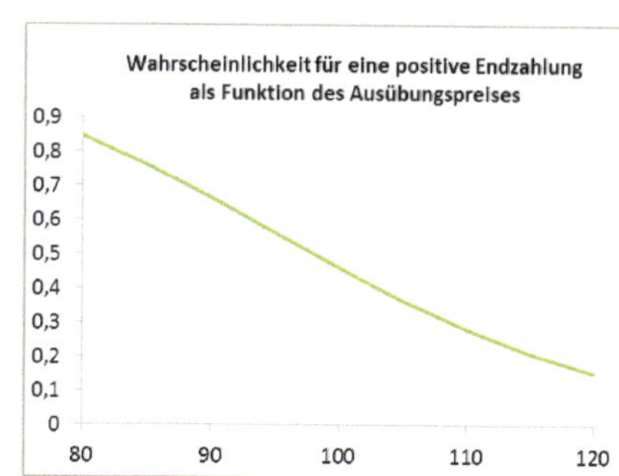

Abb. 21: Hebel einer Call-Option als Funktion des Ausübungspreises S im Black-Scholes-Modell (links) und risikoneutrale Wahrscheinlichkeit für eine positive Endzahlung der Call-Option (rechts); $T = 1$, $r = 0$, $P_{\text{Aktie}} = 100$, $\sigma = 0{,}2$

»Das ist ja toll, ein Hebel von etwa $H = 4$ schon bei einem Ausübungspreis von $S = 80$. Da wird man doch am Ende mit sehr großer Wahrscheinlichkeit eine positive Endzahlung erhalten. Einen Hebel von ca. $H = 10$ bei $S = 120$ braucht man gar nicht. Der liefert zwar große relative Gewinne, aber die Wahrscheinlichkeit, am Ende aus der Option eine positive Zahlung zu erhalten, beträgt dann nur noch 15 %. Das wäre mir dann doch zu riskant.« Peter analysierte schon einmal die Anwendung der Hebelkraft.

Aber, so wie jeder Hebel einen Ansatzpunkt benötigt, braucht man auch hier noch eine Voraussetzung für den Erfolg, die man beachten muss. Wenn man z. B. die Call-Option mit einem Ausübungspreis von $S = 80$ betrachtet, stellt man fest, dass der Hebel $H = 4{,}19$ beträgt[117] und die risikoneutrale Wahrscheinlichkeit für eine positive Auszahlung 85 % ist.

---

[117]Dazu hat man aus der Black-Scholes-Gleichung (20) zunächst $P_{\text{Call}} = 21{,}19$ zu berechnen, was wir dem interessierten Leser überlassen; daraus ergibt sich mit $d_1 = 1{,}2157177$ und $\Phi(d_1) = 0{,}88795$ unmittelbar der genannte Wert. Die Rechnungen sind mit hoher Genauigkeit durchzuführen (mindestens sechs Nachkommastellen); für die Berechnung von $\Phi(\cdot)$ kann man z. B. den Online-Rechner unter www.arndt-bruenner.de/mathe/scripts/normalverteilung1.htm nutzen.

Zur Erklärung: Die risikoneutrale Wahrscheinlichkeit, bei Fälligkeit der Option im Geld zu sein, ergibt sich gerade als $\Phi(d_2)$, wobei d_2 aus der Black-Scholes-Formel (20) stammt (siehe Abschnitt 2.3 auf S. 309). Diese Werte sind in der zweiten Abbildung als Funktion des Ausübungspreises abgetragen, wo sie Peter auch abgelesen hat. Will man den Wert exakt berechnen, so muss man den Wert $S = 80$ in die Beziehung für d_2 einsetzen und damit dann den Wert $\Phi(d_2)$ der Verteilungsfunktion der Normalverteilung berechnen.

Man macht aber nur dann pro gekaufter Option einen Gewinn, wenn der Aktienkurs zur Fälligkeit oberhalb der Summe aus Ausübungs- und Optionspreis liegt[118]. Das sind in unserem Fall $80 + 21{,}19 = 101{,}19$ Euro. Hierfür liegt die risikoneutrale Wahrscheinlichkeit nur noch bei 44 %. Wir sehen also, dass es eines größeren Preisanstiegs bedarf, bis man mit der gehebelten Position (also mit dem Halten der entsprechenden Anzahl von Optionen für den entsprechenden Aktienwert) einen Gewinn macht. In unserem Fall wäre das

$$\frac{P_{\text{Aktie}}}{P_{\text{Call}}} = \frac{100}{21,19} = 4,72.$$

Dagegen wird beim Halten der Aktie direkt schon unmittelbar nach Überschreiten des Kaufpreises von 100 Euro ein Gewinn realisiert wird. Umgekehrt würde man bei einem Kursanstieg der Aktie auf 102 Euro im Fall des Optionskaufs bereits einen Gewinn von 3,82 Euro erzielen ($= 4{,}72 \cdot (102 - 101{,}19)$ Euro), während man beim Halten der Aktie lediglich zwei Euro realisiert hätte.

Im Fall einer Call-Option mit Ausübungspreis von $S = 120$ wäre die Sachlage in Bezug auf die beiden Aspekte Gewinn und Gewinnwahrscheinlichkeit noch deutlich extremer, um bei einem Hebel von 9,71

---

[118]Streng genommen müsste man den Optionspreis sogar noch mit dem Zinssatz i aufzinsen. In obigem Beispiel Fall macht das nichts aus, da wir $i = 0$ gewählt haben. Im allgemeinen Fall ist der Fehler auch sehr klein, da die Laufzeit von Optionen in der Regel kürzer als ein Jahr ist.

und einem Mindestaktienkurs von 122,15 Euro[119] in den Gewinnbereich zu kommen.

»Gut, aber eine Frage bleibt dann doch noch«, stellte Peter fest. »Dein Beispiel funktioniert doch nur, wenn ich an das Black-Scholes-Modell glaube. Wo bekomme ich denn in einem realen Markt ohne diese Annahme das Delta her?«

»Gute Frage. Na ja, den Optionspreis und den Aktienpreis siehst du direkt am Markt und für das Delta habe ich eine Näherungsformel für dich entwickelt. Wähle als Approximation für Delta einfach

$$\widehat{\Delta}(S) = \frac{\dfrac{S}{S-1} \cdot P_{\text{Call}}(P_{\text{Aktie}}, S-1) - P_{\text{Call}}(P_{\text{Aktie}}, S)}{\dfrac{P_{\text{Aktie}}}{S-1}},$$

wenn du das Delta des Calls mit Ausübungspreis S bestimmen willst. Das passt nicht schlecht.«[120]

»Moment, und was ist, wenn es zwar die Option mit Ausübungspreis S, aber nicht die mit $S-1$ zu kaufen gibt?« Wie immer wollte es Peter ganz genau wissen.

»Dann frage mich einfach nochmal, das muss ich mir dann genauer überlegen.«

---

[119] Wir überlassen es wiederum dem Leser nachzurechnen, dass der Call-Preis 2,15 Euro (genauer: 2,14729) lautet und $\Phi(d_1) = 0,2085084$ ist.

[120] Eine Herleitung dieser Approximation und weiterer Varianten findet sich im Arbeitspapier *An Approximation Method to Calculate a Model-Independent Delta from Market Prices at just one Time Instant* von R. Korn (2018).

Teil 4

Die Mischung macht's – Portfoliotheorie

50 Ein Portefeuille voller Aktien

Lisa hat ein größeres Geldgeschenk bekommen und möchte es jetzt in Aktien anlegen. Als ökonomisch denkender Mensch will sie eine möglichst hohe Rendite bei möglichst kleinem Risiko erzielen, weiß aber, dass das kaum geht, denn beides sind konkurrierende Ziele – hohe Renditen gehen meist mit einem hohem Risiko einher.

Lisa ist sehr an mathematischen Anwendungen interessiert, Formeln sind allerdings nicht ihr Ding, die überlässt sie lieber ihrem Bruder Peter (vgl. die Geschichten auf den Seiten 189 und 200). Sie kennt sich auch ein bisschen mit der *Mehrzieloptimierung* aus. In diesem Gebiet der Mathematik untersucht man Problemstellungen mit zwei und mehr Zielen. Mithilfe verschiedener Methoden werden aus einer Menge zulässiger Punkte diejenigen ausgesucht, die in gewissem Sinne die „besten" sind. Da im Normalfall unterschiedliche Zielstellungen, wenn man sie einzeln betrachtet, auf unterschiedliche Lösungen führen (das billigste Kleid ist i. Allg. nicht das schönste und das schönste muss nicht unbedingt das pflegeleichteste sein), muss ein Kompromiss geschlossen werden.

Was die Mathematik tun kann: Sie stellt Methoden bereit, die die *effiziente Menge* ermitteln. Punkte dieser Menge haben eine charakteristische Eigenschaft: Es gibt keine anderen zulässigen Punkte, die bezüglich aller Zielfunktionen mindestens so gut wie der betrachtete effiziente Punkt und für mindestens ein Ziel besser sind. Anders gesagt: Es kann sich kein Zielfunktionswert verbessern, wenn sich nicht gleichzeitig mindestens ein anderer Zielfunktionswert verschlechtert. Effiziente Punkte werden auch *Pareto-optimale Punkte*[121] genannt.

---

[121]Vilfredo Federico Pareto (1848–1923), ital. Ingenieur, Ökonom und Soziologe.

© Springer Fachmedien Wiesbaden GmbH, ein Teil von Springer Nature 2019
R. Korn und B. Luderer, *Mathe, Märkte und Millionen*,
https://doi.org/10.1007/978-3-658-23717-2_50

Außerdem hat Lisa vom sog. *Markowitz-Modell*[122] der *Portfoliooptimierung* gehört und macht sich jetzt damit vertraut (vgl. auch die Geschichte auf S. 200). Dieses Modell besagt, dass man durch Diversifizierung beispielsweise erreichen kann, dass sich das Risiko verringert, ohne dass sich die erwartete Rendite verschlechtert oder, andersherum, dass man bei gleichem Risiko eine höhere Rendite erzielen kann. Und das funktioniert schon bei zwei verschiedenen Aktien.

Lisa interessiert sich besonders für die beiden Aktien A_1 und A_2. Diese will sie nun so miteinander kombinieren, dass eine „vernünftige" Rendite bei „vertretbarem" Risiko erzielt wird.

Da zukünftige Werte immer unbekannt sind, kann man Zukunftswerte höchstens abschätzen (z. B. durch Marktanalyse). Man kann auch mit stochastischen Erwartungswerten rechnen oder Werte aus der Vergangenheit heranziehen und für die Zukunft fortschreiben. Deshalb spricht man meist nicht von Rendite und Risiko, sondern von **erwarteter** Rendite μ und **erwarteter** Varianz der Renditen σ^2 (als Maß des Risikos).

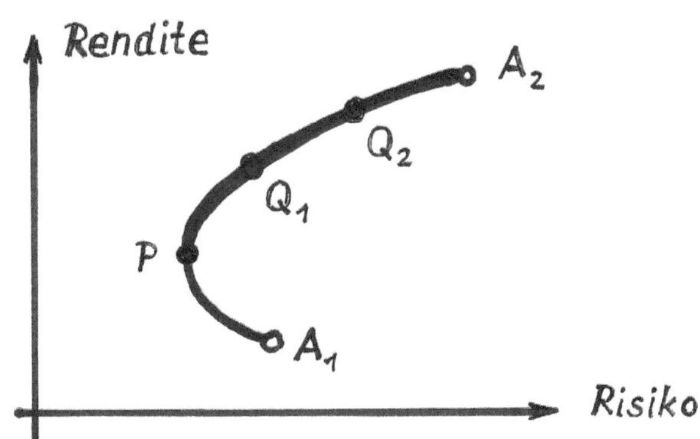

Abb. 22: Rendite-Risiko-Kurve der Aktien A_1 und A_2

---

[122] Harry Max Markowitz (geb. 1927), amerikanischer Ökonom; Nobelpreis 1990.

Wie man der Abb. 22 entnehmen kann, ist das Risiko von A_1 kleiner als das von A_2, aber leider auch die erwartete Rendite. Weiter wird angenommen, dass beide Aktien nicht zu stark korrelieren (so soll sich bspw. der erwartete Kurs von A_1 bei höherem Erdölpreis stark verbessern, der von A_2 ein wenig verschlechtern).

Nun diversifiziert Lisa, indem sie nicht ausschließlich Aktie A_1 kauft oder nur die Aktie A_2, sondern ein Portfolio aus beiden bildet: So kauft sie z. B. von jeder Aktie dieselbe Stückzahl oder 20 % von A_1 und 80 % von A_2 usw. Die Linie in der Abbildung des Rendite-Risiko-Profils zeigt, wie sich dann die erwarteten Renditen und Varianzen verhalten. Es handelt sich um ein Parabelstück, da die Varianz quadratisch in die Rechnungen eingeht. Das Portfolio mit dem geringsten Risiko (Punkt P) ist ebenso eingezeichnet wie die effizienten Portfolios (dicke Linie von P bis A_2). Betrachtet man beispielsweise die zur effizienten Menge gehörigen zwei Punkte Q_1 und Q_2 im Vergleich, so sieht man, dass man die Rendite nicht vergrößern kann, ohne dass sich auch das Risiko erhöht. Aber man erkennt auch: Wählt man anstelle der einzelnen Aktien A_1 oder A_2 eine Kombination aus beiden, so kann das Risiko verringert werden bei gleichzeitig höherer erwarteter Rendite. Dies zeigen beispielsweise die beiden Punkte A_1 und P: Der Punkt A_1, der einer 100%igen Investition in die Aktie A_1 entspricht, weist gegenüber dem Punkt P (Mischung aus den Aktien A_1 und A_2) ein höheres Risiko und eine niedrigere Rendite auf – P ist also besser.

Die oben beschriebenen Überlegungen sind in gleicher Weise auf Portfolios mit mehr als zwei Aktien anwendbar. Das entstehende Gebiet, in dem die zulässigen Kombinationen liegen, hat dabei eine „regenschirmförmige" Gestalt, weil es von mehreren Parabelstücken begrenzt wird; die Menge effizienter Punkte bildet einen Teil des Randes.

51 Investieren mit Risiko. Alles unter Kontrolle

Risiko ist Tauziehen zwischen Kitzel und Bremse.

Manfred Hinrich (1926–2015), Schriftsteller,
Kinderliederautor und Journalist

»Du wolltest mir doch mal erklären, wie man mit Mathematik möglichst reich wird. Oder wolltest du das etwa für dich behalten?«

Mein Freund Peter hat wirklich ein gutes Gedächtnis, wenn man ihm etwas versprochen hatte, von dem er sich Gewinne erhoffte. Und ich erzähle ja gern von Mathematik und speziell meinem Forschungsgebiet, der Finanzmathematik. Aber hier war Vorsicht geboten und ein behutsames Vorgehen gefragt, denn Peter sieht sich gern als Finanzguru oder zumindest als erfolgreicher Spekulant. Allerdings antwortet er auf Nachfragen nach seinen großen Gewinnen oft mit dem Satz: »Na ja, Gewinne und Verluste halten sich in etwa die Waage«, was nichts anderes bedeutet, als das es mit dem Gewinnen noch nicht so richtig geklappt hatte, vorsichtig ausgedrückt.

Ich bremste Peter erst einmal: »Zunächst will ich klarstellen, dass ich dir eigentlich erklären wollte, wie man optimal investiert. Und dann muss ich dich vorwarnen, denn es ist auch nicht sicher, dass du mit mathematischen Methoden immer gewinnst.«

Peter war nach wie vor enthusiastisch: »Oh, optimales Investment! Das interessiert mich sehr. Und dass Gewinne nicht sicher sind, dass weiß man als Börsianer doch. Schließlich wissen wir auch, dass es im Leben keine Arbitragemöglichkeiten gibt.«[123]

Da hatte er immerhin schon mal einen wichtigen Fachbegriff aufgeschnappt. Und er schob direkt noch die Frage nach: »Warum investierst du eigentlich nicht mehr in Aktien? Du solltest doch das nötige

---

[123]Vergleiche die Geschichte auf S. 147.

© Springer Fachmedien Wiesbaden GmbH, ein Teil von Springer Nature 2019
R. Korn und B. Luderer, *Mathe, Märkte und Millionen*,
https://doi.org/10.1007/978-3-658-23717-2_51

Know-how haben. Oder ist das doch eher nur graue Theorie, die nicht zum richtigen Leben passt? Vielleicht kannst du ja auch im Gegenzug von mir lernen, wie man dein Schreibtischwissen richtig einsetzt!«

Jetzt musste ich erstmal einige grundlegende Dinge klären.

»Gut, dann fangen wir mal an. Warum willst du unbedingt an der Börse investieren?«

»Das ist doch klar, ich will Geld verdienen«, klang es ein bisschen genervt, denn meine Frage erschien ihm eher rhetorischer Art zu sein, »und zwar so viel wie irgend möglich«, schob er noch hinterher.

Dass gerade das ein Ansatz für eine gute Diskussion sein sollte, überraschte ihn. »Gut, dann musst du doch aber nur in die Aktie investieren, die den größten prozentualen Gewinn erzielen wird.«

Das schien ihm zum einen einzuleuchten, denn es ist der prozentuale Gewinn, der das richtige Maß für die Vorteilhaftigkeit eines Aktieninvestments ist. Da die Aktien verschiedene Preise pro Stück haben, kann man mit einem festen Geldbetrag je nach Aktienpreis eine unterschiedliche Anzahl von Aktien kaufen, sodass es letztendlich um die Rendite des eingesetzten Gelds und somit um die prozentuale Steigerung des Aktienpreises über den gewählten Investmentzeitraum geht. In Formeln ausgedrückt: Wenn wir

- ein positives Anfangsvermögen von $X(0) = x$ in eine Aktie mit heutigem Preis $S(0) > 0$ investieren,

- so erhalten wir am Ende unseres Investmentzeitraums T gerade ein Vermögen der Höhe $X(T) = x \cdot \dfrac{S(T)}{S(0)}$.

Dieser Ausdruck ist positiv, aber nur dann größer als unser Anfangsvermögen, wenn der Aktienpreis im Zeitpunkt T größer als der zum Startzeitpunkt 0 ist.

Zum anderen hatte sich durch meine »Empfehlung« bei ihm der Eindruck verfestigt, dass ich doch nicht so recht wüsste, wovon ich rede, denn er entgegnete direkt: »Um das zu tun, brauche ich keinen guten

Rat, sondern die Zeitung von heute in einem Jahr, um nachzuschauen, welchen Kurs die Aktien dann haben werden. Aber wir können leider nicht in die Zukunft schauen!«

Aha, da waren wir schon wieder einen Schritt weiter.

»Richtig«, sagte ich, »die Zukunft kennen wir nicht. Deshalb ist es auch ein nicht mit Sicherheit erreichbares Ziel, bei gegebenem Startkapital so reich wie möglich zu werden. Wir müssen also zunächst mal eine Aufgabenstellung finden, die wir auch wirklich lösen können.«

»Tja, dachte ich es mir doch, euch Mathematikern ist die Aufgabe wichtiger als die Lösung. Aber mach' ruhig mal weiter«, beschwichtigte er mich, »wir könnten zumindest versuchen, unser Vermögen in einem Jahr im Mittel zu maximieren«, schlug er vor.

Diesmal erstaunte er mich mit seiner mathematischen Intuition. »Ja, dann brauchst du aber eine Einschätzung für die mittlere Entwicklung der Aktien. Wir Mathematiker sprechen von dem Erwartungswert der Aktienrendite.«

Wiederum in Formeln ausgedrückt ist die Rendite der i-ten Aktie definiert als der relative Preiszuwachs, d. h.

$$R_i\left(T\right) = \frac{S_i\left(T\right) - S_i\left(0\right)}{S_i\left(0\right)}.$$

Dieser ist aber nicht exakt vorhersehbar, also eine Zufallsvariable.

»Diesen Erwartungswert muss man nun für jede Aktien angeben, um weiterarbeiten zu können«, spielte ich Peter wieder den Ball zu.

»Ich glaube, du meinst die Überrenditen«, antwortete er, »also das, was ich an zusätzlichem Ertrag gegenüber einer Festgeldanlage für den Zeitraum erwarten darf. Ich würde da mal mindestens 4 % ansetzen.«

Die tiefe Überzeugung des Börsenprofis sprach aus ihm. Tatsächlich geht man oft von einer solchen Überrendite in Höhe von 4 % aus, den ein Aktienindex (wie z. B. der EURO STOXX 50, das ist das europäische Gegenstück des Deutschen Aktienindex DAX) typischerweise im

Mittel oberhalb der risikolosen Verzinsung aufweist. Letztere wählen wir der Einfachheit halber als den Festgeldzins für dieselbe Laufzeit wie unser geplantes Investment. Wenn also z. B. der Festzins für ein Jahr 1 % p. a. (per anno, also pro Jahr) beträgt, so erwartet man im langjährigen Mittel für dieselbe Laufzeit eine Rendite von 5 % p. a. für den EURO STOXX 50.

»Es braucht positive Überrenditen, da wir sonst aufgrund der Unsicherheit des Aktieninvestments nie in Aktien investieren würden.« Peter war jetzt voll in seinem Element. »Ich werde selbstverständlich alles in die Aktie mit der höchsten erwarteten Überrendite investieren. Das maximiert dann auch die Überrendite meines Gesamtinvestments.«

In der Tat ist Peters Argumentation korrekt, wenn wir uns nur auf die erwartete Überrendite unseres Investments, also den Erwartungswert unseres Vermögenszuwachses am Ende der Investmentperiode, konzentrieren. Wenn wir nämlich unser Kapital x bei z. B. nur zwei Aktien in einzelne nicht-negative prozentuale Anteile π_1, π_2 mit der Eigenschaft $\pi_1 + \pi_2 = 1$ aufteilen, dann gilt für den Gewinn am Ende der Investmentperiode entsprechend Grundformel (25)

$$E\left(X^\pi\left(T\right) - x\right)$$

$$= E\left(\pi_1 \cdot x \cdot \frac{S_1\left(T\right) - S_1\left(0\right)}{S_1\left(0\right)} + \pi_2 \cdot x \cdot \frac{S_2\left(T\right) - S_2\left(0\right)}{S_2\left(0\right)}\right)$$

$$= \pi_1 \cdot x \cdot E\left(\frac{S_1\left(T\right) - S_1\left(0\right)}{S_1\left(0\right)}\right) + \pi_2 \cdot x \cdot E\left(\frac{S_2\left(T\right) - S_2\left(0\right)}{S_2\left(0\right)}\right)$$

$$= x \cdot \left(\pi_1 E\left(R_1\right) + \pi_2 E\left(R_2\right)\right).$$

Dabei haben wir

- den oberen Index π an den Wert des Vermögens zum Zeitpunkt T geschrieben, um zu verdeutlichen, dass bei einer anderen Aufteilung des Anfangskapitals auch in der Regel ein anderes Endkapital erhalten wird, es also von der gewählten Aufteilungs-strategie $\pi = (\pi_1, \pi_2)$ abhängt,

- die Regel der Linearität des Erwartungswerts gemäß Grundformel (25) benutzt
- und für die Gültigkeit des dritten Gleichheitszeichens die Definition der Renditen verwendet.

Aus der letzten Zeile dieser Beziehung wird klar, dass man im Fall, dass die erwartete Rendite der ersten Aktie höher als die der zweiten ist, alles in die erste Aktie investieren sollte (also $\pi_1 = 1$ wählt), während man im umgekehrten Fall den maximalen Erwartungswert des Vermögenszuwachses erhält, wenn alles in die zweite Aktie investiert wird, sodass $\pi_2 = 1$ gilt.

Diese mathematische Begründung stärkte Peters Selbstbewusstsein und verleitete ihn zur Äußerung: »Du siehst, die wissenschaftliche Begründung ist auf meiner Seite.«

Das konnte ich aber so dann doch nicht einfach stehen lassen: »Wenn du das alles schon so gut weißt, dann lasse mich dir doch eine einfache Aufgabe stellen. Wir nehmen jetzt einmal an, dass du 1000 Euro zur Verfügung hast und nach Marktanalyse fünf Aktien auswählst, in die du investieren willst. Und machen wir es noch einfacher. Wir gehen für ein Festgeldinvestment von einem Jahr von 1 % Verzinsung aus und geben jeder deiner Aktien eine Überrendite von 4 %. Wie wirst du also jetzt investieren?«

Peter schaut etwas verdutzt. »Das ist wieder typisch Mathematiker! Einen solch sinnlosen Fall vorzugeben. Alle haben die gleiche Überrendite. Da kann ich doch machen, was ich will. Es geht nichts schief, und den Markt schlagen kann ich auch nicht.«

»Nun, da müsstest du mich eigentlich besser kennen. So einfach ist es dann doch nicht. Also ...«

»Na gut, ich habe ja schon von dir gelernt, dass meistens *Es kommt drauf an* die richtige Antwort ist. Nur, ich weiß nicht, auf was es hier ankommt«.

Das war eine gute Basis, um die nächste Zutat zu erläutern. »Also, dein Problem ist doch sicher, dass alle Aktien die gleiche Überrendite haben und du deshalb nicht weißt, welche Aktie du warum bevorzugen sollst, oder?«

»Ja.« Die Antwort fiel dann doch überraschend kurz aus.

»Mehr noch, deine Frau wäre sicher nicht begeistert, wenn du dein ganzes Budget in eine Aktie investieren würdest, oder?«

»Na ja, ich erzähle nicht mehr so oft davon, seit sie mir mal mit so einer Binsenweisheit wie *Lege nicht alle Eier in einen Korb* kam. Da habe ich dann schnell das Thema gewechselt.«

»Und woher kommt das wohl?«

»Sie sprach von zu hohem Risiko und dass mein Investment ja auch schief gehen könne und Bedenken über Bedenken.«

»Da kann ich dir helfen«, erklärte ich.

Peter schaute mich ungläubig an: »Du kannst mir tatsächlich helfen, meine Frau zu überzeugen, dass ich recht habe?«

»Äh, nein. Ich meinte eher, dass ich dir jetzt beibringen will, wie man verantwortungsvoll mit Risiken umgeht.«

Sein Gesicht verlor etwas vom gerade gezeigten Enthusiasmus. »Immerhin, das wäre auch schon was ...«, gab er ziemlich enttäuscht zu.

»Das, mein Freund, ist sogar ziemlich viel. Und für die Idee, die hinter dem steckt, was ich dir jetzt erklären will, gab es 1990 sogar einen, wenn auch geteilten, Nobelpreis für Wirtschaftswissenschaften für Harry Markowitz. Ich will zur Erklärung unser Problem noch etwas weiter vereinfachen. Stell dir vor, dass du deine 1000 Euro aufteilen kannst in ein Festgeldkonto für ein Jahr mit 1 % Zins p. a. und eine Aktie mit einem Erwartungswert der Rendite von 5 % p. a.«

»Wieso denn jetzt nur noch eine Aktie, und dann Festgeld, das ist jetzt echt nicht mein Fall.« Peter wurde bereits wieder ungeduldig.

»Siehst du, das ist auch der Punkt, warum deine Frau Bedenken bei deinen Investments bekommt. Du siehst bei Erträgen immer gleich alles durch die rosarote Brille, während Sicherheiten dich nicht interessieren.«

Peter erwiderte genervt: »Festgeld, das bringt doch nichts, gerade jetzt im Niedrigzinsumfeld.«

»Doch, und jetzt musst du einfach mal zuhören«, entgegnete ich, »denn es gibt etwas zu lernen für dich. Ich will dir nämlich erklären, wie dir das Festgeld hilft, deine Risiken unter Kontrolle zu bekommen. Und hierfür nutze ich den Begriff der Varianz.«

Die Varianz misst die mittleren quadratischen Abweichungen einer Zufallsvariablen X von ihrem Erwartungswert. Ihre Definition ist

$$Var\left(X\right) = E\left([X - E\left(X\right)]^2\right)$$

(siehe Grundformel (23)). Man wählt hier den quadratischen Abstand, damit sowohl Abweichungen nach oben als auch nach unten positiv in die Berechnung eingehen und man so tatsächlich ein Maß dafür erhält, wie stark die tatsächlichen Werte von X von ihrem Erwartungswert abweichen. Da die Varianz aber als Quadrat die falsche Maßeinheit besitzt, zieht man noch die Wurzel aus dem Ausdruck und bezeichnet diese Größe als Standardabweichung von X:

$$\sigma\left(X\right) = \sqrt{Var\left(X\right)}.$$

»Den Buchstaben σ kenne ich,« Peter zeigte Begeisterung, »der gibt doch die Volatilität an. Damit wird die Schwankungsbreite des Aktienkurses gemessen!«

»Da hast du recht und unrecht zugleich. Es besteht schon ein enger Zusammenhang zwischen der Standardabweichung und der Volatilität, aber es ist nicht dasselbe, nur weil ab und zu derselbe Buchstabe verwendet wird. Das klären wir aber später. Jetzt will ich dir erst einmal erklären, wie du das Risiko deines Investments durch die Varianz ausdrücken und somit auch kontrollieren kannst. Also, schauen wir uns mal deine beiden Alternativen an. Welche Varianz hat denn das Festgeldinvestment?«

Nach kurzer Überlegung sagte Peter vorsichtig: »Keine, oder? Denn nach einem Jahr bekomme ich doch immer 1 % Zinsen. Da schwankt doch nichts.«

»Stimmt, deshalb spricht man ja auch von einem risikolosen Investment. Man weiß bereits im Vorhinein, was am Ende rauskommt. Jetzt nehmen wir mal an, dass die Rendite deiner Aktie eine Varianz von 4 % p. a. (also 0,04) besitzt. Wenn du jetzt die Hälfte deines Gelds in die Aktie und die andere Hälfte in das Festgeld investierst, was ist dann die Varianz deiner Gesamtrendite?«

»Moment mal, das kann nicht so schwer sein. Ich würde sagen, es ist die Hälfte, oder?« Peters Blick hoffte auf Zustimmung.

Es stimmte ja auch fast, aber er hatte vergessen, dass die Varianz ein quadratisches Maß ist. Für ein Vielfaches aX von X gilt deshalb

$$Var\,(aX) = a^2 \cdot Var\,(X)\,.$$

Die Varianz einer sicheren Zahlung, also einer konstanten Zufallsvariablen, ist gleich null. Zusätzlich verändert die Addition oder Subtraktion einer festen Zahl b zu aX die Varianz nicht. Es gilt also

$$Var\,(aX + b) = a^2 \cdot Var\,(X)\,.$$

Peter schlussfolgerte begeistert: »Aha, wenn ich nur die Hälfte in die Aktie investiere, dann beträgt die Varianz nur noch ein Viertel der Varianz des reinen Aktieninvestments. Interessant!«

»Genau, und wir rechnen jetzt den Erwartungswert und die Varianz der Portfoliorendite gemeinsam aus. Dann schauen wir weiter.«

Die Portfoliorendite ist definiert als Rendite des gesamten Investments:

$$R^{\pi}\,(T) = \frac{X^{\pi}\,(T) - x}{x}\,.$$

Mit der Darstellung für den Vermögenszuwachs im Zähler erhalten
wir dann für den Fall zweier Wertpapiere die Beziehung

$$R^{\pi}(T) = \pi_1 R_1 + \pi_2 R_2.$$

In unserem Beispiel ergibt sich eine Rendite von 0,01 für das Festgeld
und eine erwartete Rendite von 0,05 für die Aktie, die zusätzlich eine
Varianz von 0,04 besitzt. Mit den oben beschriebenen Rechenregeln
für den Erwartungswert und für die Varianz erhalten wir nun den
Erwartungswert sowie die Varianz der Portfoliorendite wie folgt (man
beachte $\pi_1 = 1 - \pi_2$ sowie die Grundformeln (25) und (26)):

$$E\left(R^{\pi}(T)\right) \ = 0,01 \cdot \pi_1 + 0,05 \cdot \pi_2 = 0,01 + 0,04 \cdot \pi_2,$$

$$Var\left(R^{\pi}(T)\right) \ = Var\left(\pi_2 \cdot R_2\right) = \pi_2^2 \cdot 0,04.$$

Peters Augen glänzten: »Das ist ja äußerst praktisch. Ich kann direkt
nach meiner Wahl des Aktienanteils π_2 den Erwartungswert der Rendite und ihre Varianz ablesen. Und wie ich schon sagte, den maximalen
Erwartungswert erhalte ich für $\pi_2 = 1$, also doch volles Aktieninvestment!«

»Und wie deine Frau sagen würde, die maximale Schwankung kaufst
du dir damit auch ein. Sie würde wohl eher keine Varianz bevorzugen
und somit $\pi_2 = 0$ wählen, also kein Aktieninvestment. Aber das Leben
besteht aus Kompromissen und einen Kompromiss wollen wir nun
finden. Vielleicht sollten wir uns einmal anschauen, was eine Varianz
von 0,04 überhaupt bedeutet.«

Um ein besseres Gefühl für die Varianz zu erhalten, ist die Annahme
einer Wahrscheinlichkeitsverteilung für die zugehörige Zufallsvariable
zweckmäßig. Wir wollen hier annehmen, dass die Rendite der Aktie
normal verteilt ist[124] mit den Parametern $\mu = 0,05$ und $\sigma^2 = 0,04$.
Im Fall der Normalverteilung ist die sogenannte »2-Sigma-Regel« eine

---

[124]Die Annahme der Normalverteilung für die Rendite erscheint etwas willkürlich,
zumal die Rendite nur Werte größer als -1 annehmen kann. Allerdings wird in

gute Hilfe für unsere Einschätzung, denn sie besagt, dass dann die Zufallsvariable X mit einer Wahrscheinlichkeit von 95 % Werte im Intervall $[\mu - 2\sigma, \mu + 2\sigma]$ annimmt. Man erhält somit ein Gefühl dafür, wo die Werte von X liegen könnten. In unserem Fall befindet sich die Aktienrendite höchstwahrscheinlich im Intervall $[-0,35; 0,65]$.

Das fand Peter gut: »35 % Verlust ist ja nicht die Welt, gerade dann, wenn man auch 65 % Gewinn machen kann. Meine Frau ist da echt zu konservativ.«

Ich musste hier wohl vermitteln. »Da gehen die Meinungen sicher auseinander. Aber vielleicht könntest du das Verlustrisiko etwas begrenzen. Deine Frau könnte vielleicht mit einem Verlust, der höchstwahrscheinlich 10 % nicht überschreitet, leben, wenn du ihr dann auch noch ein attraktives Upside-Potenzial, wie Ihr Börsenprofis sagt, anbieten könntest, oder?«

»Hm, so habe ich das noch nicht gesehen, das ist wirklich ein gutes Argument, aber wie bekommen wir das hin?«

»Das ist gar nicht so schwer. Pass mal auf: Wenn wir statt der Aktienrenditen jetzt die Portfoliorenditen in die linke Seite der 2-Sigma-Regel einsetzen, dann müssen wir solch ein Portfolio wählen, dass die entsprechende Differenz von Erwartungswert und zweimal der Standardabweichung der Portfoliorendite eben $-0,1$ statt der $-0,35$ ergibt.«

Wir verwenden die obigen Formeln für den Erwartungswert und die Varianz der Portfoliorendite. Geht man zur Standardabweichung über, so muss man nur die Wurzel ziehen und erhält die nachstehende Forderung:

---

der Finanzmathematik oft eine Normalverteilung für den Logarithmus der Aktienpreiszuwächse angenommen (z. B. im berühmten Black-Scholes-Modell). Da für kleine Werte der Logarithmus gut durch die Taylorentwicklung 1. Ordnung, $\ln(x) = x - 1$, approximiert wird, entspricht unsere Annahme normalverteilter Renditen genau der üblichen Normalverteilungsannahme, angewendet auf diese Taylorentwicklung 1. Ordnung.

$$-0,1 = \mu(\pi) - 2\sigma(\pi) = 0,01 + 0,04 \cdot \pi_2 - 2 \cdot 0,2 \cdot \pi_2$$
$$= 0,01 - 0,36 \cdot \pi_2.$$

Das Auflösen dieser Gleichung führt zu der gewünschten Aufteilung $\pi_2 = \frac{11}{36}$ und $\pi_1 = 1 - \pi_2 = \frac{25}{36}$.

»Na ja, circa ein Drittel in Aktien, der Rest in Festgeld. Klingt doch gut, nicht wahr? Ich berechne schnell Erwartungswert und Varianz der zugehörigen Portfoliorendite (vgl. Grundformeln (25), (26)):

$$E\left(R^\pi(T)\right) = 0,01 + 0,04 \cdot \frac{11}{36} \approx 0,022,$$

$$Var\left(R^\pi(T)\right) = \frac{11^2}{36^2} \cdot 0,04 \approx 0,0037.$$

Das ist immerhin mehr als doppelt so viel erwartete Rendite wie beim Festgeld, und die Varianz hat sich um mehr als den Faktor 10 verkleinert.«

»Damit könnte ich wohl auch leben.« Peter wirkte erstaunlich zufrieden.

»Siehst du, der vorgeschlagene Kompromiss ist nicht nur einer zwischen deiner Frau und dir, sondern auch zwischen Risiko und Ertragspotenzial, ausgedrückt in Erwartungwert und Varianz der Portfoliorendite.« Damit war ich dann noch einen Lehrsatz losgeworden.

»Aber eine Frage habe ich dann doch noch. Warum denn nur eine Aktie? Man muss sein Vermögen streuen, das weiß man doch ...«

Der Börsenguru in ihm wollte nicht klein beigeben, zumal er auch recht hatte, weshalb ich das Gespräch so beendete: »Wir streuen schon noch, aber nicht heute.«

52 Negativ wirkt positiv. Risikoverringerung mittels Korrelation

Wägen und wagen.
Motto des Bankhauses Sal. Oppenheim

»Na, da bist du ja endlich.« Mein Freund Peter schaute erwartungsfroh und etwas ungeldudig. Dabei war ich auf die Minute pünktlich am vereinbarten Platz in der Kantine. Nach unserem letzten Gespräch hatte er wohl Lust auf mehr. »Ich habe meiner Frau das mit der Risikokontrolle beim Investment erzählt. Ihr gefiel das wirklich gut.« – »Was hat sie denn gesagt?« – »Na ja, dass ich jetzt endlich erwachsen werden würde. Und dann hat sie tatsächlich gefragt, warum denn dieser Markowitz für so was Simples einen Nobelpreis bekommen hätte.«

»Hm ja, dazu später. Du wolltest doch heute eigentlich wissen, wie man ein großes Investmentproblem löst, also eines mit mehr als nur einer Aktie. Wir schauen uns dafür den Fall zweier Aktien an.« Er guckte etwas enttäuscht und bemerkte ironisch: »Ach und nächste Woche dann drei Aktien und ... an Weihnachten dann 17 Stück?« – »Können wir machen, aber heute nur zwei. Da die Mittagspause kurz ist, will ich direkt mit der Hauptzutat anfangen, der Korrelation der Renditen.«

Während der Erwartungswert für das mittlere Verhalten der Aktienrenditen

$$R_i\left(T\right) = \frac{S_i\left(T\right) - S_i\left(0\right)}{S_i(0)}$$

zuständig ist und die Varianz ihre Schwankungsbreite misst, kümmert sich die Korrelation um das gemeinsame Verhalten zweier Renditen. Um die Korrelation zweier Zufallsvariablen X und Y zu definieren, benötigen wir zunächst den Begriff ihrer Kovarianz. Die Formel für

© Springer Fachmedien Wiesbaden GmbH, ein Teil von Springer Nature 2019
R. Korn und B. Luderer, *Mathe, Märkte und Millionen*,
https://doi.org/10.1007/978-3-658-23717-2_52

sie lautet

$$Cov\left(X,Y\right) = E\left[\left(X - E\left(X\right)\right)\left(Y - E\left(Y\right)\right)\right]$$

(vgl. Grundformel (24)). Die Kovarianz betrachtet die gemeinsame Abweichung zweier Zufallsvariablen X und Y von ihren jeweiligen Erwartungswert. Man beachte hierzu, dass das Produkt in den eckigen Klammern im Erwartungswert genau dann positiv ist, wenn sowohl X als auch Y gleichzeitig große Werte (jeweils bezogen auf ihren Erwartungswert) oder aber beide gemeinsam kleine Werte annehmen. Eine positive Kovarianz besagt also, dass tendenziell eine positive Abhängigkeit zwischen X und Y vorliegt.

Ein natürliches Beispiel für eine positive Kovarianz ist der Zusammenhang zwischen Körpergröße und Gewicht. Man sieht hier aber auch die große Schwäche der Kovarianz: Sie ist von den verwendeten Einheiten abhängig. Eine Kovarianz gemessen in Metern und Kilogramm ist um den Faktor 100.000 geringer als die entsprechende Kovarianz, wenn die Größe in Zentimetern und das Gewicht in Gramm angegeben werden. Um nun von den Maßeinheiten unabhängig zu werden (man spricht dann auch von Skaleninvarianz) führt man die Korrelation als

$$\varrho\left(X,Y\right) = \frac{Cov\left(X,Y\right)}{\sigma\left(X\right)\cdot\sigma\left(Y\right)}$$

ein, wobei $\sigma(X)$ und $\sigma(Y)$ die Standardabweichungen von X und Y sind. Dies hat zwei große Vorteile:

- Durch die Division durch die jeweiligen Standardabweichungen ist die Korrelation dimensionslos geworden, also unabhängig von den verwendeten Messskalen.

- Die Interpretation über den Zusammenhang, den wir bereits für die Kovarianz gegeben haben, bleibt bestehen. Mehr noch, man kann zeigen, dass die Korrelation normiert ist, also die Beziehung

$$-1 \leq \varrho\left(X,Y\right) \leq 1$$

erfüllt; $\varrho(X,Y) = 1$ gilt genau dann, wenn $Y = aX + b$ mit einem positiven a (und beliebigem b) erfüllt ist und $\varrho(X,Y) = -1$ genau für $Y = aX + b$ mit einem negativen a. Man sagt auch, dass die Korrelation den Grad der linearen Abhängigkeit der Größe Y von X misst.

»So, das war aber jetzt genug der Begrifflichkeiten. Wir haben nur eine kurze Mittagspause, und ich will ja auch mit unseren Investmentstudien vorankommen.« Aha, Studien also, Peter sah sich auf dem Weg zum Börsenguru.

»Nun gut, was hättest du lieber, wenn deine Aktien gemeinsam steigen oder wenn sie sich tendenziell gegenläufig entwickeln?« Die Frage schien ihn direkt in der Ehre zu verletzen. »Natürlich, wenn beide steigen. Wenn die eine steigt und die andere fällt, was habe ich denn davon?«

Das klingt zwar auf den ersten Blick einleuchtend, aber es ist eine wichtige Erkenntnis, dass tendenziell gegenläufige Entwicklungen oder – genauer ausgedrückt – negative Korrelationen das sind, wonach Fondsmanager oft suchen. »Es gibt einen ganz einfachen Grund, warum man gegenläufige Tendenzen bevorzugt. Das hat zum einen mit deiner Frau zu tun und zum anderen mit der Formel für die Varianz der Summe zweier Zufallsvariablen.«

Wenn man die Varianz der Zufallsvariablen $Z = X + Y$ berechnen will, benötigt man Grundformel (27):

$$\begin{aligned} Var\,(X+Y) &= Var\,(X) + Var\,(Y) + 2 \cdot Cov\,(X,Y) \\ &= Var\,(X) + Var\,(Y) + 2 \cdot \varrho(X,Y) \cdot \sigma(X) \cdot \sigma(Y). \end{aligned}$$

Man sieht also direkt, dass die Varianz der Summe zweier Zufallsvariablen genau dann kleiner als die Summe der Einzelvarianzen ist, wenn die Korrelation der beiden Zufallsvariablen negativ ist. Setzen wir nun $X = \pi_1 R_1$, $Y = \pi_2 R_2$, wählen also die jeweils mit den Portfoliokomponenten gewichteten Aktienrenditen, so erhalten wir aus der obigen Varianzformel

$$Var\left(\pi_1 R_1 + \pi_2 R_2\right) = \pi_1^2 \sigma_1^2 + \pi_2^2 \sigma_2^2 + 2\varrho\left(R_1, R_2\right) \cdot \pi_1 \sigma_1 \cdot \pi_2 \sigma_2,$$

wobei wir $\sigma_i^2 = Var\left(R_i\right)$ als Abkürzung verwendet haben.

»Moment, das ist sehr interessant. Das heißt ja, dass ich bei zwei negativ korrelierten Aktien bei gegebener Schranke an die Portfoliovarianz mehr in die bessere Aktien investieren kann, als wenn sie positiv korreliert wären, denn die negative Korrelation macht die Varianz kleiner, als wenn beide Aktien unkorreliert wären. Zu einer gegebenen Schranke für die Portfoliovarianz kann ich mir dann bei negativer Korrelation mehr Varianz aus meinem Investment in die Aktie mit der besseren Rendite gönnen, d. h. deren Anteil am Portfolio erhöhen.«

Peter lernt wirklich schnell, wenn er eine Chance zum Aktieninvestment entdeckt. »Ja« , sagte ich, »und deine Frau würde sagen, dass du eine gewünschte erwartete Rendite mit kleinerem Risiko erzielen kannst. Ich zeige dir hier mal ein Bild, das dir sehr gefallen wird.«

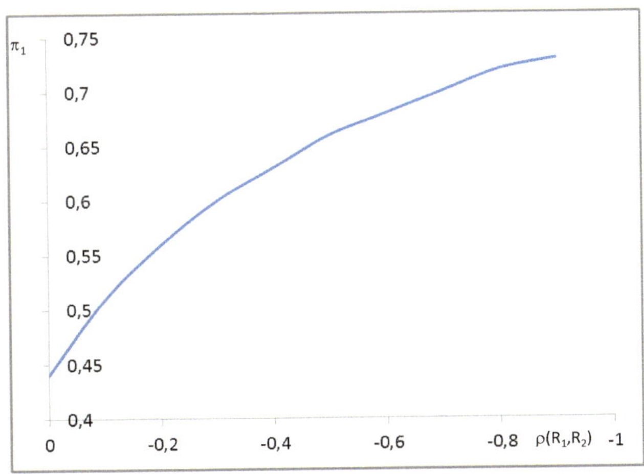

Abb. 23: Optimaler Wert für den Anteil der ersten Aktie als Funktion der Korrelation zwischen R_1 und R_2; Input-Daten: $E(R_1) = 0{,}1$; $E(R_2) = 0{,}06$; $Var(R_1) = 0{,}09$; $Var(R_2) = 0{,}04$; $C = 0{,}03$

Das Bild zeigt den optimalen Anteil in der ersten Aktie der für eine Varianzschranke C von 0,03 erhaltenen optimalen Anteile als Funktion der Korrelation zwischen den Renditen der beiden Aktien. Dabei besitzt die erste Aktie eine erwartete Rendite von 10 %, die zweite eine von 6 %.

»Das ist wirklich beeindruckend! 30 % mehr Investment in die Aktie mit der höheren erwarteten Rendite bei einer Korrelation von $-0,9$. Das überzeugt.« Peter war zu Recht angetan, denn die Wirkung der negativen Korrelation ist in der Tat groß.

»Jetzt will ich dir aber auch noch den Standpunkt verdeutlichen, den wohl deine Frau eher favorisieren würde. Wir nehmen mal an, dass ihr beiden euch auf eine erwartete Portfoliorendite von $c = 8$ % als Ziel geeinigt habt.

Das zweite Bild zeigt dann die jeweils minimale Portfolio-Varianz, die dafür in Kauf zu nehmen ist.«

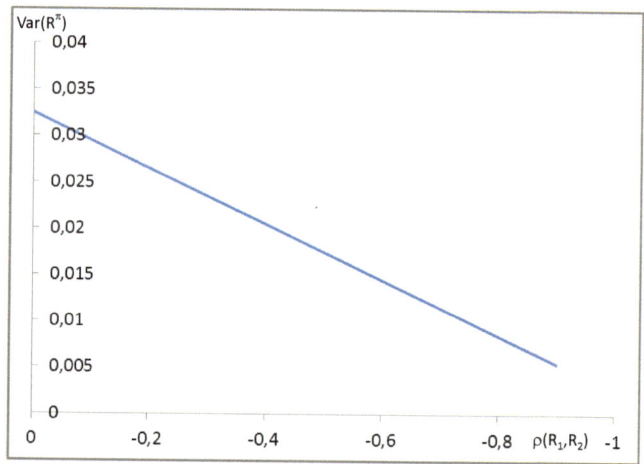

Abb. 24: Optimaler Wert für die Portfoliovarianz als Funktion der Korrelation zwischen R_1 und R_2 mit den Input-Daten: $E(R_1) = 0{,}1$; $E(R_2) = 0{,}06$; $Var(R_1) = 0{,}09$; $Var(R_2) = 0{,}04$; $c = 0{,}08$

»Hm, das ist aber auch nicht schlecht. Eine Varianzreduktion um mehr als den Faktor 6. Ich sehe schon, dir liegt unser Familienfrieden sehr am Herzen.« Peter sah einen ganz neuen Aspekt in seinen Investmenttätigkeiten. Reich und glücklich werden!

»Na ja! Negative Korrelationen von $-0{,}9$ sind schon sehr selten« , musste ich einräumen, »aber ordentliche Varianzreduktionen kann man durch die Suche nach negativen Korrelationen schon erzielen.«

Ich hatte sogar noch eine positive Überraschung für Peter in der Hinterhand. »Und dann ist da noch etwas Wichtiges. Du hast doch vorhin gemeint, dass sich bei gegenläufigen Aktien Gewinne und Verluste ausgleichen. Das stimmt aber bei negativ korrelierten Aktien nicht so richtig.« – »Wieso das denn? Das verstehe ich dann doch nicht.« Peter wirkte etwas enttäuscht. »Nun, du sagst doch selbst immer, dass es eine Überrendite für ein Aktieninvestment gegenüber dem Sparbuch geben muss, damit man in Aktien investiert.« – »Korrekt, denn nur zum Spaß investiert man nicht in Aktien.« – »Wenn du zwei negativ korrelierte Renditen hast, dann gleichen sich nicht Gewinne und Verluste aus, sondern die Gewinne oberhalb der erwarteten Rendite der einen und die Verluste unterhalb der erwarteten Rendite der anderen Aktie.«

Peters Gesicht hellte sich auf: »Ah, das heißt, dass ich bei stark negativ korrelierten Aktien fast sicher die mittlere Überrendite der beiden Aktien realisieren kann, oder?« Das verstand Peter wirklich schnell.

»Ja, das stimmt. Allerdings wirst du kaum Aktien finden, deren Renditen eine Korrelation von $-0{,}8$ oder noch niedriger haben. Die würden dann vermutlich eh von fast jedem gekauft werden, wodurch dann auch ihr Preis steigen und sich die erwartete Überrendite deutlich reduzieren würde.«

Peter stimmte zu: »Klar, das leuchtet ein, aber negative Korrelationen von $-0{,}5$ sind ja vielleicht zu finden. Ich mache mich da mal schlau.« Das schien ein sehr guter Punkt für das Ende unseres Gesprächs zu sein. – »Prima, das war's für heute.«

Aber bevor ich gehen konnte, warf Peter noch schnell ein: »Moment, ich muss das zu Hause erklären können: Warum hat Markowitz denn jetzt den Nobelpreis bekommen? So schwer ist das doch alles gar nicht.«

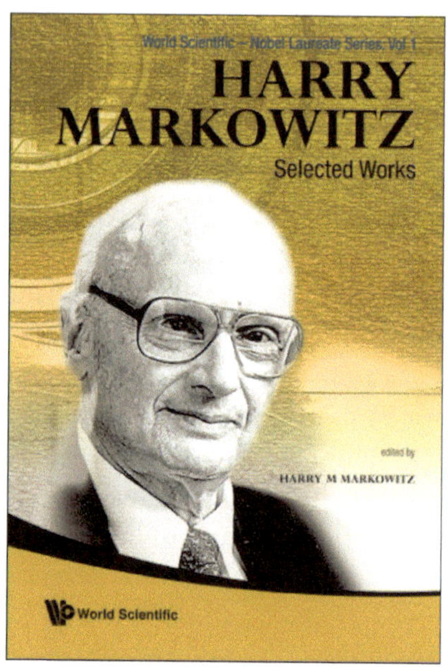

Harry Markowitz: Selected Works,
ed. by Harry M. Markowitz,
Nobel Laureate Series, vol. 1,
World Scientific Publishing

In der Tat ist die Mathematik hinter dem Markowitz-Ansatz nicht sonderlich innovativ. Was allerdings bedeutend ist, ist die Betrachtung der Portfoliorendite als Zielgröße. Sie bedeutet die Hinwendung zum Kollektiv der gehaltenen Aktien, weg von der jeweils attraktivsten Einzelaktie und hin zum Ausnutzen von Korrelations- und Diversifikationseffekten. Die Gesamtsichtweise ersetzt das sogenannte Stockpicking, bei dem jeder Aktienkauf isoliert von den bereits gehaltenen Wertpapieren betrachtet wird. Letztendlich ist für den Investor die Gesamtrendite das Maß des Erfolgs, nicht die Rendite der einzelnen Aktie. Oder wie ein früherer Bundestrainer einmal sagte: »Der Star ist die Mannschaft.«

Das Restrisiko ist das Risiko,
das einem den Rest gibt.

Pierre Chevalier

»Ich habe da letztens ein interessantes Angebot von meinem Bankberater erhalten«, erzählte mein Freund Peter neulich beim Kaffee in der Kantine beiläufig. »Er sprach von voller Kapitalerhaltung bei gleichzeitig unbeschränktem Upside-Potenzial. Das hörte sich für mich so unglaublich gut an, dass ich vor der Unterschrift erst einmal nachdenken muss. Mir will doch sicher keiner etwas schenken, indem er alle Verluste übernimmt, mir im Fall des Gewinns dann aber alles gibt. Da ist doch sicher ein Trick dabei, oder?« Peter suchte instinktiv nach theoretischem Beistand aus der Finanzmathematik, denn seine Bedenken waren gut begründet.

»Hat dein Berater irgendwas von Optionskäufen erzählt, die du oder er für dich tätigen muss?«, erfragte ich erste Informationen. »Nein, das ginge alles ohne Optionen und wäre auch ein Standardverfahren, was auch oft für die Erzeugung von Garantien in Kapitallebensversicherungen genutzt werden würde. Irgendeine Abkürzung hat er dann auch noch erwähnt.« – »Dann ist es sicher ein CPPI-Produkt«, hoffte ich auf mehr Details. – »Wenn du das so sagst, wird es wohl so ein. Was verbirgt sich denn hinter dieser Abkürzung?«

Tatsächlich ist CPPI eine Abkürzung für **C**onstant **P**roportion **P**ortfolio **I**nsurance[125], was zunächst darauf hinweist, dass es sich um eine Art Versicherung des angelegten Portfolios handelt. Die Idee dahinter ist relativ einfach. Der Investor mit positivem Anfangsvermögen $X(0) = x$ gibt eine gewünschte Untergrenze G für sein Endvermögen zum Anlagehorizont T vor, die nicht unterschritten werden darf.

---

[125]Die Vorgehensweise geht auf Black und Jones (1987) zurück und ist heutzutage die wohl populärste Investmentstrategie, die eine explizite Absicherung eines gewünschten Geldbetrags beinhaltet.

»Das ist gut, da hätte ich schon ein paar Wünsche«, meldete sich Peter zu Wort. – »Ja, das glaube ich«, entgegnete ich, »aber deinem Wunschdenken sind da auch Grenzen gesetzt. So kannst du dein Ziel nur mit Sicherheit erreichen, falls dein Anfangsvermögen so groß ist, dass es mindestens mit dem auf heute abgezinsten Ziel übereinstimmt.«

Ist also G die vorgegebene Untergrenze für das zum Zeitpunkt T zu erreichende Vermögen und beträgt der jährliche Anlagezins $i > 0$[126], so muss für das Anfangsvermögen $X(0)$ folgende Beziehung gelten:

$$X(0) \geq \frac{1}{(1+i)^T} \cdot G =: F(0)$$

»Das ist ja wohl selbstverständlich. Wer sich mit Geldanlagen beschäftigt, der weiß doch, dass es keine Arbitragemöglichkeit gibt«, zeigte Peter seine Kenntnisse grundlegender finanzmathematischer Prinzipien. »Man kann schließlich nicht mehr Sicherheit als bei der risikolosen Anlage haben und dann auch noch auf zusätzliche Gewinne hoffen. Deshalb will ich ja wissen, wo die Zauberformel herkommt oder wo der Haken ist.« – »Nun, das ist eigentlich recht einfach. Du bestimmst immer den gerade benötigten Geldbetrag, um mit einem Investment in Festgeld sicher dein Mindestvermögen von G am Ende deiner Anlagezeit T zu erhalten.« – »Gut, das kann ich natürlich«, warf Peter etwas ungeduldig ein. »Ich muss doch wieder nur G auf heute abzinsen.«

Um diesem Betrag einen Namen zu geben, führen wir die allgemeine Definition der oben auf den ersten Blick überflüssig erscheinenden Bezeichnung $F(0)$ als $F(t)$ mit

$$F(t) = \frac{1}{(1+i)^{T-t}} \cdot G$$

---

[126]Wir gehen hier vereinfachend von einem konstanten und laufzeitunabhängigen Zinssatz i pro Jahr aus. Für die allgemeinere Situation mit variierendem i werden in der Praxis Anleihen mit einer passenden Laufzeit verwendet.

ein (vgl. Grundformel (6)). Die Größe $F(t)$ gibt zu jedem zuküftigen Zeitpunkt t den Geldbetrag an, der benötigt wird, um durch eine Anlage in Festgeld mit Zinssatz i den gewünschten Mindestbetrag von G zu erzielen. $F(t)$ wird als *Floor* bezeichnet, als die Untergrenze, unter die der Gesamtwert der Strategie nicht fallen darf.

»Das ist richtig. Und der Rest deines aktuell investierten Gelds wird dann in einen Aktienfonds angelegt.« – »Moment mal, das ist schon alles?« Peter fand das jetzt nicht sonderlich innovativ. »Das kann ich doch auch ohne Bankberater. Einfach am Anfang $F(0)$ aufs Festgeldkonto, den Rest in einen Fonds. Das hätte der Berater mir doch viel einfacher erklären können. Das ist doch keine Rocket-Science! Und vermutlich soll ich dann auch noch irgendwelche Managementgebühren zahlen.«

Peter hatte da prinzipiell recht, sowohl mit seiner Einschätzung dieser einfachen Variante des CPPI als auch damit, dass man ihm noch Gebühren berechnen würde. Das Überraschende hatte ich aber auch noch nicht erzählt. »Tatsächlich wird in einem CPPI mehr Geld in den Aktienfonds investiert als das, was du nicht zur Absicherung deiner Untergrenze G benötigst. Ich erkläre das mal.«

Um den CPPI-Mechanismus genau verstehen zu können, brauchen wir noch einige Bezeichnungen. Hierzu seien

- $X(t)$ der Wert des CPPI-Vertrags zur Zeit t, also die Summe aus Festgeld- und Aktienfondsinvestment und

- $C(t) = X(t) - F(t)$ der nicht zur Absicherung benötigte Betrag, das sogenannte *Cushion*[127].

Der CPPI ist durch den konstanten Multiplikator M charakterisiert, der das Vielfache des Cushions angibt, das in den Aktienfonds investiert wird. Dabei werden in der Praxis typischerweise Werte von M

---

[127]Die Bezeichnung Cushion (dt. *Kissen*) ist als *Ruhekissen* zu verstehen, da es sich um alles über dem Floor liegende Geld handelt, das nicht zur Absicherung der Garantie benötigt wird.

gewählt, die größer als 1 sind. Die Wahl von $M = 3$ oder $M = 5$ ist dabei nicht unüblich.

»Moment mal«, warf Peter ein, »die investieren mehr als das Cushion in den Aktienfonds. Ganz schön riskant, das würde ich mich nicht trauen, wenn ich doch auch gleichzeitig die Garantie von G am Ende sicherstellen muss.« – »Na ja, du musst bedenken, dass der Anbieter des CPPI jederzeit seine Positionen umschichten kann, denn wenn der Aktienfonds im Wert stark fällt, dann ist auch das Cushion nicht mehr groß. Insofern muss dann auch das Aktieninvestment reduziert werden. Und innerhalb kurzer Zeit wird der Aktienfonds auch nicht extrem fallen.« – »Und wenn doch?« Peter war noch nicht komplett überzeugt.

»Gut, das muss dich als Käufer des CPPI nicht belasten, denn du hast ja die Garantie, dass am Ende zumindest das garantierte Vermögen von G vorhanden ist. Aber auch der Anbieter des CPPI kann das Restrisiko tragen. Denn er erhält ja auch eine Managementgebühr von dir beim Kauf. Die kann als eine Art Risikoprämie angesehen werden. Und der Anbieter kann damit als temporäre Absicherung (z. B. für einen Tag, eine Woche oder einen Monat) Put-Optionen kaufen, die den Verlustfall absichern, falls das Gesamtvermögen des CPPI unter den Floor $F(t)$ fällt.«

»Das will ich aber sehen, dass das so einfach geht. Kannst du ein Beispiel geben?« Das war eine Herausforderung, aber auch eine naheliegende.

»Also, stell dir vor, du willst 120 Euro für ein Jahr investieren und am Ende mindestens 100 Euro haben. Stell dir weiter vor, der Zins auf dem Festgeldkonto wäre gerade bei 0 %.« – »Das muss ich mir gar nicht vorstellen,« sagte Peter mit leicht bitterem Unterton, »bei meiner Hausbank ist das gerade so.«

»Gut, dann ist mein Beispiel ja realistisch. Wir wählen dann den Mulitplikator $M = 3$ und erhalten

- $F(0) = 100$ Euro

- $C(0) = X(0) - F(0) = 120 - 100 = 20$ Euro als den Betrag des Cushions,

- $M \cdot C(0) = 3 \cdot C(0) = 60$ Euro.

Es werden also 60 Euro in die Aktie und 60 Euro in Festgeld investiert. Damit dein CPPI morgen unter die 100 Euro Gesamtvermögen fällt, muss der Aktienfonds über ein Drittel seines Werts verlieren. Selbst bei einem Multiplikator von $M = 5$ müsste er von seinen 100 Euro mehr als 20 % seines Werts verlieren. Das klingt doch unwahrscheinlich.« – »Stimmt«, bestätigte Peter, »aber das ist ja auch nur der mögliche Verlust bis zum nächsten Tag. Das erklärt ja noch nicht das ganze Jahr.« – »Nun, im Prinzip ist es für die nächsten Tage genauso, nur halt dann mit anderen Startwerten. Ich zeige dir mal ein Bild, auf dem du einen möglichen Verlauf des CPPI-Vermögens und auch der Entwicklung des Vermögens siehst, bei dem alles in den Aktienfonds investiert worden wäre.«

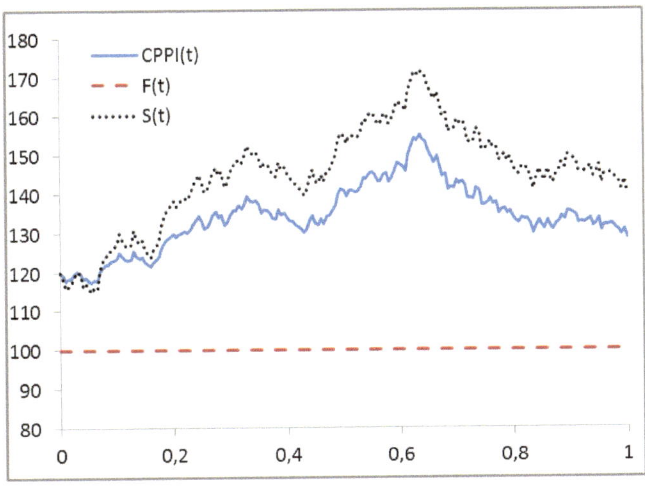

Abb. 25: Möglicher Verlauf eines CPPI-Vermögens CPPI(t) mit Multiplikator M = 3 samt Floor F(t) = 100 und Entwicklung der vollständigen Aktienanlage S(t)

»Gut, das Bild erklärt mir doch einiges, aber nicht alles. Ich hätte schon gern den hohen Wert nach zwei Dritteln der Laufzeit mitgenommen, aber klar, man kann nicht alles haben. Außerdem hätte ich noch ein paar Fragen, die ich auch gern meinem Bankberater stellen würde: Kann der CPPI auch mal besser als die Aktie abschneiden? Kann er höhere Verluste als die Aktie erleiden? Kann ich die Garantie während der Laufzeit ändern? Kann ich …« Peter war kaum zu bremsen.

»Moment, ein paar Fragen kann ich auch hier schon beantworten. Der CPPI kann höhere Gewinne und Verluste als der Aktienfonds erzielen, wenn mehr als das komplette Vermögen in die Aktie investiert wird. Das ist bei einem Multiplikator von $M = 3$ oder $M = 5$ durchaus möglich, wenn dann bei günstiger Entwicklung des Aktienfonds die drei- oder fünffache Differenz zum Floor mehr als der Gesamtwert des CPPI-Vertrags beträgt. Das wäre auch in unserem Beispiel schon für $M = 5$ nach knapp zwei Dritteln des Jahres der Fall, wie du im zweiten Bild unten siehst. Dann ist das Aktienfondsinvestment teilweise durch einen Kredit zu finanzieren.«

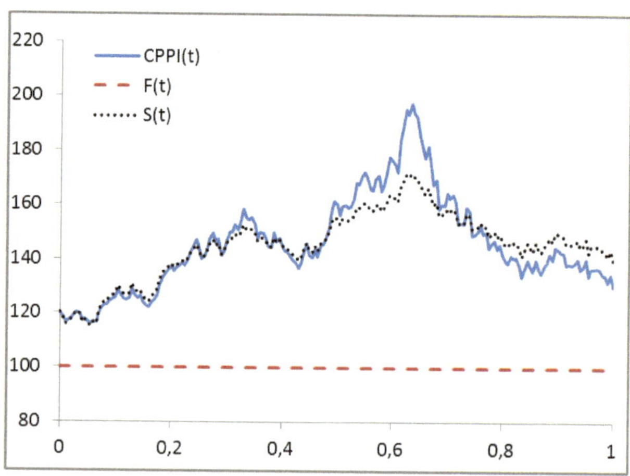

Abb. 26: Möglicher Verlauf eines CPPI-Vermögens CPPI(t) mit Multiplikator M = 5 samt Floor F(t) = 100 und Entwicklung der vollständigen Aktienanlage S(t)

Peter schaute sich das Bild für $M = 5$ an, wog die Risiken ab und meinte: »Das wäre sogar mir zu risikofreudig.«

»Genau, deshalb ist oft das Aktienfondsinvestment auf den Gesamtwert des CPPI beschränkt. Kredite zur Finanzierung der optimalen Position dürfen dann nicht aufgenommen werden«, ergänzte ich. »Außerdem gibt es auch CPPI, bei denen ein Garantieerhöhungsmechanismus eingebaut ist. So kann beispielsweise nach einem Gewinn einer gewissen Höhe – sagen wir 30 % über dem Ausgangskapital – die Garantie um z. B. 20 % erhöht werden. Dadurch wird dann das Cushion kleiner und somit auch das Aktienfondsinvestment, aber ein Teil des Gewinns ist damit sicher.«

In der Praxis existieren viele Varianten der CPPI-Strategie, die teilweise zur Risikobegrenzung, teilweise aber auch der Chancenerhöhung dienen. Diese wollen wir hier aber nicht alle vorstellen.

»Gut, aber wenn die Aktie nun richtig stark fällt?« Peter wollte es genau wissen. »Dann wird schlimmstenfalls der Floor erreicht und ab dort alles Geld auf das Festgeldkonto gelegt. Das nennt man dann *Cashlock*, da alles Geld ein für allemal auf dem Festgeldkonto stehenbleibt.«

»Na ja«, sagte Peter, »so ist das halt mit Garantien. Es ist gut, sie zu haben, aber manchmal nehmen sie einem auch viele Chancen. Aber das CPPI-Konzept habe ich verstanden. Und mein Bankberater muss mir morgen noch einige Details erklären. Hoffentlich kann er das dann auch ...«

Literatur:

Black, F., Jones, R. (1987): Simplifying portfolio insurance. Journal of Portfolio Management 14, 48–51

54 Hohes Risiko lohnt sich!? Manchmal. Über Strategien in Börsenspielen

> *Nie vertraut eine Maus ihr Schicksal einem einzigen Loch an.*
>
> *Volksweisheit*

»Hier, ich habe es schwarz auf weiß! Risiko lohnt sich doch!« Mein Freund Peter reichte mir mit triumphierendem Blick die Lokalzeitung und zeigte auf den Artikel *Mit russischer Silbermine zum Sieg*. Darin stand, dass das diesjährige Börsenspiel der Kreissparkasse von zwei Schülerinnen gewonnen wurde, die nach eingehender Marktstudie beschlossen hatten, das ihnen zur Verfügung gestellte virtuelle Vermögen von 100.000 Euro in den Kauf von Doppelbarriere-Knock-out-Optionen[128] auf die Aktie der Silbermine »Sibir Serebro« zu investieren.

»Diese Optionen erschienen uns sehr billig und unterbewertet. Also haben wir zugegriffen«, wurden die beiden Schülerinnen zitiert. Durch den großen Hebel[129] dieser Option schafften es die Schülerinnen, ihr virtuelles Vermögen zu verzehnfachen, was ihnen dann auch den Sieg einbrachte.

»Na, was sagst du jetzt? Ist doch genial oder?« Peter sah bewundernd auf den Artikel.

»Ja, aber hast Du auch gelesen, dass die Schülerinnen schon sechsmal am Wettbewerb teilgenommen haben und bisher noch nie unter die Ersten kamen?«, musste ich dann doch entgegnen.

»Klar, es geht auch manchmal etwas schief. Das ist halt eben so,

---

[128] Dies ist eine Option, die nur dann am Ende etwas auszahlt, wenn der Aktienkurs über die gesamte Laufzeit zwischen zwei vorgegebenen Schranken bleibt.

[129] Man vergleiche die Erzählung auf S. 180.

© Springer Fachmedien Wiesbaden GmbH, ein Teil von Springer Nature 2019
R. Korn und B. Luderer, *Mathe, Märkte und Millionen*,
https://doi.org/10.1007/978-3-658-23717-2_54

oder wie du sagen würdest, es gibt keine Arbitragemöglichkeiten«, gab Peter zu und sah das eher als kleines Missgeschick an.

»Weißt du eigentlich, dass die Sieger solcher Wettbewerbe fast immer so riskante Strategien verwendet haben?«, fragte ich.

© janista/stock.adobe.com

»Nein, wusste ich nicht. Aber das zeigt doch, Risiko lohnt sich!«

»Ja, und das kann man auch erklären, aber vielleicht nicht ganz so, wie du es gern hättest. Tatsächlich hat eine extrem riskante Strategie wie z. B. ein vollständiges Investment in eine Option mit einem großen Hebel das Potenzial, einen hohen Gewinn zu erzielen. Aber die meisten dieser Strategien führen auch zu großen Verlusten und nur selten zu hohen Gewinnen. Wenn aber viele Investoren solch riskante Strategien verfolgen, ist die Wahrscheinlichkeit hoch, dass auch mal einer gewinnt. Und der gewinnt dann auch bei solchen Wettbewerben.«

»Ach so«, sagte Peter etwas nachdenklich »das heißt, man gewinnt so quasi einmal im Leben und dann nicht mehr. Und da man meist gleich am Anfang alles verliert, sollte man lieber nicht solche Risiken eingehen..«

»Gut erkannt, denn es sind ja halt auch nie dieselben, die im nächsten Jahr gewinnen. Außerdem riskieren sie so viel in der Regel nur mit *Spielgeld*. Mit eigenem Einsatz wären sie sicher vorsichtiger.«

»Aber was ist denn mit denen, die z. B. nach Markowitz investieren?[130] Gewinnen die nie?« Peter stellte eine durchaus naheliegende Frage.

»Ja, die gewinnen in der Regel nie«, entgegnete ich, »wären aber in der Gesamtwertung über, sagen wir, zehn Teilnahmen sicher recht weit vorn.«

»Hm, man kann also wählen zwischen einmal der Star sein oder immer gut versorgt?«, fasste Peter meinen Satz zusammen, dem ich nur zustimmen konnte. »Ja, so kann man es sehen.«

---

[130]Vergleiche S. 189ff.

Teil 5

Gemeinsam gegen Risiken – Versicherungen

55 Im Duett gegen die Unsicherheit. Das Gesetz der großen Zahlen und der Zentrale Grenzwertsatz

Alles in der Welt hat seine Grenzen.

Maxim Gorki ((1868–1936),
russischer Schriftsteller

Die Wahrscheinlichkeitsrechnung ist ein relativ junger Zweig der Mathematik und wurde in Deutschland erst ab der zweiten Hälfte des letzten Jahrhunderts als vollwertiges, eigenes mathematisches Fachgebiet akzeptiert. Umgekehrt sind ganze Zweige der Finanz- und Versicherungsindustrie ohne zwei der prominentesten Resultate der Wahrscheinlichkeitsthorie – das Gesetz der großen Zahlen und der Zentrale Grenzwertsatz – undenkbar.

Dabei existieren beide Resultate in Ursprungsformen bereits seit dem 18. Jahrhundert. So wurde das Gesetz der großen Zahlen in seiner schwachen Variante von Jakob Bernoulli bereits 1689 formuliert, aber erst 1713 nach seinem Tod veröffentlicht. Die für unsere Anwendungen relevante Version des sogenannten starken Gesetzes der großen Zahlen geht auf eine Arbeit von Francesco Cantelli aus 1917 zurück. Wir verwenden die folgende Form:

Es sei eine Folge unabhängiger Zufallsvariablen X_1, X_2, ... gegeben, die alle identisch verteilt sind und einen endlichen Erwartungswert $\mu = E(X_1)$ besitzen. Führt man dann die zugehörigen Experimente durch und erhält die Ergebnisse (Realiserungen) $x_1, x_2, ...$, so gilt mit Wahrscheinlichkeit 1 die Grenzbeziehung

$$\lim_{N \to \infty} \frac{1}{N} \sum_{i=1}^{N} x_i = \mu.$$

Dabei handelt es sich bei der Konvergenz der mittleren Ergebnisse um die übliche Konvergenz einer Zahlenfolge, die man aus der Analysis kennt. Die Bezeichnung »mit Wahrscheinlichkeit 1« besagt hier, dass man mit Wahrscheinlichkeit 1 eine Folge von Versuchsergebnissen $x_1, x_2, \ldots$ erhält, für die die Folge der aus jeweils N Versuchsergebnissen gebildeten Mittelwerte konvergiert.

Hat man also insbesondere eine große Familie unabhängiger Individuen oder Ereignisse, die in ihrer Ausprägung eines zu betrachtenden Merkmals X alle dieselbe Verteilung besitzen, so weiß man aufgrund des starken Gesetzes der großen Zahlen, dass sich das arithmetische Mittel über die Versuchsergebnisse in der Nähe des theoretischen Erwartungswerts befinden muss.

Das arithmetische Mittel ist aber immer noch eine Zufallsvariable. Der erste Indikator, dass es nicht allzu weit vom Erwartungswert entfernt liegt, ist seine Varianz. Es gilt nämlich

$$Var\left(\frac{1}{N} \cdot \sum_{i=1}^{N} X_i\right) = \frac{1}{N^2} \cdot Var\left(X_1\right)$$

(vgl. Grundformel (26)). Folglich verschwindet die Varianz des arithmetischen Mittels sehr schnell, da sie quadratisch gegen null geht. Mit der Konvergenzaussage des starken Gesetzes zeigt dies die Nähe zum Erwartungswert. Man weiß allerdings noch mehr, wenn man den zweiten großen Grenzwertsatz der Wahrscheinlichkeitstheorie anwendet, den Zentralen Grenzwertsatz. Er geht in seinen ersten Versionen auf de Moivre (1733) und Laplace (1812) zurück. Die für unsere Anwendung geeignete Version besagt, dass die Verteilung der Summe von unabhängigen, identisch verteilten Zufallsvariablen durch eine geeignete Normalverteilung approximiert werden kann. Mathematisch exakt formuliert lautet die gewünschte Version wie folgt:

> Gegeben sei eine Folge unabhängiger Zufallsvariablen X_1, X_2, ..., die alle identisch verteilt sind sowie den endlichen Erwartungswert $\mu = E(X_1)$ und die endliche Varianz $\sigma^2 = Var(X_1)$ besitzen. Dann

gilt für die Verteilung des Quotienten $Z_N = \dfrac{\left(\sum\limits_{i=1}^{N} X_i - N\mu\right)}{\sqrt{N}\sigma}$ die Konvergenzaussage

$$\lim_{N\to\infty} P\left(Z_N \in [a, b]\right) = \Phi\left(b\right) - \Phi\left(a\right) \quad \text{für alle Werte } a < b;$$

$N(\cdot)$ ist die Verteilungsfunktion der Standardnormalverteilung.

Da die Verteilung von Z_N gegen die Standardnormalverteilung konvergiert[131], liegt es nahe, für große N die Verteilung der Summe $X_1 + \ldots + X_N$ durch die Normalverteilung mit Erwartungswert und Varianz der Summe, also durch $N(N\mu, N\sigma^2)$ zu approximieren.

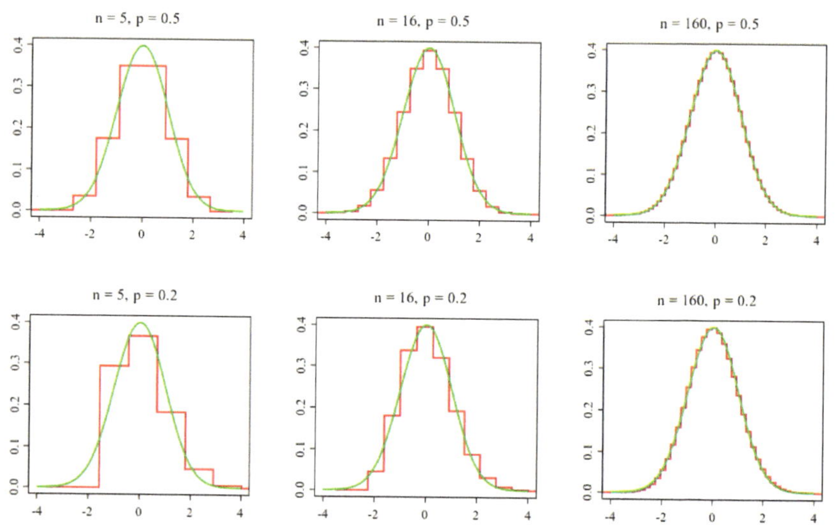

Abb. 27: Annäherung von symmetrischen (oben) und schiefen (unten) Binomialverteilungen (rot) an die Normalverteilung (grün)

---

[131] Man spricht auch von *Konvergenz in Verteilung.*

Zur Illustration des Zusammenwirkens der beiden Grenzwertsätze soll ein vereinfachtes Beispiel aus der Versicherungsmathematik betrachtet werden. Dazu nehmen wir an, dass ein Lebensversicherer im Moment 10.000 Versicherte hat, bei denen jeder eine jährliche Rente in Höhe von 12.000 Euro bezieht. Des Weiteren nehmen wir an, dass die Wahrscheinlichkeit, das jetzige Jahr zu überleben, für jede dieser einzelnen Personen 90 % beträgt[132]. Wir wollen die Höhe der Rentenzahlungen des Lebensversicherers im nächsten Jahr schätzen, wobei wir davon ausgehen, dass sie alle am 1. Januar an dann lebende Personen geleistet werden. Hierzu bezeichne X_i die Zahlung, die der Rentner, welcher als i-ter Kunde bei der Versicherung registriert ist, am 1. Januar des Folgejahres erhält. Man beachte, dass diese Zahlung nur die Werte 0 oder 12.000 annehmen kann. Sie ist somit eine sehr einfache Zufallsvariable, für die man Erwartungswert und Varianz gemäß

$$E\left(X_i\right) \quad = \ 0,9 \cdot 12.000 = 10.800,$$
$$Var\left(X_i\right) = \ 0,9 \cdot 0,1 \cdot 12.000^2 = 12.960.00$$

erhält[133]. Um nun die Summe der zu leistenden Zahlungen zu schätzen, verwenden wir die Konvergenzaussage des starken Gesetzes der großen Zahlen mit dem gerade berechneten Erwartungswert und erhalten[134]

$$\sum_{i=1}^{10000} X_i \approx 10000 \cdot E\left(X_1\right) = 108.000.000.$$

Mit der oben berechneten Varianz der einzelnen Zahlung erhalten wir

---

[132]Wir kümmern uns später noch um eine realistischere Modellierung.

[133]Für eine Zufallsvariable Y, die nur die Werte 0 und 1 annimmt und deren Wahrscheinlichkeit, den Wert 1 anzunehmen, p beträgt, erhält man entsprechend Grundformeln (21) und (23) $E(Y) = p$, $Var(Y) = p(1-p)$. Die Ergebnisse für X_i ergeben sich dann durch Multiplikation mit 12.000 bzw. 12.000^2.

[134]Wir verwenden die Grenzbeziehung im starken Gesetz der großen Zahlen, indem wir für großes N die approximative Gleichheit $\frac{1}{N}\sum_{i=1}^{N} x_i \approx \mu$ nach der Summe auflösen.

eine Standardabweichung von 3.600 Euro pro Versichertem und somit
eine Standardabweichung der Gesamtsumme von

$$\sigma\left(\sum_{i=1}^{10000} X_i\right) = \sqrt{Var\left(\sum_{i=1}^{10000} X_i\right)}$$

$$= \sqrt{\sum_{i=1}^{10000} Var\left(X_i\right)} = 100 \cdot \sqrt{Var\left(X_1\right)} = 360.000.$$

Hier wurde die Grundformel (28) verwendet. Man beachte, dass die
Standardabweichung der Summe um (nahezu) drei Ordnungen kleiner als die Summe ist. Die Summe schwankt zwar, aber das Schwan-
kungsrisiko ist relativ zur Summe recht klein. Verwendet man die
Verteilungsbeziehung im Zentralen Grenzwertsatz, so erhält man ap-
proximativ für große N die Beziehung

$$\sum_{i=1}^{N} X_i \overset{\text{approximativ}}{\sim} N\left(N\mu, N\sigma^2\right).$$

Setzt man nun die berechneten Werte für Erwartungswert und Varianz ein, so erhält man mit der 2-Sigma-Regel für die Normalverteilung[135], dass die im nächsten Jahr von der Versicherung zu leistende
Zahlung mit einer Wahrscheinlichkeit von 95 % im Intervall

$$10.000\, E\left(X_1\right) \pm 2\sigma\left(\sum_{i=1}^{10000} X_i\right) = 108.000.000 \pm 720.000$$

$$= [107.280.000,\ 108.720.000]$$

---

[135]Siehe Abschnitt 2.1.2 auf S. 298.

liegt. Dabei ist für den Versicherer sogar nur die Überschreitung der geschätzten Summe kritisch. Hierfür beträgt die Wahrscheinlichkeit nur die Hälfte, also $2,5\,\%$. Man beachte die enorme Ersparnis an vorzuhaltendem Kapital. Würde dem Versicherer die obige Aussage nicht zur Verfügung stehen, müsste er 120 Millionen Euro und somit über 11 Millionen Euro mehr bereithalten.

Man kann sich analog zum obigen Beispiel überlegen, dass der Einfluss des Zufalls und somit das Risiko für den Versicherer mit einer wachsenden Anzahl an Versicherten noch weiter zurückgeht, da die zu zahlende Summe proportional zu N wächst, während die Standardabweichung der Summe nur proportional zu $\sqrt{N}$ ansteigt.

Analoge Anwendungen und Aussagen sind für die Prognose zukünftiger Schäden bei Personen- und Sachversicherungen möglich, wann immer es sich um die gleichen (oder zumindest sehr ähnliche) versicherte Schäden handelt. Je nach Art der Versicherung ergeben sich individuelle Unterschiede, die eine detaillierte Modellierung rechtfertigen (z. B. durch die Abwicklung der Begleichung von Großschäden, die sich über Jahre hinziehen kann oder durch die Berücksichtigung räumlicher Abhängigkeiten bei Unwetterschäden).

Zum Schluss noch eine Bemerkung zu einer realistischeren Modellierung der Situation des Lebensversicherers: Die obige Berechnung basierte auf der Annahme, dass alle Versicherten die gleiche Überlebenswahrscheinlichkeit für das aktuelle Jahr haben. Dies ist eine sehr starke Vereinfachung, da oft große Altersunterschiede zwischen den einzelnen Versicherten vorliegen. Dieser Tatsache wird in der Praxis durch die Verwendung sogenannter Sterbetafeln Rechnung getragen. In ihr sind die altersabhängigen Überlebenswahrscheinlichkeiten für ein Individuum tabelliert. Man kann dann die obige Vorgehensweise mit geeigneten Varianten des starken Gesetzes und des Zentralen Grenzwertsatzes auf ähnliche Art durchführen und somit die voraussichtliche Auszahlungssumme wieder relativ sicher einschätzen.

56 Mögen Sie Klassik? Die Lebensversicherung – ein typisch deutsches Produkt

Wer weinende Erben hinterlassen will,
darf keine Lebensversicherung abschließen.

Marcel Pagnol (1895-1974), französischer
Schriftsteller, Dramaturg und Regisseur

» Bloß keine Lebensversicherung! Das ist doch wirklich ein Produkt von gestern und bringt auch nicht viel.«

Kommentare dieser Art hört man seit einigen Jahren häufiger, ob bei Stammtischgesprächen, bei denen das Thema Altersvorsorge oder Geldanlage auf der Tagesordnung steht oder – etwas pointierter formuliert – auch hin und wieder in Finanzzeitschriften, wo vielfach die hohen Kosten der Anbieter und mangelnde Transparenz bei der Gewinnverteilung kritisiert werden, genauso wie die niedrig erscheinenden Ertragschancen.

Wir wollen hier den neutralen Weg einschlagen, das ein oder andere zu bedenken geben, aber in erster Linie aufzeigen, dass der so vertraute Begriff der Lebensversicherung viele Facetten beinhaltet und vom mathematischen Standpunkt her ein sehr interessantes Produkt darstellt, das um vieles komplizierter als z. B. eine Aktie oder eine Aktienoption ist.

Was ist eine Lebensversicherung?

Zunächst gilt es, eine saubere Begriffsbildung zu entwickeln. Wir wollen im Folgenden nicht über eine reine Risikolebensversicherung reden, bei der nur im Todesfall eine vertraglich vereinbarte Versicherungssumme an die im Vertrag genannten Hinterbliebenen gezahlt wird. Wir betrachten vielmehr eine Kapitallebensversicherung bzw. eine Rentenversicherung. Während die erste zusätzlich zu den Rentenzah-

© Springer Fachmedien Wiesbaden GmbH, ein Teil von Springer Nature 2019
R. Korn und B. Luderer, *Mathe, Märkte und Millionen*,
https://doi.org/10.1007/978-3-658-23717-2_56

lungen auch den Todesfall absichert, steht bei der zweiten die reine Rentenleistung im Vordergrund.

Wir wollen das Ganze sogar noch stärker einschränken und eine sogenannte klassische Lebensversicherung mit Überschussbeteiligung und anschließender Verrentung betrachten. Dabei verzichten wir auf die Betrachtung des Teils, der die Risikolebensversicherung betrifft und schauen uns nur an, wie das Kapital erzeugt wird, aus dem später (die fachliche Bezeichnung dafür lautet *in der Entsparphase*) die Rentenzahlungen an den Versicherten erzeugt werden.

© cirquedesprit/stock.adobe.com

Wie funktioniert eine Kapitallebensversicherung?

Im Prinzip klingt die Funktionsweise der Kapitallebensversicherung sehr einfach und zeitlich geordnet im Handlungsablauf:

1. Der Versicherte zahlt regelmäßig Geldbeträge (*Prämien* oder

Bruttobeiträge) an den Versicherer[136], solange er nicht in den Ruhestand eingetreten ist. Diese Vertragszeit wird auch *Ansparphase* genannt.

2. Der Versicherer legt das Geld an und verwaltet es. Der jeweils aktuelle Wert des auf diese Weise dem Kunden zugeordneten Vermögens wird als sein Vertragsguthaben bezeichnet.

3. Der Versicherte erhält mit Beginn seines Ruhestands monatliche Renten bis an sein Lebensende.

Diese einfache Aufgabenteilung zwischen Versichertem und Versicherer wirft bereits einige Fragen auf, die sich für den Versicherer und den Versicherten im Hinblick auf die Lebensversicherung ergeben. So sind z. B. die folgenden Themenkomplexe und Fragen zu klären:

- **Rentenhöhe:** Wie hoch ist die monatliche Rente, die der Versicherte erhält? Kennt man heute schon ihre Höhe und ihre Kaufkraft im Rentenalter? Wie bestimmt der Versicherer aus der am Ende der Ansparphase vorhandenen Geldsumme die monatliche Rente des Versicherten?

- **Kapitalanlage:** Wie legt der Versicherer die erhaltenen Prämien an? Wie kann der Versicherer möglichst hohe und trotzdem schwankungsarme Erträge erzielen?

- **Kosten:** Wie berechnen sich die Kosten einer (klassischen) Lebensversicherung?

- **Gewinnverteilung:** Wer erhält die vom Versicherer durch die Kapitalanlage erwirtschafteten Gewinne? Wie werden die Gewinne zwischen den einzelnen Versicherten verteilt?

- **Nutzen:** Lohnt es sich für den Kunden, eine Kapitallebensversicherung abzuschließen?

---

[136]Im Fachjargon wird der Begriff *Versicherer* als Synonym für *die Versicherung* im Sinne der Versicherungsgesellschaft, also des Produktanbieters, verwendet, um eine Verwechslung mit dem Produkt, also *der Versicherung* im Sinne von dem Lebensversicherungsvertrag, zu vermeiden.

Mindestens Geld zurück – die Bruttobeitragsgarantie

Das prominenteste Beispiel einer klassischen Kapitallebensversicherung ist die sogenannte *Riester-Klassik* (also eine klassische Kapitallebensversicherung, die als Altersvorsorgeprodukt im Rahmen der Riester-Rente[137] angeboten wird). Neben den staatlichen Zulagen, die individuell und an Einkommen und Familiensituation des Versicherten gekoppelt sind, ist es besonders die Bruttobeitragsgarantie, die ein Riester-Produkt für den Kunden attraktiv erscheinen lässt. Sie besagt, dass zum Ende der Ansparphase das Vertragsvermögen mindestens so hoch wie die Summe aller eingezahlten Prämien und erhaltener staatlichen Zulagen sein muss. Im gegenwärtigen Niedrigzinsumfeld hat eine solche Garantie durchaus ihren Wert, denn zum einen bedeutet sie, dass trotz Kosten kein eingezahlter Beitrag verloren geht, und zum anderen sind Gewinne oberhalb der Bruttobeitragsgarantie möglich.

Der Garantiezins

Eine weitere, oft beworbene Garantie in einer klassischen Kapitallebensversicherung ist eng mit dem sogenannten *Höchstrechnungszins* verknüpft. Der Höchstrechnungszins ist der größtmögliche vom Versicherer ansetzbare Wert für die Abzinsung von zukünftigen Verpflichtungen. Er bestimmt also das minimal für zukünftige Verpflichtungen vom Versicherer zurückzulegende Vermögen.[138]

---

[137]Mit der Riester-Rente (benannt nach dem früheren Bundesarbeitsminister Walter Riester) wurde 2002 ein rechtlicher Rahmen eingeführt, der die hierfür berechtigten Bürger motivieren soll, selbstständig für einen Teil ihres Alterseinkommens vorzusorgen. Dabei erhalten Berechtigte bei Abschluss eines Riester-Produkts bei Versicherern, Banken oder Fondsanbietern staatliche Zuschüsse zu den geleisteten Beiträgen, die recht groß ausfallen können. Zusätzlich sind noch Steuererleichterungen während der Ansparphase möglich. Des Weiteren zeichnen sich Riester-Renten dadurch aus, dass maximal 30 % der angesparten Summe als Einzelauszahlung zu Beginn der Rentenphase entnommen werden können. Der Rest muss als eine lebenslange Rente ausgezahlt werden.

[138]Der Höchstrechnungszins wird seit 2016 vom Bundesministerium der Finanzen ohne Angabe eines Algorithmus festgelegt. Bis 2015 wurde er durch (maxi-

Es ist in der »Klassik« üblich, den *Garantiezins* gleich dem bei Vertragsabschluss gültigen Höchstrechnungszins zu wählen. Dies hat finanzmathematisch zwei interessante Aspekte. Zum einen gibt es keinen theoretischen Grund, dass der Versicherer auch in Zukunft immer mindestens den Garantiezins erwirtschaften kann. Bei über die Laufzeit des Klassikvertrags stabilen Zinsverhältnissen war das in der Vergangenheit durch die Wahl von lediglich 60 % des Mittelwertes (gebildet über die letzten zehn Jahre) der Renditen von Staatsanleihen mit zehnjähriger Laufzeit formal einfach, indem der Versicherer genau in diese Staatsanleihen investierte.

Da sich die allgemeine Zinslage in den letzten zehn Jahren allerdings fast monoton fallend entwickelte und vom traditionellen Niveau von über 4 % pro Jahr auf nahezu 0 % p. a. fiel, stellen schon die aktuell für die Zukunft versprochenen 0, 9 % an Zinsen ein Versprechen mit Risiko dar.[139]

Hier kommt dem Versicherer allerdings der zweite finanzmathematische Aspekt zu Hilfe. Die durch den Garantiezins versprochene Mindestverzinsung bezieht sich auf die *Sparbeiträge*, also die eingezahlten Prämien und erhaltenen Riester-Zulagen **nach Kosten**! So sieht es fast so aus, als könne der Versicherer Kosten einbehalten und sie dann quasi als Bonus getarnt in Form einer Verzinsung zurückgeben. Dem stehen gesetzliche Regeln entgegen, die die möglichen Kostenarten vorschreiben. Außerdem müssen überhöht berechnete Kosten zum großen Teil an den Versicherten zurückerstattet werden.

Nicht verschwiegen werden soll allerdings auch, dass die Kosten wie z. B. Abschlusskosten, Vertriebs- und Verwaltungskosten sich durchaus auf 10 % der Beitragssumme summieren können.

---

mal) 60 % des Mittelwerts über die letzten zehn Jahre der Rendite zehnjähriger Staatsanleihen bestimmt.

[139]Mittlerweile existieren auch Varianten der klassischen Lebensversicherung, die eine geringere Rendite nach Kosten garantieren oder sogar lediglich die Bruttobeitragsgarantie beinhalten. Diese werden aber oft als *Neue Klassik* bezeichnet und von uns hier nicht betrachtet.

Der Versicherer als Fondsmanager und Gewinnverteiler

Während Bruttobeitragsgarantie und Garantiezins quasi die Basis für
die Erwirtschaftung des für die zukünftigen Rentenzahlungen benötigten Vermögens darstellen, stellt die Anlage der Beiträge nach Kosten
(Sparbeiträge oder *Nettoprämien*) am Kapitalmarkt durch den Versicherer den ersten aktiven Baustein dar. All diese geleisteten Beiträge,
bereits erhaltenen Zulagen und Gutschriften der Versicherungsnehmer
sind Bestandteile des sog. *Sicherungsvermögens*[140] des Versicherers,
das er möglichst risikolos und trotzdem in der Hoffnung auf Ertrag
anlegen soll. Das Sicherungsvermögen wird global angelegt.

War es in der Vergangenheit aufgrund der guten Zinssituation relativ
leicht möglich, durch Investition größtenteils in Staatsanleihen bereits
mehr als den Garantiezins zu erwirtschaften, so ist in der momenta-
nen Niedrigzinsphase die Bruttobeitragsgarantie oft sogar die größere
Hürde, da sie sich auf die Beiträge vor Kosten bezieht und damit zumindest auch alle einbehaltenen Kosten zu erwirtschaften sind. Während eine grobe Beschreibung der Anlagestrategie des Versicherers
als »zu 90 % in Staatsanleihen und 10 % in Aktien und aktienähnli-
che Anlagen« in früheren Jahren durchaus realistisch war, sind heute
auch andere Investmentklassen wie z. B. Firmenanleihen, Infrastruk-
turbeteiligungen (Windparks sind sehr beliebt!) oder Immobilien oft
in durchaus signifikanter Höhe Bestandteile des Anlageportfolios des
Versicherers. Man kann sich das Sicherungsvermögen heute als einen
gut gemanagten Spezialfonds vorstellen.

Am Ende des Jahres[141] werden die Gewinne aus dem Sicherungsvermögen verteilt (die *Überschussbeteiligung*). Dabei gehören mindestens
90 % der Kapitalerträge den Versicherten, wobei die Versicherer in
den vergangenen Jahren oft sogar mehr als diesen Pflichtanteil an die

---

[140]Wir führen hier bewusst nicht alle Posten auf, die das Sicherungsvermögen
ausmachen.

[141]Der Einfachheit halber wird hier das Kalender- mit dem Geschäftsjahr gleich-
gesetzt.

Versicherten weitergegeben haben. Zusätzlich stehen den Versicherten auch 50 % der eingesparten Kosten und 90 % der Einsparungen durch überschätztes Langlebigkeitsrisiko zu. Nachdem die Gewinne feststehen und auch der Anteil der Kapitalerträge der Versicherten festgelegt wurde, müssen die den Versicherten zustehenden Gewinne verteilt werden.

Lebensversicherer werben oft mit der Stabilität der zugeteilten Gewinne über die Zeit hinweg. Das liegt nur zum Teil daran, dass die Investitionen des Versicherers risikolos sind. Es ist auch in der mehrstufigen Gewinnverteilung begründet, durch die eine Glättung der Erträge im Zeitablauf entsteht. So werden Teile der Gewinne durch die sogenannte *Deklaration der Gesamtverzinsung* den individuellen Verträgen direkt zugeordnet. Dies geschieht, indem ihnen für das nächste Jahr eine feste Verzinsung garantiert wird, die für viele Verträge oberhalb der Garantieverzinsung liegt.[142]

Liegt die Deklaration für einen Vertrag unter seinem individuellen Garantiezins, so werden dem Vertrag im nächsten Jahr Zinsen in Höhe des Garantiezinses gutgeschrieben. Andere Teile der Kapitalerträge werden den Versicherten als Kollektiv zugeordnet und später individuell verteilt. Hierzu wird ein Großteil dieser Beträge in die sog. RfB[143] eingestellt, um einen Puffer für ertragsschwächere Jahre in der Zukunft aufzubauen. Liegt ein ertragsschwaches Jahr vor, so werden der RfB Teile entnommen, um eine zeitlich möglichst gleichmäßige Deklaration angeben zu können. Zum Ende der Ansparphase kommen noch als weitere Bestandteile der sogenannte *Schlussüberschuss* (quasi der Teil an den Gewinnen, der für den individuellen Versicherten nicht mehr in die RfB einzustellen ist) und Anteile an den *Bewertungsreserven* (die Differenz zwischen Markwert und dem Buchwert der vom Versicherer im Sicherungsvermögen gehaltenen Güter) hinzu.

---

[142]Da der Höchstrechnungszins über die Jahre hinweg angepasst wurde, sind somit auch Klassikverträge mit unterschiedlichem Garantiezins (die Werte schwanken aktuell von 0,9 % bis 4 %) im Bestand des Versicherers.

[143]RfB = Rückstellung für Beitragsrückerstattung

Verrentung und die Sterbetafel: Wie hoch ist die Rente?

Am Ende der Ansparphase steht – nach evtl. anteiliger Kapitalentnahme durch den Versicherten – das zur *Verrentung* (also der Umwandlung des Kapitals in eine lebenslange Rente) verfügbare Kapital fest. Wäre die Dauer der Rentenzahlungen heute schon bekannt, so ließe sich das Kapital durch Kauf einer entsprechenden *Annuität*[144] für den Versicherten direkt in eine Rente umwandeln. Da die individuelle Lebensdauer allerdings nicht vorhersehbar ist, müssen diese individuellen Schwankungen im Kollektiv der Versicherten ausgeglichen werden. Hier kommt dann die sogenannte *Sterbetafel*[145] ins Spiel. Mit ihrer Hilfe lassen sich die erwarteten Lebensdauern der jeweiligen Versicherten bestimmen, die sich in der Entsparphase befinden. Liegt ein großes Kollektiv vor, so wird die Summe der an das Kollektiv zu leistenden Zahlungen wenig von den Erwartungswerten abweichen[146]. Es genügt dann, vorsichtig zu rechnen, also mit einem zusätzlichen, aber vergleichsweise geringen Sicherheitszuschlag. Dahinter steckt die Argumentation, dass die Sicherheit zukünftiger Zahlungen über der exakt fairen Auszahlung an das Individuum steht. Auf dieser Basis können dann die in der Zukunft zu leistenden Zahlungen bestimmt werden.

Und, mögen Sie Klassik?

Wir haben in unserem Text den Weg des Geldes von der Einzahlung über die Anlage bis hin zur Auszahlung als Rente beschrieben. Jetzt

---

[144] *Annuität* ist in der Sprache der Lebensversicherer die Kurzform für *Annuitätenanleihe*. Diese ist eine spezielle Form einer Anleihe fester Laufzeit, bei der regelmäßig ein konstanter Betrag, die Annuität, bezahlt wird welche – im Unterschied zur Standardanleihe – Tilgung und Zinsen enthält. Eine Annuitätenanleihe kann auch als Rente aufgefasst werden.

[145] Es existieren für Deutschland Sterbetafeln der Deutschen Aktuarvereinigung DAV, die regelmäßig auf ihre Gültigkeit hin überprüft werden und als Basis von den Versicherern verwendet werden; vgl. die Geschichte auf S. 253.

[146] Man vergleiche die Argumentation in der Erzählung auf S. 218.

liegt die Beurteilung des Produkts beim Leser. Die Frage, ob man sich für eine klassische Lebensversicherung entscheidet, ist schwer zu beantworten und beinhaltet viele, speziell auch psychologische Aspekte.

Eine Garantieverzinsung bzw. eine garantierte Rentenhöhe nimmt dem Versicherten Unsicherheit, allerdings nur in Bezug auf die nominalen Beträge, nicht in Bezug auf die zukünftige Kaufkraft. Ein weiterer Punkt ist der, dass die Bruttobeitragsgarantie oder der Garantiezins oft die einzigen Aspekte einer Kapitallebensversicherung sind, die direkt vom Kunden verstanden werden.

Umgekehrt nimmt eine Garantie, die gerade einmal so einzuhalten ist, jeglichen Raum für riskantere Investments mit höherem Renditepotenzial. Dies ist bei vielen Versicherern ein Argument, Klassikvarianten mit einem niedrigeren oder sogar ohne Garantiezins anzubieten. Insgesamt reichen die angebotenen Produkte von solchen, die nur eine Klassik mit niederigerem Garantiezins sind, bis hin zu Produkten, die komplexe Optionsgeschäfte beinhalten.

Schließlich sollte man bei allen Riester-Produkten auch die Höhe der staatlichen Zuschüsse berücksichtigen, die für Familien mit Kindern und speziell bei niedrigen und mittleren Einkommen oft einen beträchtlichen Anteil am Vertragsvermögen darstellen und die bei anderen Formen der Altersvorsorge nicht erhalten werden.

Hilft mir jemand bei der Entscheidung?

Um dem Kunden eine möglichst passgenaue Produktwahl zu ermöglichen, die neutral neben den Argumenten der Makler der Produkte stehen, sind seit dem 1. Januar 2017 für geförderte Altersvorsorgeprodukte normierte *Produktinformationsblätter* zu erstellen. Sie beinhalten insbesondere die Angabe einer *Chancen-Risiko-Klasse* und der *Effektivkosten* der jeweiligen Produkte. Diese Maßzahlen und ihre Ermittlung werden im Beitrag auf S. 250 vorgestellt.

57 Nicht alles in einen Topf werfen. Dynamische Hybridprodukte

Wer Risiken meidet, verpasst die Chancen.

Walter Ludin (geb. 1945), Schweizer
Theologe, Journalist und Autor

»Ich habe in der letzten Ausgabe von *Risiko lohnt sich!* gelesen, dass es jetzt auch innovative Produkte zur Riester-Rente gibt. Ich dachte immer, Riester-Produkte wären etwas für die Zeitschrift *Bloß kein Risiko!*, wenn es diese gäbe.« Das muss man Peter lassen, er bildet sich ständig fort. »Dort wurden speziell sogenannte dynamische Zwei- und Dreitopf-Hybridprodukte gelobt, aber es wurde nicht so recht verraten, was das ist. Und, na ja, da dachte ich, dass du mir das sicher erklären kannst.«

»Gut, dann versuche ich es mal. Aber diese Produkte sind mir auch recht neu, und mir sind auch nicht alle Produktdetails geläufig, zumal sie in der Theorie kaum betrachtet werden«, versuchte ich Peters Erwartungen etwas zu dämpfen, der dann mit einem aufmunternden »Ja, probier's doch einfach!« konterte.

Die Idee hinter einem Mehrtopfprodukt ist die, dass man damit möglichst gut an der Entwicklung des Aktienmarkts partizipieren will, gleichzeitig aber dem Besitzer dieses Riester-Produkts garantieren muss, dass das im Produkt angesparte Vermögen am Ende der Ansparphase – und somit in der Regel zu Beginn der Rentenzeit – mindestens so hoch ist wie die Summe der geleisteten Einzahlungen und erhaltenen staatlichen Zulagen.[147] Deshalb muss mindestens ein Topf, d. h. ein Finanzprodukt, in der Mischung enthalten sein, mit dem man Garantien erzeugen kann, und mindestens einer, der das Aktieninvestment beinhaltet.

---

[147]Man bezeichnet das als *Bruttobeitragsgarantie*; vgl. die Erzählung auf S. 224.

© Springer Fachmedien Wiesbaden GmbH, ein Teil von Springer Nature 2019
R. Korn und B. Luderer, *Mathe, Märkte und Millionen*,
https://doi.org/10.1007/978-3-658-23717-2_57

»Moment mal, das hatten wir doch schon!«, warf Peter ein. »Erinnerst du dich nicht mehr daran? Du hast mir doch schon einmal ein CPPI-Produkt erklärt.«[148]

»Ja, das stimmt. CPPIs spielen bei den Mehrtopfprodukten auch oft eine Rolle. Ich werde gleich darauf eingehen.«

© Amili/stock.adobe.com

Mehrtopfprodukte existieren in verschiedenen Formen, zum einen als statische oder dynamische Varianten und zum anderen als Zwei- oder Dreitopfprodukte. Dabei gibt es immer einen absoluten Garantietopf, der bei Versicherern in der Regel dem Deckungsstock entspricht, während sich Fondsanbieter am Kapitalmarkt durch Kauf von geeigneten Anleihen absichern.

Beim Zweitopfprodukt ist in der Regel noch ein weiterer Fonds dabei, der entweder ein Garantiefonds sein kann, also z. B. ein CPPI mit einer Garantie meist unterhalb von 100 %, oder aber ein Fonds ohne Garantie. Im Dreitopfprodukt sind in der Regel beide Fondstypen dabei. Für statische Mehrtopfprodukte legt man von Beginn an fest, wie

---

[148]Man vergleiche hierzu die Geschichte auf S. 207.

viel Prozent der jeweils eingezahlten Prämie nach Abzug der Kosten in die einzelnen Töpfe fließt.

»Hm, das ist jetzt nicht so spannend, oder?« Peter wirkte etwas enttäuscht. »Da habe ich mehr erwartet.«

»Ich bin ja auch noch nicht fertig, denn die eigentlich interessanten Produktvarianten sind die dynamischen Zwei- und Dreitopfhybride«, versuchte ich seine Aufmerksamkeit wiederzugewinnen.

Das Ziel bei den dynamischen Hybridprodukten besteht darin, durch Ausnutzen von Gewinnen am Aktienmarkt gegenüber den statischen Hybridprodukten mehr Geld in Aktien zu investieren. Am besten lässt sich das am Beispiel eines Dreitopfhybrids zeigen. Wir nehmen dazu an, dass jeweils am Monatsbeginn (und nach eventuell erfolgter Prämieneinzahlung) die Investmentstrategie für den jeweiligen Monat festgelegt wird. Weiter gehen wir von den folgenden drei Töpfen aus, in die investiert werden kann:

- der Deckungsstock des Versicherers (mit einer für den nächsten Monat feststehenden Verzinsung von i),

- ein Garantiefonds mit 80 % Garantie auf die investierte Summe bis zum Monatsende,

- ein Fonds ohne Garantie (der sog. *freie Fonds*).

»Moment, lass mich bitte einmal nachfragen, damit ich das auch richtig verstehe«, fiel mir Peter ins Wort. »Ich glaube, dass das Prinzip hinter den drei Töpfen doch sicherlich darauf hinausläuft, dass ich mehr an Rendite erwarten kann, je weniger ich an Garantien verspreche, oder?« Das hatte er richtig erkannt.

»Genau! So ist z. B. die Garantie von 80 % des investierten Vermögens für einen Monat nicht allzu schwer zu erzeugen, beispielsweise mithilfe einer CPPI-Strategie oder durch geeignete Optionen. Der Garantiefonds sollte also eine deutlich höhere mittlere Rendite als der Deckungsstock haben. Und der freie Fonds, also der Fonds ohne jegliche Garantie, sollte die höchste Renditeerwartung der drei Töpfe besitzen.«

»Und wie wird jetzt in die einzelnen Töpfe investiert?« Peter war plötzlich wieder begeistert.

»Das geschieht in zwei Schritten. Ich erkläre dir das im Detail.«

Im ersten Schritt muss untersucht werden, wie die Bruttobeitragsgarantie (BBG) erfüllt werden kann, wie also sichergestellt werden kann, dass hierfür am Ende des Monats genügend Vermögen vorhanden ist. Hierfür müssen wir den Wert x bestimmen, der benötigt wird, damit eine Investition von x in den Deckungsstock am Ende des Monats gerade die Summe aller bisher geleisteten Prämien und Zulagen am Ende der Ansparphase ergibt.

Wir wählen als Beispiel $x = 10.000$ Euro und eine Verzinsung des Deckungsstocks, die einer monatlichen Verzinsung von $0,25\%$ entspricht.[149] Sind zu Monatsbeginn mehr als

$$z_u = \frac{10.000}{1,0025} = 9.975,06 \text{ Euro}$$

vorhanden, so kann mithilfe des Deckungsstocks erreicht werden, dass mindestens 10.000 Euro am Ende des Monats vorhanden sein werden.

Übersteigt das Vermögen am Monatsanfang sogar $z_o = 12.500$ Euro, so kann man sogar schon mithilfe des Garantiefonds die Bruttobeitragsgarantie sicherstellen, da bereits 80% von z_o am Monatsende hierfür ausreichen.

Die beiden Größen z_u und z_o bestimmen die Investmentstrategie, wobei wir davon ausgehen dürfen, dass mindestens ein Vermögen V in Höhe von z_u vorhanden ist, da sonst die BBG nicht mehr erfüllbar wäre. Unter dieser Voraussetzung wendet man in einem Dreitopfhybrid die im Folgenden beschriebene Strategie an, wozu zwei Fälle zu unterscheiden sind.

---

[149]Eine monatliche Verzinsung von $0,25\%$ führt zu einem Jahreszins von ungefähr $3,04\%$; vgl. Grundformel (7).

Fall 1: $\boxed{z_u < V \le z_0}$

Investiere V_D in den Deckungsstock und $V_G = V - V_D$ in den Garantiefonds, wobei

$$V_D = \frac{x - 0,8V}{0,2025}$$

gilt, und nichts (!) in den freien Fonds. Wäre beispielsweise $V = 10.000$ Euro, so würde man $V_D = 2000 : 0,2025 = 9876,54$ Euro in den Deckungsstock und $V_G = 123,46$ Euro in den Garantiefonds investieren.

Fall 2: $\boxed{z_o < V}$

Investiere $V_G = z_o$ in den Garantiefonds und den Rest $V_F = V - V_G$ in den freien Fonds, nichts in den Deckungsstock. Wäre also beispielsweise $V = 14.000$ Euro, so würde man $V_G = 12.500$ Euro in den Garantiefonds und $V_F = 1500$ Euro in den freien Fonds investieren.

Diese Entscheidungen sind jeden Monat neu zu treffen.

»Das ist wirklich interessant, besonders die Tatsache, dass ich im zweiten Fall den Deckungsstock nicht brauche«, bemerkte Peter. »Aber ich habe noch zwei Fragen. Zunächst, wie bist du denn auf die Formel für das Investment in den Deckungsstock gekommen?«

»Gute Frage! Man erhält V_D, indem man zum einen fordert, am Ende des Monats in jedem Fall das Vermögen x zu besitzen, während am Anfang des Monats die Summe aus V_D und V_G natürlich gerade das vorhandene Vermögen V ergeben muss. Damit erhält man (für gegebene Werte x und V) die beiden linearen Gleichungen

$$1,0025 V_D + 0,8 V_G = x,$$
$$V_D + V_G = V,$$

die genau die oben angegebenen Lösungen für V_D und V_G besitzen.«

»Aber wieso gilt denn die erste Zeile als Gleichheit, man will doch lieber mehr als x am Ende des Monats haben?«, warf Peter ein.

»Das ist richtig, aber es geht uns ja auch nur darum, den Anteil im Deckungsstock zu bestimmen, der selbst bei der schlechtestmöglichen Performance des Garantiefonds noch ein Vermögen am Monatsende von x sichert, das wir für die BBG brauchen. In der Regel wirst du mit dieser Strategie mehr als x am Ende des Monats besitzen. Aber du hattest noch eine zweite Frage?«

»Ja. Wie erhält man denn die Größe x, die man am Monatsende braucht, um die BBG erfüllen zu können? Die Verzinsung des Deckungsstocks ist doch immer nur für das laufende Jahr bekannt!« Das hatte Peter gut beobachtet.

»Stimmt. Aber man hat auch noch die Garantieverzinsung von i_G, die für die unbekannte Zeit als untere Grenze für die Verzinsung des Deckungsstocks eingesetzt werden kann.[150] Dann musst du nur die zu garantierende Summe am Ende der Ansparphase auf das Ende des Monats abzinsen. Ich sollte aber wohl auch noch erwähnen, dass ich in meinen Rechnungen die von den Anbietern berechneten Kosten für Verwaltung und Management vernachlässigt habe, aber das Prinzip der beiden Fälle bleibt dennoch erhalten.«

Peter war mit der Antwort zufrieden, gab aber noch einen letzten Kommentar ab: »Weißt du, was an dieser Strategie witzig ist? Du hast drei Töpfe, aber es ist in jedem Monat nur in zweien etwas drin. Ist ja fast wie beim Hütchenspiel ...«

---

[150]In Hybridprodukten wird oft nicht der volle Zins des Deckungsstocks bzw. des Garantiezinses i_G vergeben, sondern es werden aufgrund der Tatsache, dass ein gegenüber dem Klassikprodukt erhöhter Verwaltungsaufwand entsteht, nur jeweils reduzierte Werte verwendet.

58 Ein Millionen-Roulette am Finanz- und Versicherungsmarkt? Die Monte-Carlo-Methode

Oft liest oder hört man bei umfangreichen Berechnungen in der Finanz- und Versicherungsindustrie von der Anwendung sogenannter Monte-Carlo-Methoden. Dabei mutet es auf den ersten Blick geradezu zynisch an, wenn Monte-Carlo-Methoden für Fragen des Risikomanagements oder bei der Bewertung von finanziellen Positionen und Produkten eingesetzt werden. Sollte es tatsächlich so sein, dass Geld durch eine Art Roulette im wahrsten Sinne des Wortes aufs Spiel gesetzt wird?

Sowohl die Namensgebung der Methode als auch die Monte-Carlo-Methode (MC-Methode) selbst lassen solche Vermutungen zu. In der Tat nimmt der Zufall eine zentrale Rolle in dieser Methode ein. Allerdings wird er durch zwei mächtige Resultate der Stochastik gezähmt, nämlich durch das starke Gesetz der großen Zahlen und den Zentralen Grenzwertsatz.[151] Sie sorgen dafür, dass der Zufall die ihm zugedachte, konstruktive Rolle als Freund und Helfer erfüllt.

Die MC-Methode ist leicht zu beschreiben. Ihr Ziel besteht darin, den Erwartungswert $E(X)$ einer Zufallsgröße X zu berechnen, die einen Vorgang mit unsicherem Ausgang beschreibt, z. B. den Wert eines Aktienkurses in der nächsten Woche, die Tageshöchsttemperatur übermorgen oder in der Tat den Gewinn bei einem Glücksspiel. Statt nun zu versuchen, $E(X)$ explizit zu berechnen (z. B. durch die Berechnung eines Integrals mithilfe der Wahrscheinlichkeitsdichte der Zufallsvariablen), basiert die MC-Methode auf zwei einfachen Schritten.

---

[151] Die beiden Resultate spielen die Hauptrolle in der Erzählung auf S. 218.

© Springer Fachmedien Wiesbaden GmbH, ein Teil von Springer Nature 2019
R. Korn und B. Luderer, *Mathe, Märkte und Millionen*,
https://doi.org/10.1007/978-3-658-23717-2_58

Schritt 1: Führe das zu X gehörende Zufallsexperiment N Mal unabhängig voneinander durch und notiere die dabei erhaltenen Ergebnisse $x_1, ..., x_N$.

Schritt 2: Schätze den Erwartungswert durch das arithmetische Mittel über die Versuchsergebnisse (siehe Grundformel (21)):

$$E\left(X\right) \approx \frac{1}{N} \cdot \sum_{i=1}^{N} x_i =: \bar{x}_N.$$

Nehmen wir als Beispiel $X =$ Augenzahl beim Würfeln mit einem fairen Würfel. Da alle Zahlen gleich wahrscheinlich sind, gilt

$$E(X) = \frac{1}{6} \cdot (1 + 2 + 3 + 4 + 5 + 6) = 3{,}5.$$

Um für die Ermittlung des Erwartungswertes die MC-Methode anzuwenden, wurden mit einem geeigneten Zufallszahlengenerator (z. B. mit einem Würfel oder einem kleinen Computerprogramm) die Zahlenfolge $5, 6, 3, 6, ..., 2, 1, 2, 1$ erzeugt, die 10.000 Zahlen mit Werten $x \in \{1, 2, 3, 4, 5, 6\}$ enthält. Dabei ergab sich beispielsweise

$$E\left(X\right) \approx \frac{1}{10000} \cdot \sum_{i=1}^{10000} x_i = 3{,}488.$$

Würde man eine zweite Zahlenfolge von 10.000 solcher Zahlen erzeugen, so würde man einen ähnlich genauen Schätzwert für den Erwartungswert erhalten, der sich in der Regel nur minimal vom obigen Wert unterscheiden würde. So wären etwa die Ergebnisse 3,491 oder 3,507 denkbar oder natürlich jede andere Zahl (in der Nähe von 3,5). Der interessierte Leser ist aufgefordert, hundertmal oder tausendmal einen Würfel zu werfen, die Ergebnisse zu notieren und den Mittelwert zu berechnen (und das am besten mehrfach).

Kann man dem Ergebnis der MC-Methode trauen?

Aufgrund des starken Gesetzes der großen Zahlen strebt das arithmetische Mittel über die Versuchsergebnisse für große Werte N an Wiederholungen gegen den gesuchten Wert, den Erwartungswert. Um dem Ergebnis trauen zu können, sollte man also wissen, wie groß man N wählen muss, damit der Fehler einen vorgegebenen (kleinen) Wert nicht übersteigt. Hier hilft der Zentrale Grenzwertsatz. Aus ihm folgt insbesondere, dass mit einer Wahrscheinlichkeit von mindestens 95 % gilt, dass das Intervall (auch *Konfidenzintervall* oder *Vertrauensbereich* genannt)

$$I_N = \left[\frac{1}{N} \cdot \sum_{i=1}^{N} X_i - 2 \cdot \frac{\sigma}{\sqrt{N}}, \ \frac{1}{N} \cdot \sum_{i=1}^{N} X_i + 2 \cdot \frac{\sigma}{\sqrt{N}} \right]$$

den wahren Wert $E(X)$ überdeckt.[152] Hierfür sorgen die beiden Sicherheitsabschläge und -zuschläge zum arithmetischen Mittel im obigen Intervall. Die Form des Intervalls ergibt sich wie im Beitrag auf S. 218, nur dass hier die Summe der Zufallsvariablen durch ihr arithmetisches Mittel ersetzt wird. Bildet man die Differenz der beiden Intervallgrenzen, so sieht man, dass die Intervalllänge $4 \cdot \frac{\sigma}{\sqrt{N}}$ beträgt. Dies bedeutet wiederum, dass man mindestens $N = 10.000$ wählen muss, um eine Intervalllänge im Prozentbereich der Standardabweichung σ von X zu erhalten.[153] Des Weiteren sieht man, dass eine gewünschte Reduktion der Intervalllänge um den Faktor 10, also eine Stelle mehr an (mittlerer) Genauigkeit, eine Erhöhung der Versuchsanzahl N um den Faktor 100 benötigt. Das macht die MC-Methode recht aufwendig und langsam.

---

[152]Da man in der Regel die Standardabweichung σ von X nicht kennt, wird sie im Intervall durch die Wurzel aus $\frac{1}{N-1} \cdot \sum_{i=1}^{N} (x_i - \bar{x}_N)^2$ geschätzt.

[153]Wegen $\sqrt{N} = \sqrt{10.000} = 100$.

Warum aber verwendet man die MC-Methode in der Finanz- und Versicherungswirtschaft?

Der Grund ist schlicht und einfach, dass es oft keine Alternative gibt!

So lassen sich die Preise komplizierter Optionsverträge[154] oft nur durch die Simulation der Entwicklung der ihnen zugrunde liegenden Aktienpreise und der anschließenden Mittelung der entstehenden Auszahlungen der Option, also durch eine geeignete MC-Methode, berechnen.

Versicherer müssen aufgrund von Regularien jährlich das sogenannte *Solvenzkapital* (SCR) berechnen. Die Höhe des SCR ist dabei dadurch charakterisiert, dass der Versicherer mit diesem Kapital mit einer Wahrscheinlichkeit von $99,5\%$ am Ende des Jahres noch seinen Verpflichtungen nachkommen kann, d. h., dass er *solvent* ist. Hierzu sind alle finanziellen Positionen und Risiken des Versicherers auf das Ende des Jahres zu projizieren und dann zu bewerten. Der Wert, der dann mit einer Wahrscheinlichkeit von $0,5\%$ nicht überschritten wird, ergibt auf heute abgezinst das Solvenzkapital, über welches der Versicherer mindestens verfügen muss.

Um diesen Wert zu bestimmen, bleibt einem bei der Komplexität der Geschäfte des Versicherers, insbesondere der Vielzahl an Verträgen, der verschiedenen Positionen in Aktien und Anleihen sowie weiterer Investments nichts anderes übrig, als eine aufwendige MC-Simulation durchzuführen. Da sie bei einem Versicherer aber durchaus eine Rechenzeit von über einem Monat – auch auf großen Rechnerclustern – erfordern kann, existiert ein sehr aktiver Zweig der versicherungsmathematischen Forschung, der sich mit der Verbesserung des einfachen MC-Verfahrens, zugeschnitten auf die Berechnung des SCR, beschäftigt.

---

[154]Dies trifft z. B. für Optionen zu, die auf dem Kurs mehrerer Aktien basieren (Basket-Optionen), oder solchen, die den zugrunde liegenden Aktienkurs zu verschiedenen Zeitpunkten berücksichtigen, wie es bei Asiatischen Optionen der Fall ist.

Und es geht auch um Millionen!

Im obigen Würfelbeispiel ist der Fehler von $\frac{3{,}488-3{,}5}{3{,}5}\cdot 100\,\% = -0,34\,\%$ natürlich sehr klein, und man könnte ihn daher vernachlässigen, doch bei der Multiplikation mit den üblichen Bilanzsummen eines Versicherers ergeben sich trotzdem Abweichungen im Millionenbereich. Um hier Millionen einzusparen oder aber – was schlimm wäre – zu wenig als Reserve bereit zu halten, muss ein anderes Millioneninvestment getätigt werden, nämlich ein Investment in die Rechenzeit. Da folglich die im Würfelbeispiel erhaltene Genauigkeit für das wirkliche Leben nicht ausreicht, müssen wir die Anzahl der MC-Simulationen mindestens um den Faktor 100 erhöhen und sind so bereits bei mindestens $N = 1.000.000$ durchzuführender Zufallsexperimente angelangt.

Woher kommt die enorme Rechenzeit?

Der große Berechnungsaufwand bei den Versicherern entsteht nicht dadurch, dass eine Million Zufallszahlen simuliert werden, sondern dadurch, dass jedes einzelne Experiment sehr komplex ist und selbst wiederum eine Vielzahl von MC-Simulationen benötigt, die jeweils wieder die Größenordnung von einer Million haben können (weswegen man dies auch geschachteltes MC-Verfahren nennt). Man muss bedenken, dass zum einen über den Verlauf des Jahres hinweg jeweils die Entwicklungen der Kapitalmärkte und des Bestands der Verträge des Versicherers simuliert werden müssen und dann am Ende des Jahres die vorhandenen Positionen auch wieder zum Teil mit MC-Verfahren bewertet werden müssen. Auf diese Weise nimmt der Aufwand sehr leicht enorme Dimensionen an, die auch von großen Rechenclustern nicht schnell zu bewältigen sind.

Literatur:

Korn R., Korn E., Kroisandt G.: Monte Carlo Methods and Models in Finance and Insurance. CRC-Press 2010

Krah A.-S., Nikolic Z. , Korn R.: A Least-Squares Monte Carlo Framework in Proxy Modeling of Life Insurance Companies. Risks 6 (2), 2018

59 Versicherung für Millionen – Milliarden für die Versicherung

Eine Lebensversicherung erlaubt Ihnen arm zu leben und reich zu sterben.

Aus Griechenland

Eine Versicherung hat jeder, und sei es nur eine Krankenversicherung, eine Haftpflichtversicherung oder eine Unfallversicherung. Somit gibt es mehrere Millionen Versicherungsverträge[155] in Deutschland. Addiert man dann die geleisteten Prämien (also die Beitragszahlungen) der Versicherten, so erkennt man schnell, dass man in den Milliardenbereich an gezahlten Euro kommt, wenn nicht noch höher. Wir wollen in dieser Übersicht ein paar beeindruckende Zahlen zusammenstellen, die fast alle vom Gesamtverband Deutscher Versicherer (GDV) stammen[156], und aus ihnen einige Konsequenzen ableiten.

Tatsächlich liegen einige Zahlen in schwindelerregender Höhe und verdeutlichen, wer in Deutschland die wirklich großen Investoren sind, nämlich die Kollektive der Versicherer, im Prinzip also die Gesamtheit der Kunden, die die Prämien eingezahlt haben, denn: Die Versicherer haben in 2017 über 1,5 Billionen Euro angelegt.

Zum Vergleich: Das Bruttoinlandsprodukt von Deutschland ist mit 3,1 Billionen Euro gerade einmal doppelt so groß, der Bundeshaushalt 2016 betrug mit 311 Milliarden Euro gerade ein Fünftel der von den Versicherern angelegten Summe. Aufgrund ihrer angebotenen Produkte benötigen Versicherer auch bei ihrer Anlage viel Sicherheit. Sie haben deshalb über 85 % des angelegten Gelds in Rentenpapiere investiert und damit u. a. dem deutschen Staat ein erhebliches Kreditvolumen eingeräumt. Die gegenwärtige Niedrigzinsphase trifft die

---

[155]Laut Statistik des GDV gab es in 2017 in Deutschland 431 Millionen Versicherungsverträge, davon 89 Millionen Lebensversicherungsverträge.

[156]Wir verweisen hier auf die am Ende der Geschichte angegebene Literatur.

© Springer Fachmedien Wiesbaden GmbH, ein Teil von Springer Nature 2019
R. Korn und B. Luderer, *Mathe, Märkte und Millionen*,
https://doi.org/10.1007/978-3-658-23717-2_59

Versicherer daher besonders hart, weil ein Investment in Anleihen nicht nur erheblich an Attraktivität verloren hat, sondern weniger Rendite erbringt als die garantierte Mindestverzinsung einer Vielzahl von Lebensversicherungsverträgen. Ein großer Garantiefaktor für die Versicherungswirtschaft hat sich so zum Hauptproblem gewandelt.

Die Deutschen geben pro Kopf 1.141 Euro jährlich in der Lebensversicherung aus, was im Vergleich zur Schweiz (3.656 Euro pro Kopf) oder Großbritannien (2.789 Euro pro Kopf) wenig erscheint. Geht man vereinfachend von 1.000 Euro pro Kopf und 80 Mio. Deutschen aus, so ist das allerdings jährlich eine Summe von 80 Milliarden Euro, was ungefähr einem Viertel des Bundeshaushalts von 2016 entspricht. Im Jahr 2017 wurden an die im Ruhestand befindlichen Deutschen von den Lebensversicherern 88 Milliarden Euro an Leistungen ausgeschüttet.

Millionen als Konsequenzen mathematischer Schmetterlingsflügelschläge

Bei den oben genannten großen Zahlen haben Ungenauigkeiten, Zu- oder Abgaben im Kleinen enorme Auswirkungen auf das Gesamtergebnis. Nehmen wir z. B. an, dass sich von den 89 Mio. Lebensversicherungsverträgen etwas mehr als die Hälfte in der Ansparphase befindet, jeder Vertrag im Mittel mit 600 Euro jährlich bespart wird, was einem monatlichen Beitrag von 50 Euro entsprechen würde, und gehen wir weiterhin davon aus, dass jeder Vertrag bereits im Mittel 20 Jahre läuft, so ist eine Schätzung von 12.000 Euro als mittlere Ansparsumme eine vorsichtige Schätzung. Bei der jährlichen Gewinnzuteilung an die einzelnen Verträge hat der jeweils verantwortliche Aktuar der Unternehmen einen gewissen, wenn auch kleinen Spielraum. Nur um eine Zahl zu nennen, nehmen wir des Weiteren an, dass sich der Aktuar[157] zwischen einer festen persönlichen Gewinn-

---

[157]Wir nehmen vereinfachend an, dass allen Aktuaren der verschiedenen Unternehmen dieselben Alternativen vorliegen und sie sich auch gleich entscheiden.

zuteilung von 4 % und 4,05 % entscheiden kann. Dann beträgt der Unterschied im zugewiesenen Gewinn, bezogen auf alle Verträge

$$12.000 \cdot (0,0405 - 0,04) \cdot 45.000.000 = 270.000.000 \text{ Euro.}$$

In der Tat würde sich wohl kaum eine einzelne Person wegen des Unterschieds von einem zwanzigstel Prozent in der Gewinnzuteilung ernsthaft aufregen.[158] Umgekehrt wäre der Aufschrei riesig, wenn in der Tagesschau die Schlagzeile »Versicherungswirtschaft verweigert ihren Kunden 270 Millionen Euro an Gewinnzuteilung« kurz vor dem Wetterbericht auf dem Bildschirm auftauchen würde. Die enorme Auswirkung kleiner Zu- oder Abgaben bei den großen Kollektiven der Versichertungen erscheint einem hier so vorzukommen wie der aus der Chaostheorie bekannte Flügelschlag eines Schmetterlings in China, der möglicherweise eine folgenschwere Unwetterkatastrophe auslöst.

Autofahren, aber nur gut versichert

Die Anzahl der in Deutschland zugelassenen Autos betrug 2017 über 45 Mio. Eine durchschnittliche Kfz-Haftpflichtversicherung beinhaltet eine Haftung bis 100 Mio Euro. Es ergibt sich also eine gigantische maximal abgesicherte Schadenssume. Statt sie zu berechnen, zitieren wir aus dem statistischen Jahrbuch 2017 des GDV, nach dem im Jahr 2016 einer Beitragssumme von über 15 Mrd. Euro Schäden von über 14 Mrd. Euro in der Kfz-Haftpflicht entgegenstanden. Tatsächlich waren z. B. in den Jahren 2009 und 2010 die Schäden höher als die Beitragssumme. Auch das zeigt auf, warum eine Kfz-Haftpflichtversicherung gesetzlich vorgeschrieben ist.

Um ähnlich große Geldbeträge geht es beispielsweise auch in der Krankenversicherung oder der Gebäudeversicherung.

---

[158]Pro Vertrag beträgt der Unterschied 6 Euro.

Sicherheit durch ... Mathematik!

Anhand all dieser Zahlen, bei denen man sich oft schwer tut, spontan die genaue Anzahl der zugehörigen Stellen zu nennen, erscheint es eine Meisterleistung zu sein, dass wir eigentlich nichts von spektakulären Pleiten von Versicherern hören. Am mangelnden Wettbewerb und sich daraus ergebenden viel zu hohen Prämien kann es nicht liegen, denn es gibt beispielsweise über 80 Lebensversicherer in Deutschland.

Es existieren mittlerweile viele Vergleichsportale und Fachzeitschriften, die die Finanz- und Versicherungsprodukte gründlich und kritisch unter die Lupe nehmen. Aber es gibt auch sehr viele hervorragend ausgebildete Mathematiker in den Versicherungen, die sogenannten *Aktuare*[159], die sich in ihrer berufsständischen Vereinigung, der Deutschen Aktuar-Vereinigung (DAV), zusammengeschlossen und zu regelmäßiger Weiterbildung verpflichtet haben. Der Finanz- und Versicherungsmathematik mit ihren zentralen Resultaten und der Arbeit der Aktuare sowie der Versicherungsaufsicht, die über die Einhaltung gesetzlicher Regularien wacht, gebührt ein großer Anteil an der Sicherheit, die die Versicherer ihren Kunden bieten können.

Literatur:

Die Positionen der deutschen Versicherer, 2018, GDV

Die Versicherungswirtschaft – Fakten im Überblick, 2017, GDV

Statistisches Taschenbuch der Versicherungswirtschaft 2017, GDV

---

[159]Man wird als Mathematiker erst nach einer bestandenen Prüfung in einer umfangreichen Zusatzausbildung Aktuar. Gegenwärtig sind über 5.000 Aktuare Mitglied in der DAV. Die Tendenz ist stark steigend. Weltweit gibt es über 100.000 Aktuare.

60 Die CRK – eine Zahl für Chance und Risiko. Analyse von Altersvorsorgeprodukten

In einigen Geschichten wurden bereits Aspekte von Altersvorsorge-produkten (AV-Produkte) vorgestellt[160]. Meist ging es dabei um sogenannte Riester-Produkte, denen gemeinsam ist, dass sie mithilfe komplizierter Mechanismen die Bruttobeitragsgarantie (BBG)[161] sicherstellen und gleichzeitig auf verschiedene Arten (Verwendung von Optionen, Aktien, Fonds, ...) versuchen, am Aktienmarkt zu partizipieren, um eine Chance auf höhere Gewinne als nur durch Kauf von Anleihen zu haben. Neben den Riester-Produkten gibt es die staatlich geförderten Basis-Renten-Produkte (auch Rürup-Rente genannt), bei denen statt einer staatlichen Prämie Steuervorteile gewährt werden.

Wie aber kann der Kunde entscheiden, was für ihn das beste dieser Produkte ist, die von den über 80 Lebensversicherern sowie zahlreichen Banken und Fondsgesellschaften angeboten werden? Und vor allem, wie kann er das tun, *bevor* er einen Berater, Makler oder Honorarberater trifft?

Hierzu hat der Gesetzgeber das sogenannte Produktinformationsblatt (PIB) entwickelt, anhand dessen auf kompakte, einheitliche und werbefreie Art eine Vergleichbarkeit zwischen verschiedenen AV-Produkten ermöglicht werden soll. Dabei ist die wichtigste Zahl die sogenannte *Chancen-Risiko-Klasse* (CRK), die ein AV-Produkt gleichzeitig im Hinblick auf seine Chancen und Risken beurteilen soll. Wir wollen erklären, wie sie ermittelt wird und was sie aussagt.

---

[160] Siehe die Erzählungen auf den Seiten 224, 233 und 263.
[161] Siehe dazu die Geschichte auf S. 233.

© Springer Fachmedien Wiesbaden GmbH, ein Teil von Springer Nature 2019
R. Korn und B. Luderer, *Mathe, Märkte und Millionen*,
https://doi.org/10.1007/978-3-658-23717-2_60

Wie erhält man die CRK?

Die Basis aller Überlegungen stellt dabei ein Musterkunde dar, der jeden Monat (inklusive evtl. staatlicher Zulagen) 100 Euro an Prämie für sein AV-Produkt einzahlt. Dieser Betrag wird nach Abzug von Kosten seinem Vertragsguthaben gutgeschrieben. Neben verschiedenen Kosten unterscheiden sich AV-Produkte durch ihre Anlagestrategie[162]. Da nicht mit Sicherheit vorhersehbar ist, wie sich die Werte der in die verschiedenen Anlagen investierten Gelder entwickeln, wird eine Monte Carlo-Simulation[163] durchgeführt. Genauer: Auf der Basis von 10.000 Simulationsdurchläufen der Entwicklung der Kapitalmärkte werden für jedes AV-Produkt 10.000 Vertragsvermögen $X_1(T), ..., X_{10.000}(T)$ am Ende der Ansparphase ermittelt. Dabei kann T eine der vier Musterlaufzeiten von 12, 20, 30 oder 40 Jahren sein.

Als nächstes bestimmt man den Mittelwert $\bar{X}_{10.000}(T)$ der Vertragsvermögen. Danach berechnet man die feste Verzinsung $\bar{r}(T)$, mit der man alle Einzahlungen des Kunden verzinsen müsste, damit er am Ende der Ansparphase genau den obigen Mittelwert erhalten würde, d. h., $\bar{r}(T)$ ergibt sich als Lösung der Gleichung

$$\bar{X}_{10.000}(T)$$
$$= 100 \cdot \left[\left(1+\frac{\bar{r}(T)}{12}\right)+\left(1+\frac{\bar{r}(T)}{12}\right)^2+\ldots+\left(1+\frac{\bar{r}(T)}{12}\right)^{12\cdot T}\right]$$
$$= 100 \cdot \frac{12}{\bar{r}(T)} \cdot \left(1+\frac{\bar{r}(T)}{12}\right) \cdot \left[\left(1+\frac{\bar{r}(T)}{12}\right)^{12\cdot T}-1\right]$$

wobei wir die Grundformel (12) für den Endwert der vorschüssigen Rente angewendet haben. Die so berechnete Verzinsung bezeichnen wir als die für das AV-Produkt äquivalente Rendite und sehen sie als das Chancen-Maß $\mu(T)$ für das Produkt an.

---

[162]Siehe hierzu die Beschreibung der Produkte in den oben erwähnten Geschichten.
[163]Vgl. die Erzählung auf S. 239.

Das zugehörige Risiko-Maß $\sigma(T)$ des AV-Produkts wird hierzu vollkommen analog bestimmt, aber mit dem Unterschied, dass in seine Berechnung nur die 2.000 niedrigsten simulierten Endvermögen eingehen. Man beachte, dass hier ein höheres Risiko durch einen niedrigeren Wert von $\sigma(T)$ angezeigt wird, also durch eine niedrigere feste Verzinsung.

Je nach Lage des Paars $(\mu(T), \sigma(T))$ in der reellen Ebene wird dann das AV-Produkt in eine von fünf Chance-Risiko-Klassen eingeordnet. Die genaue Aufteilung der Ebene in die für die CRK relevanten Gebiete orientiert sich dabei an den Werten der Chancen-Risiko-Paare von fünf Musterprodukten, die die wesentlichen Charakteristika von Klassik-Produkten, Varianten von Klassik-Produkten wie z. B. Indexpartizipationen, statischen und dynamischen Hybridprodukten sowie von Fondssparplänen (ohne Bruttobeitragsgarantie!) besitzen. Nahezu alle diese Produkte wurden oben in verschiedenen Geschichten vorgestellt.

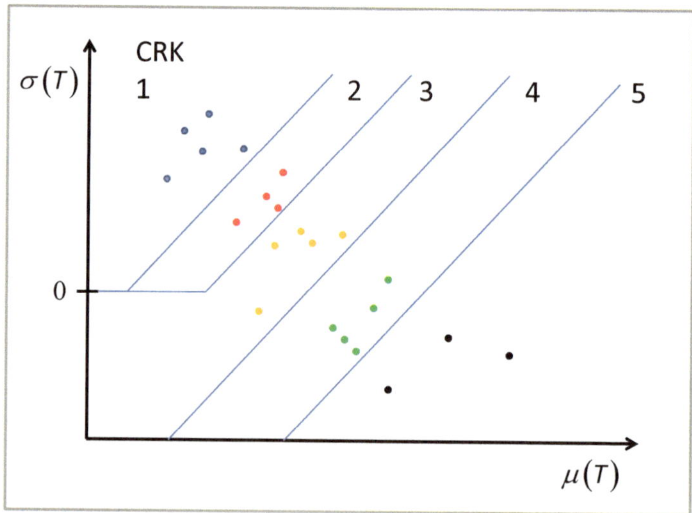

Abb. 28:   Veranschaulichung der möglichen Verteilung einzelner Produkte auf die fünf Chance-Risiko-Klassen

Abbildung 28 zeigt eine mögliche Zerlegung der reellen Ebene durch die blauen Geraden in die fünf Chance-Risiko-Klassen. Man beachte, dass es in der Realität durchaus Produkte geben kann, die von anderen Produkten bzgl. der beiden Kriterien Chance und Risiko dominiert werden. Diese sollten natürlich bevorzugt ausgewählt werden. Für weitere Erklärungen zur Aufteilung der CRK-Ebene in die einzelnen Klassen wird auf Korn (2018) verwiesen.

Wie ist die CRK zu verstehen?

Für den Kunden ist die Berechnung des Chancen-Risiko-Paars weniger wichtig als das Verständnis der CRK. So weiß er bei einem Produkt der Klasse CRK 1 recht genau, was am Ende der Ansparphase auf seinem Vertragskonto stehen wird, wenn er einen vorgegebenen Einzahlungsplan verfolgt. Bei einem Produkt der Klasse CRK 5 hingegen liegen sowohl ein großes Gewinn- als auch ein großes Verlustpotenzial vor. Es kann bei Basisrenten sogar der Fall eintreten, dass am Ende der Ansparphase weniger Geld auf dem Vertragskonto ist, als eingezahlt wurde. Aufgrund der BBG schaffen es Riester-Produkte in der Regel nicht in die CRK 5 und auch nicht so häufig in die Klasse CRK 4. Anhand der Merkmale der beiden extremen Größen für die CRK kann man sich leicht vorstellen, dass Produkte der Klasse CRK 2 bis 4 ein mit der CRK wachsendes Gewinn- und Risikopotenzial haben. Nur Produkte mit einer BBG dürfen in die CRK 1 und 2 eingeordnet werden.[164]

Wer vergibt die CRK und von wem werden die Rechnungen durchgeführt?

Die CRK-Kennziffern werden durch die neutrale Produktinformationsstelle Altersvorsorge (PIA) mit Sitz in Kaiserslautern vergeben.

---

[164]Unter www.produktinformationsstelle.de/assets/CRK-Texte-PIB-final.pdf findet man auch kurze Beschreibungen der einzelnen CRK.

Diese hoheitliche Aufgabe wurde ihr vom Bundesministerium der Finanzen 2015 übertragen. Dabei erhält sie wissenschaftliche Unterstützung bei der Berechnung der Chancen-Risiko-Maße, der Einteilung der reellen Ebene und der (Weiter-)Entwicklung des den Simulationen zugrunde liegenden Kapitalsmarktmodells durch die Abteilung Finanzmathematik des Fraunhofer Instituts für Techno- und Wirtschaftsmathematik (ITWM) in Kaiserslautern.

Die CRK eines Produkts, bezogen auf den Musterkunden, findet sich auf der jeweiligen Homepage des Produktanbieters. Ausgestattet mit dem Verständnis der Kenngröße CRK, kann der Kunde gezielt nach für ihn geeigneten AV-Produkten suchen und sich auch gezielt beraten lassen. Die CRK stellt damit auch einen mathematischen Beitrag zum Verbraucherschutz dar.

Literatur:

Mathematische Details für das im obigen Text erwähnte Kapitalmarktmodell finden sich in

Desmettre S., Korn R.: Moderne Finanzmathematik – Theorie und praktische Anwendung, Bd. 2. Springer Spektrum, Wiesbaden 2018.

Eine mathematisch einfache Beschreibung der Verwendung der Simulation für die CRK-Einordung findet sich in

Korn R.: Wie Finanzberater Simulationen in der Vorsorge nutzen. Der Neue Finanzberater, Berlin, Mai 2018.

> *Lebensversicherungen rechnen mit deinem Tod.*
>
> *Erhard Blanck (geb. 1942), deutscher*
> *Heilpraktiker, Schriftsteller und Maler*

Eine der wichtigsten Größen für die Berechnungen eines Lebensversicherers ist die Lebensdauer seiner Versicherten. Je genauer der Versicherer sie vorhersagen kann, desto besser kann er seine finanziellen Risiken in Form seiner zukünftigen Zahlungsverpflichtungen abschätzen. Dabei ist es erschwerend, dass sich bei Abschluss der Versicherung in der Regel noch nicht allzu viel über die gesundheitliche und berufliche Entwicklung des Kunden sagen lässt, zumal bei einer Kapitallebensversicherung oft 60 Jahre und mehr zwischen der ersten Prämienzahlung des Kunden und der letzten Rentenzahlung durch den Versicherer liegen.

Andererseits hilft dem Versicherer aber auch hier wieder die Größe seines Kollektivs an Versicherten. Geht man nämlich davon aus, dass sich individuelle Unterschiede der Versicherten im Mittel kompensieren, so erhält man die erwartete Anzahl der x Jahre alten Versicherten, die das nächste Jahr nicht überleben, als Produkt aus Sterbewahrscheinlichkeit q_x für das nächste Jahr und der Anzahl N_x der heute x-jährigen Versicherten. Die Grundlage hierfür bildet wieder das Gesetz der großen Zahlen.

Woher erhält man Sterbewahrscheinlichkeiten?

Das Hilfsmittel für den Versicherer ist die schon von der Bezeichnung her etwas antiquiert anmutende *Sterbetafel*[165]. Und tatsächlich wirkt sie auch beim ersten Ansehen wie aus der Zeit gefallen. In ihrer Grundausführung besteht eine Sterbetafel nur aus zwei Spalten:

---

[165]Im Englischen wird sie übrigens als *Life Table* bezeichnet.

© Springer Fachmedien Wiesbaden GmbH, ein Teil von Springer Nature 2019
R. Korn und B. Luderer, *Mathe, Märkte und Millionen*,
https://doi.org/10.1007/978-3-658-23717-2_61

- In der ersten Spalte stehen die möglichen Alter der Personen von $x = 0$ bis $x_{\max} = 121$.

- In der zweiten Spalte steht die (geschätzte) Wahrscheinlichkeit q_x dafür, dass eine Person vom Alter x vor Erreichen des Alters $x + 1$ stirbt.

Die Sterbetafel kann dabei noch nach Geschlecht differenzieren, sodass man dann pro Alter x zwei Sterbewahrscheinlichkeiten hätte.

Was kann man mit einer Sterbetafel anfangen?

Eine Sterbetafel erlaubt die Bewertung von Lebensversicherungen. Will man z. B. die heutige (Netto-)Prämie einer Risikolebensversicherung auf 10 Jahre für einen heute x-Jährigen pro versichertem Euro berechnen, so weiß man, dass die Wahrscheinlichkeit dafür, dass der x-Jährige im Alter $x + k$ stirbt, gerade das Produkt aus folgenden beiden Wahrscheinlichkeiten ist:

- $_k p_x$ – ein heute x-Jähriger überlebt die nächsten k Jahre,

- q_{x+k} – er stirbt im $(k + 1)$-ten Jahr.

Bei Annahme eines laufzeitunabhängigen, konstanten Zinssatzes von i hat diese Zahlung pro versichertem Euro Todesfallsumme heute einen (Bar-)Wert von $_k p_x \cdot q_{x+k} \cdot v^{k+1}$, wobei wir $v = \frac{1}{1+i}$ setzen[166] und vereinfachend annehmen, dass die Zahlung im Todesfall am Jahresende erfolgt. Da der Todesfall in jedem der nächsten 10 Jahre auftreten kann, ist über diese Jahre zu summieren und man erhält die aus heutiger Sicht zu zahlende Prämie als[167]

$$_{|10}A_x = \sum_{k=0}^{9} {_k p_x} \cdot q_{x+k} \cdot v^{k+1} .$$

---

[166]Die Größe v wird in der Versicherungsmathematik als *Diskontierungsfaktor* bezeichnet, v^{k+1} ist dann der Diskontierungsfaktor für $k + 1$ Jahre.

[167]Die seltsam anmutende Abkürzung für die Prämie ist in ihrer Form typisch für die Lebensversicherungsmathematik. Weitere solche Bezeichnungen und Anwendungen von Sterbetafeln findet man z. B. in Ortmann (2015).

Die Überlebenswahrscheinlichkeit $_kp_x$ ergibt sich dabei als[168]

$$_kp_x = \prod_{k=0}^{n-1} p_{x+k}, \quad p_{x+k} := 1 - q_{x+k}, \quad _0p_x := 1,$$

sodass man sie direkt aus Werten der Sterbetafel berechnen kann. Damit man nicht immer Produkte der obigen Art berechnen muss, wird die Sterbetafel in der Regel noch um weitere Spalten ergänzt, die wir hier nicht alle erklären wollen. Eine spezielle Spalte beinhaltet die Werte ℓ_x der im Alter x noch Lebenden, wenn man eine fiktive Population im Alter $x = 0$ mit 1.000.000 Personen gestartet hat. Man kann sich dann leicht überlegen, dass die Beziehung

$$_kp_x = \frac{\ell_{x+k}}{\ell_x}$$

gilt, da im Nenner die Anzahl der im Alter x und im Zähler die der im Alter $x + k$ (noch) Lebenden stehen. Durch die Angabe der Werte ℓ_x hat man so den großen Rechenaufwand zur Bestimmung von $_kp_x$ quasi offline im Voraus erledigt.

Die Zahl ℓ_x der noch im Alter x Lebenden legt die Vermutung nahe, dass nur ein einziger Jahrgang betrachtet wird, es sich folglich um eine *Kohortensterbetafel* handelt. Dabei würden dann Effekte wie z. B. die Verbesserung der Lebensqualität im Zeitablauf und damit einhergehende längere zukünftige Lebensdauern nicht berücksichtigt werden. Allerdings verwenden Versicherer zur Kalkulation stattdessen *Generationensterbetafeln*, die gleichzeitig das Sterbeverhalten aller gerade lebenden Personen betrachten und bei denen die Sterbewahrscheinlichkeit nicht nur vom Alter, sondern auch vom Geburtsjahrgang abhängt und so die Möglichkeit der Berücksichtigung der höheren Lebenserwartung für später Geborene gegeben ist.

---

[168]Während$\sum_{k=1}^{n} a_k = a_1 + a_2 + \ldots + a_n$ bedeutet, steht $\prod$ für das Produkt der einzelnen Glieder: $\prod_{k=1}^{n} = a_1 \cdot a_2 \cdot \ldots \cdot a_n$.

Wer berechnet Sterbetafeln und wie geschieht dies?

Sterbetafeln werden z. B. vom statistischen Bundesamt erstellt (siehe Destatis (2018)). Auch die Deutsche Aktuarvereinigung DAV erstellt Sterbetafeln, die alle Zwecke für Versicherer erfüllen und regelmäßig überprüft werden. Um sicherstellen zu können, dass die berechneten Reserven auch für die Rentenzahlungen zukünftiger Generationen ausreichen, wird in der Sterbetafel DAV 2004 R die Sterblichkeit tendenziell durch einen Sicherheitsabschlag eher unterschätzt, während sie in der Sterbetafel DAV 2008 T für die Kalkulationsgrundlagen von Risikolebensversicherungen durch einen Sicherheitszuschlag eher überschätzt wird.[169] Man spricht hier von Korrekturen 1. Ordnung, da immer vorsichtig im Sinne der Sicherstellung zu leistender Zahlungen gerechnet werden soll, was natürlich auch jeweils einen Sicherheitszuschlag in der vom Kunden zu zahlenden Prämie bewirkt.

Das Bestimmen einer Sterbetafel ist ein komplexes Zusammenspiel von beobachteten Daten, also tatsächlichen Sterbefällen, erwarteten zukünftigen Trends und mathematischen sowie grafischen Ausgleichsverfahren. Die konkrete Umsetzung kann hier in der Kürze nicht erklärt werden. Den interessierten Leser verweisen wir auf beispielsweise Destatis (2018) oder DAV (2018), wo zahlreiche Aspekte der Erstellung und Qualitätsprüfung einer Sterbetafel beschrieben werden.

Literatur:

DAV (2018) Herleitung der DAV-Sterbetafel 2004 R für Rentenversicherungen. Richtlinie. Köln, 24. Januar 2018

Destatis (2018) Sterbetafeln – Qualitätsbericht zur laufenden Berechnung von Periodensterbetafeln für Deutschland und die Bundesländer. www.destatis.de/DE/Publikationen/Qualitaetsberichte/Bevoelkerung/ Sterbetafeln.pdf

Ortmann, K. M.: Praktische Lebensversicherungsmathematik. Mit zahlreichen Beispielen sowie Aufgaben plus Lösungen. Springer Spektrum, Wiesbaden 2015

---

[169] Bei den Tafeln steht das R für Rente und das T für Todesfall.

62 Was haben Honoré de Balzac und 30 junge Genfer Mädchen mit Leibrenten und Sterbetafeln zu tun?

Im Romanzyklus »Die menschliche Komödie« des großartigen Romanciers Honoré de Balzac fällt seine Affinität zu Zahlen, Geld und Finanzprodukten auf, was sicherlich nicht von ungefähr kommt: Balzac hatte trotz immens hoher Einnahmen lebenslang Schulden, die zum einen in seinem ausschweifenden Lebenswandel begründet waren, zum anderen von der Insolvenz einer von ihm gekauften Druckerei herrührten. Und so nimmt es nicht wunder, wenn man in »Eugenie Grandet«, »Vater Goriot«, »Die Base Lisbeth« und anderen Werken immer wieder auf Angaben zu Jahresgehältern, zur Entwicklung von Börsenkursen und Lebenshaltungskosten oder auf Preise von Luxusartikeln stößt und mit verschiedenen Finanzprodukten – Wechsel[170], Schuldscheine, Anleihen – konfrontiert wird. Eine wichtige Rolle bei Balzac spielen die Leibrenten, die besonders im nachnapoleonischen Frankreich (aber auch schon früher) äußerst beliebt waren. Sie wurden gekauft, mitunter aber auch verkauft oder verpfändet.

Eine *Leibrente* besteht in regelmäßigen (z. B. monatlichen oder jährlichen) Zahlungen, die im Normalfall bis zum Tod des Rentenempfängers erfolgen.[171] Da der Todeszeitpunkt im Vorhinein nicht bekannt ist, kann die Dauer der Rentenzahlungen nur mithilfe von (ausgefeilten) Schätzungen ermittelt werden, wozu *Sterbetafeln*[172] dienen. Im einfachsten Fall erfolgt bei Vertragsabschluss eine Einmalzahlung. Oftmals rührt diese aus einem Hausverkauf (mit oder ohne Wohnrecht) her. Die Rentenzahlungen selbst beginnen meist erst später (sog. *aufgeschobene* Rente). Eine Leibrente unterscheidet sich von ei-

---

[170] Auch in kleinsten Details wie den zu klebenden Stempelmarken, einer Art Finanztransaktionssteuer, kennt sich Balzac bestens aus.

[171] Möglich ist auch die Zahlung bis zum Tod einer anderen Person oder bis zum Eintreten eines bestimmten Ereignisses.

[172] Siehe die Geschichte auf S. 253.

ner Anleihe dadurch, dass am Ende der Laufzeit keine Rückzahlung des Kapitals erfolgt, wodurch sie meist höher als Anleihen verzinst wird. Der Unterschied zu einer Risikolebensversicherung besteht darin, dass bei der Leibrente die Zahlungen **bis** zum Tod, bei der Lebensversicherung hingegen **nach** Eintritt des Todesfalls erfolgen; zudem ist für den Abschluss einer Leibrente keine Gesundheitsprüfung erforderlich.[173] Anders beim Verkauf einer Leibrente – hier ist es von Vorteil, den Käufer zu überzeugen, dass der Verkäufer noch lange leben wird. Und so macht sich Vater Goriot »...zurecht und putzt sich heraus ...«, wie es in Kapitel 11 von Balzacs gleichnamigem Roman heißt, um seine Leibrente zu verpfänden und den Erlös – wie bereits vorher sein gesamtes Vermögen – seinen Töchtern zukommen zu lassen, welche er abgöttisch liebt, die jedoch nur hinter seinem Geld her sind.

Bleiben wir noch ein bisschen bei Balzac. Im siebten Kapitel von »Vater Goriot« findet man eine Szene, in der Mademoiselle Michonneau, eine geldgierige »alte Jungfer«, ein Angebot über eine Summe von 3000 Francs für Spitzeldienste erhält. »Das bringt 300 Francs Leibrente«, meint der Beamte Poiret und rät ihr zuzusagen.

An dieser Stelle verlassen wir Balzac und wollen ein bisschen rechnen und überlegen. Wie kommt Poiret auf 300 Francs? Dazu sollen zwei Annahmen bezüglich der Leibrente getroffen werden:

- jährlich vorschüssige Zahlung, Beginn sofort,
- der zugrunde liegende Zinssatz beträgt 6 %.[174]

Unter Berücksichtigung dieser Voraussetzungen wollen wir die Dauer der Rentenzahlungen (= mittlere verbleibende Lebenserwartung von Mademoiselle Michonneau) berechnen. Dazu stellen wir gemäß dem Äquivalenzprinzip in Form des Barwertvergleichs die sofortige

---

[173]Im Falle eines schlechten Gesundheitszustandes des Rentennehmers hat der Zahlende eher nicht so lange zu zahlen, was für ihn vorteilhaft ist.

[174]Das ist der gleiche Zinssatz, wie er von den deutschen Finanzämtern bei Verzug von Steuerzahlungen erhoben wird; aufgrund der aktuellen Niedrigzinsphase sind allerdings mehrere Klagen gegen diesen Zinssatz anhängig. Auch in früheren Jahrhunderten war ein solcher Zinssatz nicht unüblich.

Einmalzahlung von 3000 Francs dem Barwert aller Rentenzahlungen gegenüber, vgl. Grundformel (13) mit $i = 6\%$, n unbekannt:

$$B_n^{\text{vor}} = R \cdot \frac{(1+i)^n - 1}{(1+i)^{n-1} \cdot i}$$

$$\Rightarrow \quad 3000 = 300 \cdot \frac{1,06^n - 1}{1,06^{n-1} \cdot 0,06}$$

$$\Rightarrow \quad 10 \cdot 0,06 = 1,06 - \frac{1}{1,06^{n-1}}$$

$$\Rightarrow \quad \frac{1}{1,06^{n-1}} = 1,06 - 0,6 = 0,46$$

$$\Rightarrow \quad 1,06^{n-1} = \frac{1}{0,46} = 2,173913$$

$$\Rightarrow \quad n - 1 = \frac{\ln 2,173913}{\ln 1,06} = 13,3266 \quad \Rightarrow \quad n \approx 14,3.$$

Nimmt man also beispielsweise an, die »alte Jungfer« sei 46 Jahre alt, so besäße sie – laut Balzac – eine mittlere Lebenserwartung von 14,3 Jahren und damit ein wahrscheinliches Lebensalter von ca. 60,3 Jahren. Ist das realistisch?

Nun, zunächst sind bei Balzac alle Zahlen sehr rund und folglich mit großer Vorsicht zu genießen. Die genannten 300 Francs Leibrente könnten vielleicht auch 290 oder 310 Francs bedeuten, was sich natürlich auf die Dauer der Rentenzahlungen auswirkt. So ermittelt man unschwer, dass sich für $R = 280$ [Francs] eine Laufzeit von ziemlich exakt 16 Jahren ergibt, was bedeuten würde, dass Mademoiselle Michonneau mit einer Lebenszeit von 62 Jahren rechnen könnte.

Zum anderen stellen sich zwei miteinander verbundene Fragen:

- Gab es zu Balzacs Zeit bereits vernünftige Sterbetafeln?
- Wie hoch war die Lebenserwartung einer weiblichen Person im Alter von 46 Jahren um die Mitte der 1830er Jahre, der Entstehungszeit des Romans »Vater Goriot«?

Im gut verständlichen Übersichtsartikel von Eisenmenger und Emmerling (2011) wird berichtet, dass bereits 1662 von J. Graunt eine erste, noch relativ grobe Sterbetafel der Londoner Bevölkerung veröffentlicht wurde. In einer anderen, von Lodewijk Huygens um 1670 erstellten und in der genannten Quelle enthaltenen Tafel der Lebenserwartung findet man für eine 46-jährige Person eine mittlere Lebenserwartung von 15 Jahren. Damit wird sie bei ihrem Tod ein Durchschnittsalter von 61 Jahren haben, was recht gut mit dem oben berechneten Resultat übereinstimmt. Bekanntlich ist in späteren Jahrzehnten und Jahrhunderten die Lebenserwartung kontinuierlich angewachsen und beträgt heutzutage für eine 46-jährige Frau bereits ca. 84 Jahre. Übrigens publizierte Edmund Halley im Jahre 1693 auf der Grundlage einer Sterbetafel auch eine Tabelle mit Leibrentenbarwerten, wobei er ebenfalls einen Zinssatz von 6 % verwendete.

Apropos Zinssatz. Dieser ist von großer Bedeutung für die Berechnungen. Führt man beispielsweise die obige Rechnung mit einem Zinssatz von $i = 5,\%$ aus, so erhält man $n = 13,2$, für $i = 4\%$ ergibt sich $n = 12,4$ und bei Null-Prozent-Verzinsung sind es schließlich 10 Jahre, denn $10 \cdot 300 = 3000$. Je höher der Zinssatz, desto länger kann also gezahlt werden oder anders gesagt: Sind die Laufzeit und der Einmalbetrag fixiert, so fällt der Rentenbetrag umso höher aus, je höher der zugrunde gelegte Zinssatz ist.

So weit zu Balzac und den Leibrenten. »Und was ist mit den 30 jungen Mädchen aus Genf?«, werden Sie, lieber Leser, bestimmt fragen. Ja, richtig, diesen wenden wir uns gleich zu. Das war nämlich so ...

Jeder Staat braucht Geld, und viele Staaten machen Schulden. Frankreich im 18. Jahrhundert bildete da keine Ausnahme. Gründe gab es viele: Der verschwenderische Lebensstil der königlichen Familie, zahlreiche geführte Kriege usw. usf. Andererseits wollen Vermögende in aller Regel ihr Vermögen vermehren – früher genauso wie heute; unter anderem auch die damaligen Genfer Bürger. Und schließlich: Banker wollen stets gute Geschäfte machen und denken sich daher neue, innovative Produkte aus – in der Vergangenheit ebenso wie in der Gegenwart. Sie versprechen dabei den potenziellen Käufern ihrer Produkte in der Regel höchste Sicherheit. Dass dies leider nicht immer der Fall ist, zeigte die Bankenkrise im Jahre 2008 nur allzu deutlich.

Doch zurück nach Frankreich bzw. Genf[175] in der zweiten Hälfte des 18. Jahrhunderts. Welche Möglichkeiten der Geldvermehrung hatte man beispielsweise?

- In der Lotterie spielen. Das versprach zwar hohe Gewinne, wahrscheinlicher aber war der Verlust des Spieleinsatzes.

- Staatsanleihen kaufen. Das war zwar relativ sicher (Vorsicht! – nicht immer; siehe unten), sie versprachen aber nicht unbedingt die maximale Rendite.

- Leibrenten auf die eigene Person kaufen. Diese erbrachten eine höhere Rendite, nur weiß man natürlich nicht, wie lange man lebt. Und für die Erben sind Anleihen wiederum besser, da am Ende der Laufzeit das Kapital zurückgezahlt wird.

- Leibrenten auf den Tod einer anderen Person kaufen. Das war durchaus möglich und auch eine feine Sache, wenn diese Person lange lebt. Wenn aber nicht – leider unrentabel!

Doch nun kommt das i-Tüpfelchen. Clevere Genfer Bankiers dachten sich 1771 gemeinsam mit Ärzten ein neues Finanzprodukt aus[176]: Wenn schon eine Leibrente, so dachten sie, dann eine auf mehrere Personen, wobei die Laufzeit durch den Tod der am längsten lebenden Person definiert wird. Das kommt bei den potenziellen Kunden gut an. Und wenn schon mehrere Personen, dann am besten solche, die noch möglichst lange leben. Ein »todsicheres« und äußerst attraktives Produkt, zumal es hoch verzinst wurde. Und wer lebt am längsten? Junge Mädchen aus wohlhabendem Hause, deren Eltern gesund sind und die ihre Kinderkrankheiten bereits hinter sich haben.[177]

---

[175]Genf war damals wirtschaftlich und finanziell eng mit Frankreich verbunden.

[176]Dabei stützten sie sich auf neueste Sterbetafeln, darunter die der Mathematiker Leonhard Euler und Daniel Bernoulli.

[177]Die hohe Kindersterblichkeit bei der Geburt und in jungen Jahren war in frü-

Nach sorgfältiger Überlegung wurden daher 30 junge Mädchen aus dem Bürgertum, die *Trente Demoiselles de Genève*, im Alter zwischen 7 und 14 Jahren ausgewählt. Bereits kurze Zeit später wurden (in Verbindung mit Pockenimpfungen) auch jüngere genommen. Für diese wurden Leibrenten so lange vom französischen Staat gezahlt, bis das letzte der Mädchen als (hoffentlich) alte Frau gestorben sein wird.[178] Das sicherte nicht nur dem Rentenbezieher, sondern vermutlich auch noch dessen Enkeln ein gutes Einkommen. Verkauft wurden diese Finanzprodukte vorwiegend an Genfer Bürger, im Gegenzug erhielt die französische Staatsschatulle die Verkaufserlöse.

Die Mädchen wurden mit ihrer Wahl zu äußerst wichtigen Personen, zu Popstars gewissermaßen, *Les Immortelles* genannt. Zweimal jährlich musste nachgewiesen werden, dass sie noch am Leben sind, erst dann erfolgte die Rentenzahlung.

So weit, so gut. Alle waren zufrieden. Schlecht nur, dass Frankreichs Staatskasse leer war und sich die finanzielle Situation ständig verschlimmerte. Alles endete schließlich in einer Finanzkrise wegen ausufernder Staatsschulden, die zum Ruin des Ancien Régime führte und letztendlich in der Revolution von 1789 mündete. In der Folge gingen auch viele Genfer Banken bankrott, und zahlreiche Genfer Bürger verloren ihr Vermögen. Dumm gelaufen!

Literatur:

Honoré de Balzac: Vater Goriot. List Verlag, Leipzig 1958

Eisenmenger M., Emmerling D.: Amtliche Sterbetafeln und Entwicklung der Sterblichkeit. Statistisches Bundesamt, Wirtschaft und Statistik, Wiesbaden 2011

Oppenheimer W.: Der Bankier des Königs: Jacques Necker – Finanzminister am Vorabend der Revolution, Signum Verlag, München 2006

Forster G.: Les trente Immortelles de Genève. Une intégration précoce des femmes ... Articulo – Journal of Urban Research 2 (2006); DOI: 10.4000/articulo.891

---

heren Jahrhunderten ein entscheidender Grund für die deutlich geringere Lebenserwartung.

[178] Beim Tod einer der 30 verringerte sich die Rentenzahlung allerdings jeweils um ein Dreißigstel.

63 Mal macht es klick und dann wieder nicht. Riester-Rente mit Indexpartizipation

» Wie, du willst schon wieder was über ein Riester-Produkt wissen? Heißt es bei dir jetzt neuerdings Altersvorsorge statt Börse?«

Ich versuchte, meinen Freund Peter ein wenig zu ärgern, denn er sieht sich gern als Finanzguru, wollte aber gerade etwas über *Indexpartizipationen* wissen, eine neuere Variante der Riester-Rente. Wie bei der klassischen Riester-Rente werden die vom Kunden gezahlten Prämien in den Deckungsstock investiert, aber der Teil des Jahresgewinns, der nicht für die Bruttobeitragsgarantie (BBG) benötigt wird[179], wird dafür verwendet, eine Option auf einen Index zu kaufen. Wir wollen im Folgenden den EURO STOXX 50 als Index wählen und eine sogenannte Cliquet-Option auf ihn betrachten[180].

»Na ja, zum einen muss auch ich an meine Altersvorsorge denken und zum anderen würde ich schon gern die lukrative Riester-Förderung mitnehmen. Aber am meisten interessiert mich dann doch, wie bei einer Indexpartizipation in den Index investiert wird und wie das mit der Cliquet-Option funktioniert? Ist das nicht zu riskant?«

Peters Liebe galt schon immer eher den Aktienmärkten und den Optionen. Ihm schien sich hier eine gute Chance zu offenbaren, in diese Märkte zu investieren und auch noch staatliche Förderung dafür zu erhalten.

»Das Risiko, den in die Option investierten Teil zu verlieren, ist in der Tat hoch. Aber du musst bedenken, dass du aufgrund der BBG mindestens dein investiertes Geld und auch alle Riester-Prämien garantiert am Ende der Ansparphase zur Verfügung hast. Insofern ist das Risiko überschaubar. Und hier kommen noch Details zu deinen Fragen.«

---

[179] Für die jährliche Gewinnzuordnung vergleiche die Erzählung auf S. 224.

[180] Es gibt auch Indexpartizipationen mit anderen, teils einfacheren Optionstypen.

© Springer Fachmedien Wiesbaden GmbH, ein Teil von Springer Nature 2019
R. Korn und B. Luderer, *Mathe, Märkte und Millionen*,
https://doi.org/10.1007/978-3-658-23717-2_63

Tatsächlich wird bei einer Indexpartizipation nichts (!) in einen Index investiert. Die Partizipation am Index wird durch den Kauf einer Option auf den Index, die meistens eine Laufzeit von einem Jahr hat, erreicht. Die dabei populäre Cliquet-Option besitzt eine recht komplizierte Auszahlungsstruktur. Sie beinhaltet eine obere Schranke C auf die monatliche Rendite des Index. Genauer, jeden Monat wird ihrem Besitzer die beschränkte Indexperformance

$$R(t) = \min\left\{ \frac{S(t) - S(t-1)}{S(t-1)} \, , \, C \right\} , \ t \in \left\{ \frac{1}{12}, \frac{2}{12}, \dots, \frac{11}{12}, 1 \right\}$$

gutgeschrieben, wobei $S(t)$ den Wert des Index zur Zeit t bezeichnet.

»Moment mal,« warf Peter ein, »diese Größe muss doch gar nicht positiv sein. Ich kann ja jeden Monat nur maximal eine Rendite von C gutgeschrieben bekommen, aber im schlechtesten Fall alles verlieren, also eine Rendite von $-100\,\%$ erzielen!«

»Das stimmt nur zum Teil, denn ich war noch nicht ganz fertig. Wähle einmal $C = 4\,\%$. Dann kannst du maximal 48 % als Rendite auf dein gesamtes angespartes Vertragsvermögen bekommen. Damit aber nicht am Ende des Jahres aus dem Kauf dieser Option Schulden entstehen, wird die Gesamtrendite durch null nach unten beschränkt. Man erhält also

$$R = \max\left\{ \sum_{i=1}^{12} R\left(\frac{i}{12} \right) , 0 \right\}$$

als Ertrag auf das gesamte Vertragsvermögen.«

»Das kommt mir komisch vor. Ich investiere doch nur einen kleinen Teil des Vermögens und kann dann bis zu 48 % Ertrag erzielen?«

In der Tat hatte Peter damit einen Aspekt angesprochen, der noch zu erklären ist, denn bisher haben wir den Wert von $C = 4\,\%$ (er wird auch als *Cap* bezeichnet) eher willkürlich gewählt. Was wir tatsächlich zur Verfügung haben, ist der Teil des Jahresgewinns, den wir nicht zur Sicherung der BBG benötigen, nennen wir ihn mal G. Er bestimmt, welche Cliquet-Option wir uns leisten können. Eine solche Option ist umso wertvoller, je höher der Cap C ist. Es wird daher die Cliquet-Option mit dem Cap $C = C(G)$ gekauft, den wir uns für den zur Verfügung stehenden Geldbetrag G leisten können. Die Bestimmung des zu G gehörigen Caps C ist dabei sehr aufwendig, da es für den Preis der Cliquet-Option keine explizite Preisformel wie z. B. die Black-Scholes-Formel (20) gibt. Es existieren Näherungsformeln, aber man greift oft auf die Monte-Carlo-Methode[181] zur Preisberechnung zurück.

Als Beispielrechnung erhält man unter der Annahme, dass der Index einem Black-Scholes-Modell genügt, eine Volatilität von $\sigma = 20\,\%$ hat und der risikolose Zins $i = 0$ beträgt, eine Cliquet-Option mit einem Cap von $C = 4\,\%$ zum Preis von 2,376 Cent pro Euro Vertragssumme. Wir brauchen also einen nicht für die BBG benötigten Jahresüberschuss von 2,376 %, wenn wir den Cap von 4 % haben wollen.

»Hm, wo willst Du denn einen solchen Überschuss in der jetzigen Niedrigzinsphase herbekommen? Da bin ich nicht so optimistisch. Vermutlich können wir uns mit dem, was momentan als Gewinn deklariert wird, eher einen Cap von 2 % leisten. Lohnt sich das dann überhaupt noch? Wenn der EURO STOXX 50 doch einmal in einem Monat richtig Gewinn macht, erhalten wir maximal 2 % gutgeschrieben, in Monaten des Verlusts aber den vollen Verlust. Solche Monate gibt es auch in guten Jahren. Da ist es doch eher unwahrscheinlich, dass R am Ende des Jahres positiv ist.«

Peter hatte sich etwas in Rage geredet. In der Tat war seine Argumentation richtig. Das haben die Anbieter auch erkannt und kaufen nach wie vor Cliquet-Optionen mit einem hohen Cap wie z. B. 4 %. Da aber der nicht zur BBG benötigte Gewinn G hierfür nicht ausreicht,

---

[181] Vgl. die Geschichte auf S. 239 zur MC-Methode und die unten angegebene Literatur.

kaufen sie pro Euro Vertragsvermögen nur soviele Cliquet-Optionen, wie sie für G erhalten. Ist beispielsweise $G = 1\,\%$, so erhält man im obigen Zahlenbeispiel nur noch $1/2{,}376 = 0{,}42$ Optionen pro Euro Vertragsvermögen. Das heißt zwar, dass die maximale Jahresrendite nur noch $48 \cdot 0{,}42\,\% = 20{,}2\,\%$ betragen kann, aber dafür erhält man deutlich häufiger eine positive Zahlung aus der Option als beim Kauf der Option mit dem Cap von $C = 2\,\%$.

Bei Peter hatte es jetzt klick gemacht: »Ganz schön kompliziertes Produkt, aber auch innovativ. Ich frage einmal meinen Versicherungsvertreter, der immer so von seinen Produkten schwärmt, was es da in der Vergangenheit an jährlichen Zahlungen gegeben hat. Da waren bestimmt auch ein paar Nullrunden dabei. Und dabei hat mich der Vertreter erst kürzlich wegen der Nullrunden bei der gesetzlichen Rente[182] dazu aufgefordert, ich solle unbedingt noch zusätzliche Vorsorge treffen ...«

Literatur:

Korn R., Temocin B., Wenzel J.: Applications of the Central Limit Theorem for Pricing Cliquet-Style Options, European Actuarial Journal 7(2), 2017 S. 465–480

---

[182]Man spricht bei der gesetzlichen Rente von einer *Nullrunde*, wenn sie im entsprechenden Jahr nicht erhöht wird.

Anhang

Theoretische Grundlagen

1 Klassische Finanzmathematik

1.1 Lineare Verzinsung

1.1.1 Grundbegriffe und Bezeichnungen

In diesem Abschnitt werden folgende Begriffe und Symbole verwendet:

Kapital	– Geldbetrag, der angelegt bzw. einem anderen überlassen wird (Maßeinheit: Geldeinheiten, GE; oft: Euro)
Laufzeit	– Dauer der Überlassung eines Kapitals (Maßeinheit: Zeiteinheiten, ZE)
Zinsen	– Vergütung für Kapitalüberlassung innerhalb einer Zinsperiode (Maßeinheit: Geldeinheiten)
Zinsperiode	– der vereinbarten Verzinsung zugrunde liegender Zeitrahmen; häufig ein Jahr, oftmals kürzer, selten länger
Zinssatz	– Zinsbetrag, der für ein Kapital von 100 GE in einer Zinsperiode zu zahlen ist; mitunter auch *Zinsfuß* genannt, in Prozent angegeben
Zeitwert	– der von der Zeit abhängige Wert eines Kapitals (in GE)
Barwert	– Wert eines Kapitals zum Zeitpunkt $t = 0$ („heute", Beginn einer Geldanlage), auch Anfangskapital, Gegenwartswert oder *Present Value* genannt
Endwert	– Wert eines Kapitals zu einem späteren Zeitpunkt (zum Ende einer Geldanlage)

© Springer Fachmedien Wiesbaden GmbH, ein Teil von Springer Nature 2019
R. Korn und B. Luderer, *Mathe, Märkte und Millionen*,
https://doi.org/10.1007/978-3-658-23717-2_64

t	–	Zeitpunkt; Zeitraum; Teil bzw. Vielfaches der Zinsperiode, gemessen in ZE
T	–	Zinstage
K, K_t	–	Kapital; Kapital zum Zeitpunkt t (Zeitwert)
K_0	–	Anfangskapital; Barwert
Z_t, Z_T	–	Zinsen für den Zeitraum t bzw. für T Zinstage
p	–	Zinsfuß, Zinssatz (in Prozent)
i	–	Zinssatz; $i = \frac{p}{100}$ (reelle Zahl)

Die mit Abstand üblichste Form der Zinszahlung ist die *nachschüssige*: Die Zinsen werden am Ende der vereinbarten Zinsperiode gezahlt. Keine Regel ohne Ausnahme: Es gibt (wenngleich selten) auch *vorschüssige* (*antizipative*) Verzinsung, beispielsweise bei Wechseln oder Schuldscheinen. Die am häufigsten auftretende Zinsperiode ist das Jahr. Man spricht in diesem Fall von *jährlicher Verzinsung* und fügt beim Zinssatz oft den Zusatz „p. a." (lat. per annum) hinzu. Bei kürzeren Zins- oder Zahlungsperioden spricht man von *unterjähriger Verzinsung*.

1.1.2 Zinsformel

Zinsen hängen proportional vom Kapital K, der Laufzeit t und dem Zinssatz i ab; je mehr und je länger man Geld anlegt und je höher der Zinssatz ist, desto mehr Zinsen werden auch gezahlt:

$$Z_t = K \cdot i \cdot t\,.$$

Während es bei den Größen K (Kapital) und i (Zinssatz) keine Unklarheiten gibt, verhält es sich mit der Größe t (Zeit der Geldanlage) komplizierter. Das Symbol t zum einen als *Zeitpunkt*, zum anderen als *Zeitraum*. Welche Interpretation jeweils anzuwenden ist, geht aber im Allgemeinen eindeutig aus dem Kontext hervor.

Legt man sein Geld genau ein Jahr lang an, gilt $t = 1$; legt man es ein halbes Jahr an, gilt $t = \frac{1}{2}$, was ebenfalls einzusehen ist. Aber: Was heißt „ein halbes Jahr"? Ein Jahr hat, wenn es kein Schaltjahr ist, 365 Tage. Man kann daher sein Geld entweder 182 oder 183 Tage anlegen. Ein Monat hat 28 (manchmal 29) oder 30 bzw. 31 Tage.

Zunächst ist also die Größe t einfach Teil einer Zinsperiode, wobei im „Normalfall" die Ungleichung $0 \leq t \leq 1$, gilt. d. h., der betrachtete Zeitraum ist kürzer als eine Zinsperiode; $t > 1$ ist aber auch möglich (vgl. §§ 248, 289 des Bürgerlichen Gesetzbuches (BGB), wo ein Zinseszinsverbot und damit lineare Verzinsung auch für größere Zeiträume gefordert wird. Dort heißt es: „Von Zinsen sind Verzugszinsen nicht zu entrichten." Ausnahmen werden aber z. B. für Kreditinstitute gemacht.

In der Praxis ist die Bestimmung von t gar nicht so klar, wie es auf den ersten Blick scheint, denn bei der Berechnung der Laufzeit

$$t = \frac{\text{Zinstage bzw. Laufzeittage}}{\text{Tagebasis (Jahreslänge in Tagen)}}$$

als Teil des Jahres finden verschiedene Zinsmethoden Anwendung (Näheres siehe Grundmann/Luderer, S. 24f.)

Bei der sogenannten 30/360-Methode hat jeder Monat einheitlich 30 Zinstage, das Jahr 360. Das ist sehr bequem zum Rechnen, da das Jahr dadurch in zwölf gleich lange Teile geteilt wird. Die konkreten Berechnungsvorschriften für die verschiedenen Methoden sind zum Teil recht kompliziert (vgl. Grundmann/Luderer, S. 24). Eine andere Methode ist die act/365-Methode, wobei „act" für die exakte Zahl an Kalendertagen steht:

$$t = \frac{t_2 - t_1}{365} \, .$$

Natürlich ergeben sich bei Verwendung unterschiedlicher Tageberechnungsmethoden auch unterschiedlich hohe Zinsbeträge (und später auch unterschiedliche Renditen).

Bei Verwendung der 30/360-Methode kann in obiger Formel die Größe t durch $\frac{T}{360}$ ersetzt werden, wobei T die Zahl der Zinstage beschreibt. Damit geht die obige Beziehung über in

$$Z_T = K \cdot i \cdot \frac{T}{360}.$$

1.1.3 Zeitwerte

Bekanntlich hängt der Wert einer Zahlung vom Zeitpunkt ihrer Fälligkeit ab. Daher ist es wichtig, Formeln herzuleiten, die diese Abhängigkeit darstellen. Von besonderer Bedeutung sind die Zeitpunkte $t = 0$ („heute") und t als Endzeitpunkt einer Geldanlage. Man spricht entsprechend vom *Barwert* und vom *Endwert*.

Endwert bei linearer Verzinsung

Legt man am Jahresanfang ein (Anfangs-)Kapital K_0 zum Zinssatz i an, so wirft dieses am Ende des Jahres (dies entspricht einem Anlagezeitraum von $t = 1$) Zinsen in Höhe von $Z_1 = K_0 \cdot i \cdot 1 = K_0 \cdot i$ ab. Das neue Kapital am Jahresende (= Anfang des nächsten Jahres) soll mit K_1 bezeichnet werden. Es entsteht aus K_0 zuzüglich dem Zinsbetrag Z_1, sodass gilt: $K_1 = K_0 + Z_1 = K_0 + K_0 \cdot i = K_0 \cdot (1 + i)$.

Dieselbe Überlegung kann man für beliebiges t mit $0 < t < 1$ anstellen. Dazu wird das folgende Schema von Ein- und Auszahlungen betrachtet:

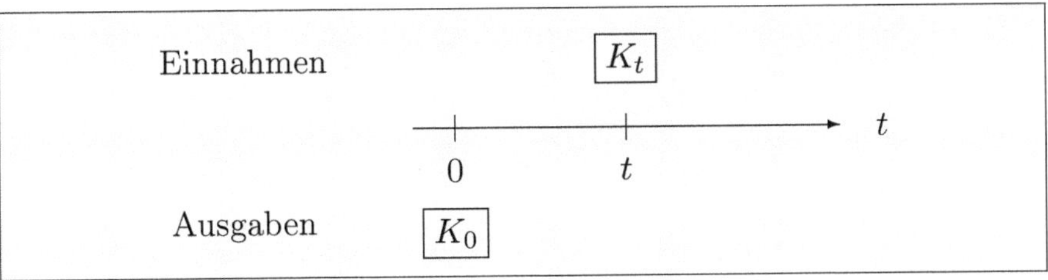

Abb. 29: Barwert und Endwert

Da sich das Kapital K_t zum Zeitpunkt t aus dem Anfangskapital K_0 zuzüglich der im Zeitraum t angefallenen Zinsen Z_t ergibt, gilt die Beziehung $K_t = K_0 + Z_t$. Damit erhält man unter Beachtung von $K = K_0$ die erste Grundformel der Finanzmathematik:

Endwert bei linearer Verzinsung

$$K_t = K_0 \cdot (1 + i \cdot t) \qquad (1)$$

Der Übergang von K_0 zu K_t entsprechend Gleichung (1), d. h. vom *Barwert* zum *Endwert*, mit anderen Worten – die Wertentwicklung des Kapitals K_0 im Verlauf der Zeit, wird als *Aufzinsen* bezeichnet; das Kapital vergrößert sich bei positivem Zinssatz.

Barwert bei linearer Verzinsung

Die nach K_t aufgelöste Beziehung (1) enthält die vier Größen K_0, K_t, i und t. Aus je drei gegebenen lässt sich die vierte berechnen. Am wichtigsten ist die Umstellung nach K_0:

Barwert bei linearer Verzinsung

$$K_0 = \frac{K_t}{1 + i \cdot t} \qquad (2)$$

Die Berechnung des Barwertes K_0 aus dem Endwert K_t nennt man *Abzinsen* oder *Diskontieren*. In diesem Begriff schwingt mit: „Es wird weniger." Bei positivem Zinssatz ist der Barwert stets kleiner als der Endwert.

Der Begriff des *Barwertes* (engl. *Present Value*) gehört zu den zentralen in der Finanzmathematik. Er stellt den Gegenwartswert einer zukünftigen Zahlung dar. Bei einer angenommenen Verzinsung von p Prozent (bzw. $i = \frac{p}{100}$) ist eine Zahlung in Höhe K_0 zum Zeitpunkt $t = 0$ einer Zahlung von K_t zum Zeitpunkt t äquivalent. Oder anders ausgedrückt: Ein zum Zeitpunkt $t = 0$ angelegter Betrag der Höhe K_0 wächst bei einem Zinssatz i in der Zeit t auf den Wert K_t an.

Oder noch anders: Eine zum Zeitpunkt t fällige Forderung von K_t kann durch eine zur Zeit $t = 0$ vorgenommene Geldanlage in Höhe K_0 erfüllt werden (Zinszahlung zum Zeitpunkt t vorausgesetzt).

Das *Äquivalenzprinzip* der Finanzmathematik wird meist in Form des *Barwertvergleiches* durchgeführt. Es dient dem Vergleich verschiedener, zu unterschiedlichen Zeitpunkten fälliger Zahlungen. Ebenso lassen sich Mehrfachzahlungen mithilfe von Barwerten zusammenfassen.

1.1.4 Mehrfache konstante Zahlungen

Welcher Endbetrag ergibt sich am Ende einer Zinsperiode, wenn innerhalb der Zinsperiode in regelmäßigen Abständen ein stets gleichbleibender Betrag der Höhe r angelegt wird? Der vereinbarte Zinssatz betrage wie immer i. Diese Situation tritt unter anderem bei der Rückzahlung von Darlehen auf, wenn monatliche Zahlungen und jährliche Verzinsung zusammentreffen. Auch Sparpläne folgen meist diesem Schema.

Es wird das Jahr als zugrunde liegende Zinsperiode betrachtet; die Einzahlungen sollen monatlich erfolgen. Zunächst wird der Fall betrachtet, dass die Einzahlungen jeweils zu Monatsbeginn, also *vorschüssig*, erfolgen:

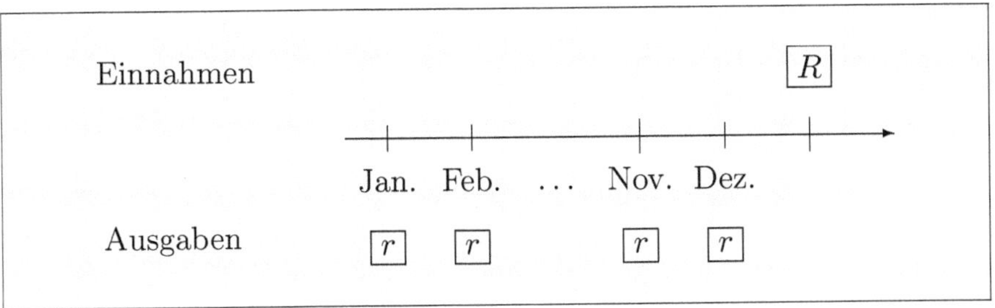

Abb. 30: Regelmäßige Einzahlungen jeweils zu Monatsbeginn

Die Januareinzahlung wird ein ganzes Jahr lang verzinst, sodass $t = 1 = \frac{12}{12}$ gilt, und wächst deshalb entsprechend Formel (1) auf den Endwert $r \cdot \left(1 + i \cdot \frac{12}{12}\right)$ an. Man beachte, dass das Anfangskapital hier r beträgt. Nach derselben Formel wächst die Februareinzahlung bis zum Jahresende auf den Betrag von $r \cdot \left(1 + i \cdot \frac{11}{12}\right)$ an, denn für diese Zahlung gilt $t = \frac{11}{12}$. So wird fortgefahren bis zur Dezemberzahlung. Diese liefert schließlich einen Endbetrag von $r \cdot \left(1 + i \cdot \frac{1}{12}\right)$. Damit beträgt die Gesamtsumme am Jahresende

$$
R = r \left(1 + i \cdot \frac{12}{12} + 1 + i \cdot \frac{11}{12} + \ldots + 1 + i \cdot \frac{1}{12}\right)
$$

$$
= r \left(12 + \frac{i}{12} \cdot [12 + 11 + \ldots + 1]\right) = r \left(12 + \frac{i}{12} \cdot 78\right),
$$

also endgültig

Endwert bei regelmäßigen nachschüssigen monatlichen Zahlungen

$$
\boxed{R = r \cdot (12 + 6{,}5 \cdot i)}
$$

(3)

Erfolgen die Zahlungen jeweils am Monatsende, so lautet in Analogie zu Formel (3) die Endsumme

Endwert bei regelmäßigen vorschüssigen monatlichen Zahlungen

$$
\boxed{R = r \cdot (12 + 5{,}5 \cdot i)}
$$

(4)

Bei den monatlichen Zahlungen spricht man allgemeiner auch von *unterjährigen Zahlungen*. Die Größe R bezieht sich *immer* auf das Jahresende, egal ob es sich bei den monatlichen Zahlungen um vor- oder nachschüssige handelt. Insbesondere in der Rentenrechnung (s. Abschnitt 1.3) werden diese Größen *Jahresersatzrate* genannt.

1.2 Geometrische Verzinsung

In diesem Abschnitt sind neben den Begriffen aus dem vorhergehenden Abschnitt die folgenden besonders wichtig:

K_0	–	Anfangskapital; Barwert
n	–	Anzahl der Zinsperioden (Jahre)
p	–	Zinssatz (in Prozent)
i	–	Zinssatz
K_n	–	Kapital am Ende der n-ten Zinsperiode; Endwert
K_t	–	Kapital zum Zeitpunkt t; Zeitwert
q	–	Aufzinsungsfaktor; $q = 1 + i$
q^n	–	Aufzinsungsfaktor für n Jahre

Dabei gelten für die Größen p, i und q die Zusammenhänge $i = \frac{p}{100}$ sowie $q = 1 + i$, sodass es genügt, wenn eine von ihnen bekannt ist. Die anderen beiden können dann leicht bestimmt werden.

Im Unterschied zum vorhergehenden Abschnitt werden jetzt typischerweise mehrere Zinsperioden betrachtet, wobei zunächst wie bei der linearen Verzinsung *einmalige* Zahlung (Kapitalüberlassung) betrachtet werden soll.

1.2.1 Zinseszinsformel

Wird ein Kapital über mehrere Zinsperioden (Jahre) hinweg angelegt und die dabei jeweils am Jahresende fälligen Zinsen angesammelt (kapitalisiert) und folglich in den nachfolgenden Jahren mitverzinst, entstehen *Zinseszinsen*.

Unter Verwendung der Endwertformel (1) mit $t = 1$ sowie Beachtung der Tatsache, dass das Kapital am Ende eines Jahres gleich dem Anfangskapital im nächsten Jahr ist, wird nun sukzessive das am Ende eines jeden Jahres verfügbare Kapital berechnet. Das Kapital am Anfang des 1. Jahres soll wiederum K_0 lauten.

Kapital am Ende des 1. Jahres:

$$K_1 = K_0 + Z_1 = K_0 \cdot (1 + i) = K_0 \cdot q$$

Kapital am Ende des 2. Jahres:

$$K_2 = K_1 + Z_2 = K_1 \cdot (1 + i) = K_1 \cdot q = K_0 \cdot q^2$$
$$\vdots$$

Führt man diese Überlegungen weiter, wo erhält man für das Kapital am Ende der n-ten Zinsperiode die Beziehung

$$K_n = K_0 \cdot (1 + i)^n = K_0 \cdot q^n.$$

Letztere Formel wird als *Endwertformel bei geometrischer Verzinsung*, was daher rührt, dass sich das Kapital entsprechend den Gliedern einer geometrischen Zahlenfolge entwickelt, oder auch als *Leibniz'sche Zinseszinsformel*. Sie stellt eine wichtige Grundbeziehung in der Finanzmathematik dar. Die in ihr auftretenden Größen K_n und K_0 bezeichnen das Kapital am Ende des n-ten Jahres bzw. das Anfangskapital, während der *Aufzinsungsfaktor* q^n angibt, auf welchen Betrag ein Kapital von einer Geldeinheit bei einem Zinssatz i und Wiederanlage der Zinsen nach n Jahren anwächst. Seine Berechnung ist mittels Taschenrechner oder Computer (z. B. mithilfe von Excel) leicht möglich.

Die Abbildung auf S. 40 zeigt, wie sich ein Kapital bei geometrischer Verzinsung entwickelt, wobei der Zeitwert *viel schneller* anwächst als bei linearer Verzinsung, was auf den *Zinseszinseffekt* zurückzuführen ist. Das wird insbesondere bei hohen Zinssätzen deutlich. Insbesondere bei langen Laufzeiten ($n \geq 20$) und hohen Zinssätzen ($i \geq 5\,\%$) verliert man schnell das Gefühl dafür, wie rasant sich der Wert eines Kapitals entwickelt.

Der Einzahlungs- bzw. der Auszahlungstermin eines Kapitals fallen in praktischen Situationen bei Weitem nicht immer mit dem Anfang bzw. Ende einer Zinsperiode zusammen, sodass man für die exakte Zinsberechnung die Formeln für die lineare mit denen der geometrischen Verzinsung kombinieren müsste; dies ist die sogenannte *gemischte Verzinsung*. Andererseits gibt es sowohl gesetzliche als auch bankinterne Vorschriften, die in vielen Situation geomatrische Verzinsung vorsehen, auch im unterjährigen Bereich. Die Konsequenz besteht dann darin, in der Endwertformel bei geometrischer Verzinsung von der ganzzahligen Größe n zur reellen Größe t überzugehen:

Endwertformel bei geometrischer Verzinsung

$$K_t = K_0 \cdot (1 + i)^t = K_0 \cdot q^t \qquad (5)$$

Bei der Berechnung mit dem Taschenrechner ist es ohne Belang, dass die Laufzeit t jetzt nicht mehr ganzzahlig ist, denn bei Nutzung der Taste $\boxed{y^x}$ ist es völlig egal, welchen Wert x annimmt, ob ganzzahlig oder gebrochen.

Oben (S. 278) wurde dargestellt, wie sich ein Kapital bei geometrischer Verzinsung entwickelt. Das Wachstum verläuft (für $t > 1$) viel schneller als bei linearer Verzinsung. Im unterjährigen Bereich, also für $0 < t < 1$, verhält es sich genau umgekehrt: Lineare Verzinsung bringt größeres Wachstum als geometrische vgl. die Abbildung auf S. 40).

1.2.2 Barwert bei geometrischer Verzinsung

Wie bei der linearen Verzinsung, spielt auch in der Zinseszinsrechnung der Wert einer Zahlung zu einem bestimmten Zeitpunkt eine wesentliche Rolle. Der Bezug auf einen einheitlichen Zeitpunkt dient dem Vergleich von Zahlungen, die zu verschiedenen Zeitpunkten fällig sind, oder von Gläubiger- und Schuldnerleistungen etwa zum Zwecke der Renditeermittlung eines Zahlungsplanes.

Der Vergleichszeitpunkt t kann im Grunde genommen beliebig gewählt werden, von besonderem Interesse sind jedoch der Zeitpunkt $t = 0$ sowie der zu einer Zahlungsvereinbarung (Sparplan, Darlehen, Kredit usw.) gehörige Endzeitpunkt, was den beiden Begriffen *Barwert* und *Endwert* entspricht. Die Berechnung des Anfangskapitals oder Barwertes K_0 kann durch einfache Umstellung der Beziehung (5) erfolgen:

Barwertformel bei geometrischer Verzinsung

$$K_0 = \frac{K_t}{(1 + i)^t} = \frac{K_t}{q^t} \tag{6}$$

Unter *Barwert* wird – analog zur linearen Verzinsung – derjenige Wert verstanden, den man „heute" (in $t = 0$) einmalig anlegen muss, um bei einem Zinssatz i und dem Aufzinsungsfaktor $q = 1 + i$ zum Zeitpunkt t das Endkapital K_t zu erreichen. Die Größe $\frac{1}{q^t}$ heißt *Abzinsungsfaktor* und gibt an, welchen Wert ein zum Zeitpunkt t verfügbares Endkapital von 1 GE zum Zeitpunkt $t = 0$ besitzt bzw. welcher Betrag heute (zum Zeitpunkt $t = 0$) angelegt werden muss, um bei Verzinsung mit dem Zinssatz i in der Zeit t auf den Betrag von 1 GE anzuwachsen.

Die Berechnung des Barwertes wird *Abzinsen* oder *Diskontieren* genannt („es wird weniger"). Umgekehrt spricht man bei der Verzinsung eines Kapitals auch vom *Aufzinsen* („es wird mehr").

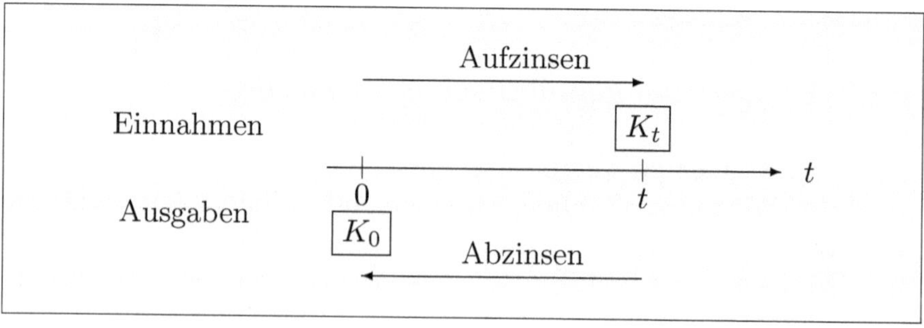

Abb. 31: Auf- und Abzinsen

Zu unterschiedlichen Zeitpunkten fällige Zahlungen lassen sich nur miteinander vergleichen, wenn sie auf einen einheitlichen Zeitpunkt bezogen werden. Die Wahl dieses Zeitpunktes ist beliebig, vorzugsweise wird der Zeitpunkt $t = 0$ gewählt. In diesem Zusammenhang spricht man vom *Barwertvergleich* von Zahlungen.

1.2.3 Unterjährige und stetige Verzinsung

Die der Zinsrechnung zugrunde liegende Zinsperiode beträgt oftmals ein Jahr, sie kann aber auch kürzer oder – in seltenen Fällen – länger sein. So können z. B. halbjährliche, vierteljährliche oder monatliche Zinszahlungen vereinbart sein. Sind die Zinsperioden kürzer als ein Jahr, wird von *unterjähriger Verzinsung* gesprochen.

Eine wichtige Fragestellung besteht darin, den Zusammenhang zwischen den nominellen bzw. effektiven (d. h. tatsächlichen) Zinssätzen der verschiedenen Perioden herzustellen.

Im Weiteren soll eine Zinsperiode der Länge eins betrachtet werden, die in m unterjährige Zinsperioden der Länge $\frac{1}{m}$ unterteilt wird. Es werde das Kapital K_0 angelegt. Der Einfachheit halber stelle man sich das Jahr als ursprüngliche „lange" Zinsperiode vor und den Monat als „kurze" Periode, dann gilt $m = 12$; dies ist der bei Weitem wichtigste Fall in der Praxis.

Der vereinbarte *nominelle* Zinssatz i bezieht sich auf die ursprüngliche Zinsperiode, während dem kürzeren Zeitraum anteilige Zinsen in Höhe von $Z = K_0 \cdot i \cdot \frac{1}{m} = K_0 \cdot \frac{i}{m}$ zuzuordnen sind, was auch als Verzinsung mit dem *unterjährigen Zinssatz* $\frac{i}{m}$ aufgefasst werden kann; dieser wird als zum nominellen Jahreszinssatz i gehöriger *relativer unterjähriger* Zinssatz bezeichnet. Da im Laufe der Ausgangszinsperiode m-mal verzinst wird, ergibt sich gemäß der Grundformel (5) nach einer Zinsperiode ein Endwert von $K_1^{(m)} = K_0 \left(1 + \frac{i}{m}\right)^m$ und analog nach n Perioden $K_n^{(m)} = K_0 \left(1 + \frac{i}{m}\right)^{m \cdot n}$.

Der bei unterjähriger Verzinsung mit dem relativen Zinssatz $\frac{i}{m}$ entstehende Endwert $K_n^{(m)}$ ist größer als der sich bei einmaliger Verzinsung mit dem nominellen Zinssatz i nach (5) ergebende Endwert K_n, was darin begründet ist, dass im Falle der unterjährigen Verzinsung die Zinsen wieder mitverzinst werden. Dies führt zum *Zinseszinseffekt*. Auf die ursprüngliche Zinsperiode bezogen, ergibt sich damit ein höherer Effektivzinssatz i_{eff} als der nominal ausgewiesene Zinssatz i. Zur Berechnung dieses *effektiven* Zinssatzes i_{eff} hat man die Endwerte (z. B. nach einer vollen Zinsperiode) bei einmaliger und unterjähriger Verzinsung gleichzusetzen:

$$K_1 = K_0 \cdot (1 + i_{\text{eff}}) \overset{!}{=} K_1^{(m)} = K_0 \cdot \left(1 + \frac{i}{m}\right)^m .$$

Nach Kürzen mit K_0 und Umformen (auf beiden Seiten ist eins zu subtrahieren) ergibt sich hieraus

**effektiver
Zinssatz**
$$\boxed{\; i_{\text{eff}} = \left(1 + \frac{i}{m}\right)^m - 1 \;}$$
(7)

Ist umgekehrt der Zinssatz i für die ursprüngliche Zinsperiode (der Länge 1) gegeben, so kann der zur unterjährigen Zinsperiode der Länge $\frac{1}{m}$ gehörige *äquivalente* Zinssatz i_m, der bei m-maliger unterjähriger Verzinsung auf den gleichen Endwert wie die einmalige Verzinsung mit i führt, analog aus dem Ansatz $i = (1 + i_m)^m - 1$ ermittelt werden, woraus sich ergibt:

**äquivalenter unter-
jähriger Zinssatz**
$$\boxed{\; i_m = \sqrt[m]{1 + i} - 1 \;}$$
(8)

Ist die zugrunde liegende Zinsperiode ein Jahr, so spricht man vom *effektiven Jahreszinssatz*. Dies ist eine Vergleichsgröße, für die man in der Regel ein „Gefühl" hat: 2 % jährliche Verzinsung ist eher wenig, 7 % sind schon ziemlich viel, während eine Rendite von 20 % bereits fantastisch zu nennen wäre.

Man kann sich die Frage stellen, was passiert, wenn die Anzahl, wie oft verzinst wird, immer größer wird (mathematisch: wenn m gegen unendlich strebt) bzw. wenn die Periode der Länge $\frac{1}{m}$, nach der Zinsen gezahlt werden, immer kürzer wird (mathematisch: gegen null strebt). Dazu hat man Grenzwertbetrachtungen durchzuführen. Im Ergebnis kommt man zur sogenannten *stetigen Verzinsung*:

Endwert bei stetiger Verzinsung
$$K_t = K_0 \cdot e^{it} \tag{9}$$

Für Details der Herleitung siehe Luderer: Starthilfe Finanzmathematik, S. 52f. Stetige Verzinsung spielt in Modellen der modernen Finanzmathematik eine große Rolle, beispielsweise in der berühmten Black-Scholes-Formel zur Berechnung des Wertes von Optionen; vgl. Grundformel (20). Die Größe i heißt in diesem Zusammenhang *Zinsintensität*.

1.3 Rentenrechnung

In der Zins- und Zinseszinsrechnung wurde der Wert eines Kapitals in Abhängigkeit von der Zeit dargestellt. Nun geht es mehrfache Zahlungen, bei denen der Einfachheit halber vorausgesetzt wird, dass sie konstant sind (im Unterschied zu *dynamischen* Renten.)

Die Rentenrechnung, die auf der Zins- und Zinseszinsrechnung aufbaut, befasst sich damit, mehrere regelmäßig wiederkehrende Zahlungen unter Berücksichtigung der anfallenden Zinsen zu einem Wert zusammenzufassen bzw. mit dem umgekehrten Problem, einen gegebenen Wert unter Beachtung von Zinsen in eine bestimmte Anzahl von (Renten-) Zahlungen aufzuteilen (*Verrentung eines Kapitals*). Der berechtigte Wunsch, alle Raten einfach zu einer Gesamtzahlung zusammenzuzählen, führt aus Sicht der Finanzmathematik regelmäßig zu falschen Ergebnissen, solange der Zinssatz größer als null ist, da die Zeitpunkte der Zahlungen unberücksichtigt bleiben.

Man unterscheidet zwischen *vorschüssigen* und *nachschüssigen* Renten, wobei die Zahlungen jeweils zu Periodenbeginn bzw. zu Periodenende erfolgen. In der Finanzmathematik werden im Allgemeinen *Zeitrenten* (von begrenzter Dauer) betrachtet, mitunter auch *ewige Renten* (von unbegrenzter Dauer). Im normalen Sprachgebrauch versteht man unter „Rente" die *Leibrente*, die bis zum Ableben des Rentenbeziehers gezahlt wird. Diese geht unter mathematischen Gesichtspunkten über die klassische Finanzmathematik hinaus und spielt vielmehr in der Versicherungsmathematik eine zentrale Rolle, da sie von zufälligen Einflüssen, insbesondere von der durchschnittlichen Lebenserwartung des Versicherungsnehmers, abhängt.

Wichtige Größen in der Rentenrechnung sind:

n	–	Anzahl der Raten- bzw. Zinsperioden (Jahre)
p	–	Zinssatz (in Prozent)
i	–	Zinssatz
q	–	Aufzinsungsfaktor
q^n	–	Aufzinsungsfaktor für n Jahre
R	–	Rate
E_n	–	Kapital am Ende der n-ten Zinsperiode; Rentenendwert
B_n	–	Rentenbarwert bei n Rentenzahlungen; Kapital in $t=0$

Zur Vereinfachung der weiteren Darlegungen sei zunächst vereinbart, dass die *Ratenperiode gleich der Zinsperiode* ist, wobei man sich beispielsweise die Zinsperiode gleich einem Jahr denken kann. Das *Grundproblem der Rentenrechnung* besteht in der Zusammenfassung der Einzelzahlungen zu einer Gesamtzahlung. Da deren Höhe abhängig vom Zeitpunkt, zu dem diese Zahlung erfolgt, ist, geht es folglich um den *Zeitwert* der Rente. Von besonderer Bedeutung sind zwei Zeitpunkte: $t = 0$ und $t = n$. Auf den ersten bezieht sich der *Rentenbarwert*, auf den zweiten, der das Ende aller Zahlungen repräsentiert, der *Rentenendwert*.

1.3.1 Nachschüssige Renten

In vielen Fällen erfolgen die Zahlungen am Ende einer jeden Periode, weshalb man von *nachschüssigen* Renten spricht. Dies entspricht dem folgenden Zahlungsschema:

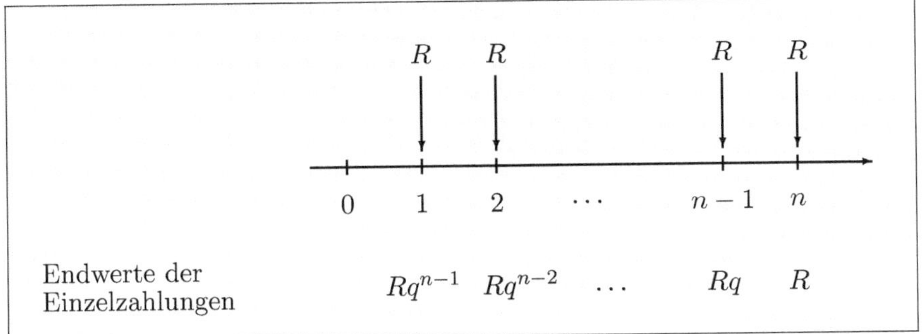

Abb. 32: Nachschüssige Rentenzahlungen

Die Endwerte der Einzelzahlungen entstehen durch mehrfache Anwendung der Leibniz'schen Zinseszinsformel. Diese besagt: Ein Startkapital K_0 wächst nach der Laufzeit t auf den Betrag $K_t = K_0 \cdot (1+i)^t = K_0 \cdot q^t$ an.

Die Größe $q = 1 + i$ wird *Aufzinsungsfaktor* genannt. Dabei hat man im vorliegenden Fall zu beachten, dass die Laufzeit der einzelnen Rentenzahlungen unterschiedlich ist: Die erste wird über $n-1$ Perioden verzinst und wächst daher auf $r \cdot q^{n-1}$ an, die zweite wird nur über $n-2$ Perioden verzinst usw. Die vorletzte Zahlung wird lediglich eine Periode lang verzinst, weshalb sie auf $R \cdot q$ wächst und die letzte Zahlung erfolgt zeitgleich mit der Auszahlung des Endwertes, weswegen sie gar nicht verzinst wird und folglich einfach R lautet.

Will man nun den Endwert **aller** n Rentenzahlungen ermitteln, so hat man die Endwerte aller Einzelzahlungen zu summieren, wobei zweckmäßigerweise die Reihenfolge umgekehrt wird:

$$E_n^{\text{nach}} = R + Rq + \ldots + Rq^{n-1} = R \cdot (1 + q + \ldots + q^{n-1}).$$

Unter Nutzung der Formel für die Summe S der Glieder einer geometrischen Zahlenfolge $S = \frac{q^n - 1}{q - 1}$ für $q \neq 1$ ergibt sich nunmehr

Endwertformel der nach-
schüssigen Rentenrechnung

$$E_n^{\text{nach}} = R \cdot \frac{q^n - 1}{q - 1} \qquad (10)$$

Zur Ermittlung des *Rentenbarwertes* könnte man die Barwerte aller Einzelzahlungen (also die Zeitwerte für den Zeitpunkt 0) durch Abzinsen unter Anwendung der Grundformel (6) berechnen und addieren. Einfacher ist es jedoch, das eben erzielte Resultat zu nutzen und den Barwert durch Abzinsen des Ausdrucks E_n^{vor} aus Formel (10) über n Jahre zu bestimmen: $B_n^{\text{nach}} = \frac{1}{q^n} \cdot E_n^{\text{nach}}$.

Im Ergebnis erhalten wir:

Barwertformel der nach-
schüssigen Rentenrechnung

$$B_n^{\text{nach}} = R \cdot \frac{q^n - 1}{q^n \cdot (q - 1)} \qquad (11)$$

1.3.2 Vorschüssige Renten

Erfolgen die Zahlungen jeweils zu **Beginn** jeder Periode, spricht man von *vorschüssiger* Rente. Sie entspricht diesem Zahlungsschema:

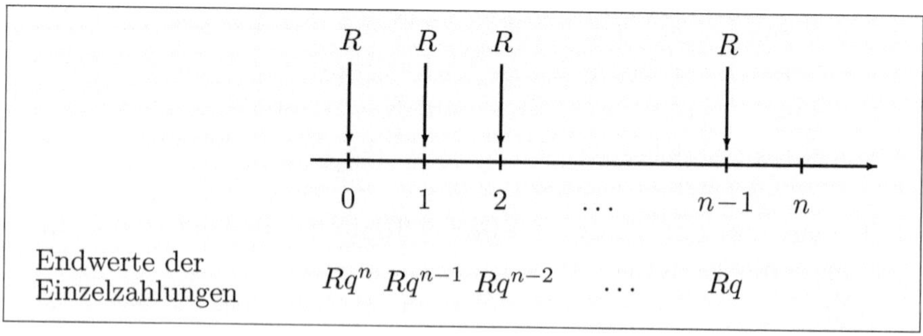

Abb. 33: Vorschüssige Rentenzahlungen

Wie auch im Fall der nachschüssigen Rente berechnet man den Endwert der Rente als Summe der Endwerte aller (umgekehrt aufgeschriebenen) Einzelzahlungen:

$$E_n^{\mathrm{vor}} = Rq + Rq^2 + \ldots + Rq^n = R \cdot q \cdot (1 + q + \ldots + q^{n-1}).$$

Unter Verwendung der Formel für die geometrische Reihe ergibt sich damit die Beziehung

Endwertformel der vorschüssigen Rentenrechnung
$$\boxed{E_n^{\mathrm{vor}} = R \cdot q \cdot \frac{q^n - 1}{q - 1}} \qquad (12)$$

Vergleicht man die Ausdrücke (10) und (12) miteinander, so stellt man fest, dass in (10) der Faktor q fehlt. Das erklärt sich daraus, dass jede Zahlung um eine Periode später erfolgt und damit einmal weniger aufgezinst wird. Damit ist auch der Endwert einer vorschüssigen Rentenzahlung (bei sonst gleichen Parametern) größer als der Endwert bei nachschüssiger Zahlung.

Schließlich ergibt sich der *Barwert der vorschüssigen Rente* durch Abzinsen des Rentenendwertes E_n^{nach} aus Formel (12) über n Jahre, d. h. $B_n^{\mathrm{vor}} = \frac{1}{q^n} \cdot E_n^{\mathrm{vor}}$, sodass sich ergibt:

Barwertformel der vorschüssigen Rentenrechnung
$$\boxed{B_n = R \cdot \frac{q^n - 1}{q^{n-1} \cdot (q - 1)}} \qquad (13)$$

Bemerkung: Bei Verzinsung mit einem positiven Zinssatz (was der Normalfall ist) gilt stets:

Barwert < Gesamtsumme aller Zahlungen < Endwert.

1.3.3 Formelumstellung

In den Formeln der Rentenrechnung kommen die Größen E (Endwert, vor- bzw. nachschüssig), B (Barwert, vor- bzw. nachschüssig),

R (Rate), n (Laufzeit) sowie i (bzw. q (Zinssatz bzw. Aufzinsungs-faktor) vor; die letzteren beiden kann man wegen $q = 1 + i$ bzw. $i = q - 1$ als **eine** Größe ansehen. Während die Umstellung der Formeln (10)–(13) nach E, B oder R keinerlei Schwierigkeit darstellt, ist die Auflösung nach n schwieriger. Exemplarisch soll die Beziehung (11) (mit $B_n^{\text{nach}} = B$) nach der Laufzeit n umgestellt werden (die so erhaltene Formel ist wichtig bei der Berechnung der Zeit bis zur vollständigen Tilgung eines Annuitätendarlehens (s. Abschnitt 1.4.2):

$$B = R \cdot \frac{q^n - 1}{q^n(q-1)} = R \cdot \frac{1 - \frac{1}{q^n}}{q - 1} \quad \Longrightarrow \quad \frac{B(q-1)}{R} = 1 - \frac{1}{q^n}$$

$$\Longrightarrow \quad \frac{1}{q^n} = 1 - \frac{Bi}{R} = \frac{R - Bi}{R} \quad \Longrightarrow \quad q^n = \frac{R}{R - Bi}$$

$$\Longrightarrow \quad \ln q^n = n \cdot \ln q = \ln \frac{R}{R - Bi} \, .$$

Zu guter Letzt erhält man für die Laufzeit die Beziehung

$$\boxed{\; n = \frac{1}{\ln q} \cdot \ln \frac{R}{R - Bi} \;}$$

Abschließend sei bemerkt, dass es im Allgemeinen nicht möglich ist, eine der Beziehungen (10)–(13) nach der Größe q (und damit nach dem Zinssatz i) explizit aufzulösen. Sind alle anderen Größen wertmáíg gegeben, so kann man jedoch numerische Verfahren zur Bestimmung des Wertes von q anwenden (s. hierzu die Geschichte auf S. 9).

1.3.4 Ewige Rente

Man kann sich die Frage stellen, was passiert, wenn die Anzahl der Rentenzahlungen n bzw. Rentenperioden immer größer wird, d. h., gegen unendlich geht. Dann sind die Rentenzahlungen (zumindest theoretisch) zeitlich nicht mehr begrenzt. Ist das überhaupt sinnvoll?

Darauf gibt es mindestens zwei Antworten: Zum einen handelt es sich dabei um eine interessante Methode zur Vereinfachung von Berechnungen bei großen Werten von n (tatsächlich unterscheiden sich die Barwerte kaum, egal, ob die Rente beispielsweise 50 Jahre lang oder unendlich lange gezahlt wird). Zum anderen gibt es durchaus reale Situationen, in denen die ewige Rente sachgemäß ist, wie etwa bei von Stiftungen geleisteten Zahlungen.

Schnell überlegt man sich, dass die Betrachtung des Endwertes einer ewigen Rente nicht sinnvoll ist, denn unendlich viele Zahlungen (plus Zinsen!) ergibt natürlich unendlich. Die Berechnung des Barwertes macht dagegen Sinn. Im Unterschied zur endlichen Zeitrente, wo im Laufe der Rente das Anfangskapital, d. h. der Barwert, durch die Auszahlungen immer kleiner wird und am Ende der letzten Periode aufgebraucht ist, erfolgt bei der ewigen Rente kein Kapitalverzehr, d. h., das Kapital selbst wird nicht angetastet.

Zur Berechnung des Barwertes einer ewigen Rente lässt man die Periodenzahl n in der jeweiligen Barwertformel (für die vorschüssige bzw. nachschüssige Rente) gegen unendlich streben.

Als erstes wird der vorschüssige Fall betrachtet. Zunächst gilt:

$$B_\infty^{\mathrm{vor}} = \lim_{n \to \infty} B_n^{\mathrm{vor}} = \lim_{n \to \infty} R \cdot \frac{q^n - 1}{q^{n-1} \cdot (q - 1)} \, .$$

Dividiert man Zähler und Nenner durch q^{n-1}, so erhält man:

$$B_\infty^{\mathrm{vor}} = \lim_{n \to \infty} R \cdot \frac{q - \frac{1}{q^{n-1}}}{q - 1} \, .$$

Unter Beachtung dessen, dass $q > 1$ ist und folglich $q^n \to \infty$ für $n \to \infty$ gilt, gilt $\frac{1}{q^n} \to 0$ für $n \to \infty$. Damit ergibt sich endgültig

Barwert der ewigen vorschüssigen Rente
$$\boxed{B_\infty^{\mathrm{vor}} = \frac{R \cdot q}{q - 1}} \tag{14a}$$

Nun wird der nachschüssige Fall untersucht. Ganz analog zum Barwert der vorschüssigen Rente ergibt sich:

$$B_\infty^{\text{nach}} = \lim_{n\to\infty} B_n^{\text{nach}} = \lim_{n\to\infty} R \cdot \frac{q^n - 1}{q^n(q-1)} = \lim_{n\to\infty} R \cdot \frac{1 - \frac{1}{q^n}}{q-1}$$

(hier wurde mit q^n gekürzt) und schließlich

Barwert der ewigen
nachschüssigen Rente
$$\boxed{B_\infty^{\text{vor}} = \frac{R}{q-1}} \tag{14b}$$

Dieser Ausdruck lässt sich gut interpretieren, wenn man ihn umformt:

$$R = B_\infty^{\text{nach}} \cdot (q-1) = B_\infty^{\text{nach}} \cdot i.$$

Er bedeutet: Die am Jahresende auszuzahlende Rate R entspricht gerade den Zinsen = Kapital mal Zinssatz.

1.4 Tilgungsrechnung

Bei der *Tilgungsrechnung* geht es um die Bestimmung der Rückzahlungsraten für Zinsen und Tilgung eines aufgenommenen Kapitalbetrages oder auch der Laufzeit bzw. der Effektivverzinsung.

Grundsätzlich erwartet der Gläubiger, dass der Schuldner seine Schuld verzinst und vereinbarungsgemäß zurückzahlt. Die jährliche Gesamtzahlung, bestehend aus Tilgungs- und Zinsanteil, bezeichnet man als *Annuität*. Für die weiteren Darlegungen werden die folgenden generellen Vereinbarungen getroffen:

- Rentenperiode = Zinsperiode = 1 Jahr,

- die Anzahl der Rückzahlungsperioden beträgt n Jahre,

- die Annuitätenzahlung erfolgt am Periodenende.

Letztere Vereinbarung hat zur Folge, dass die Formeln der nachschüssigen Rentenrechnung anzuwenden sind.

1.4.1 Grundbegriffe und Tilgungsformen

Im Weiteren werden diese Bezeichnungen verwendet:

$$
\begin{array}{ll}
S_0 & - \quad \text{Kreditbetrag, Anfangsschuld} \\[4pt]
S_k & - \quad \text{Restschuld am Ende der } k\text{-ten Periode, } k = 1, \ldots, n \\[4pt]
T_k & - \quad \text{Tilgung in der } k\text{-ten Periode, } k = 1, \ldots, n \\[4pt]
Z_k & - \quad \text{Zinsen in der } k\text{-ten Periode, } k = 1, \ldots, n \\[4pt]
A_k & - \quad \text{Annuität in der } k\text{-ten Periode:} \\[4pt]
i,\, q & - \quad \text{Nominalzinssatz und zugehöriger Aufzinsungsfaktor}
\end{array}
$$

Je nach Rückzahlungsmodalitäten unterscheidet man verschiedene Formen der Tilgung:

- *Ratentilgung* (konstante Tilgungsraten),

- *Annuitätentilgung* (konstante Annuitäten),

- *Zinsschuldtilgung* (anfangs nur Zinszahlungen, in der letzten Periode Zahlung von Zinsen plus Rückzahlung der Gesamtschuld).

Unabhängig von der Form der Tilgung gelten die drei nachstehenden grundlegenden Beziehungen:

$$
\begin{array}{ll}
Z_k = S_{k-1} \cdot i & - \quad \text{Zinsen werden jeweils auf die Restschuld gezahlt} \\[10pt]
A_k = T_k + Z_k & - \quad \text{die Annuität ist gleich der Summe aus Tilgung und Zinsen} \\[10pt]
S_k = S_{k-1} - T_k & - \quad \text{die Restschuld am Periodenende ergibt sich aus der Restschuld zu Periodenbeginn minus Tilgung}
\end{array}
$$

Von allen Tilgungsformen ist die Annuitätentilgung die wichtigste. Für deren grundlegendes Verständnis genügt es, den einfachsten Fall zu betrachten, wenn das Jahr als Zins- und Zahlungsperiode dient. In der Praxis ist freilich der Fall am häufigsten anzutreffen, dass jährlich verzinst wird, die Raten aber monatlich gezahlt werden (vgl. Luderer: Starthilfe, S. 94ff.). Die Zinsschuldtilgung trifft man vor allem im Zusammenhang mit Anleihen an (vgl. Abschnitt 1.5).

1.4.2 Annuitätentilgung

Wie oben erwähnt, sind bei dieser Form der Tilgung die jährlichen Annuitäten konstant:

$$A_k = T_k + Z_k = A = \text{const.}$$

Durch die jährlichen Tilgungszahlungen verringert sich die Restschuld, sodass die zu zahlenden Zinsen abnehmen und ein ständig wachsender Anteil der Annuität für die Tilgung zur Verfügung steht.

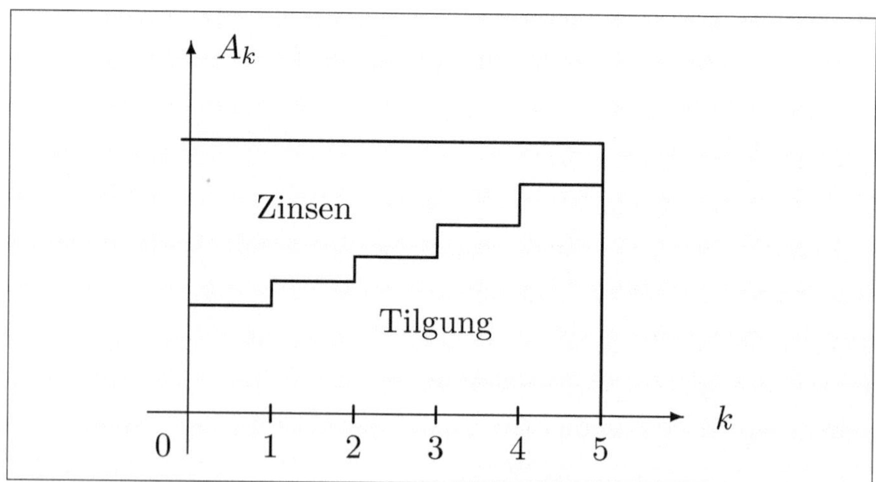

Abb. 34: Zinsen und Tilgungsbeträge bei der Annuitätentilgung (hier: $n = 5$

Zur Berechnung der Annuität können die Formeln der nachschüssigen Rentenrechnung verwendet werden, indem das *Äquivalenzprinzip* genutzt wird. Dieses stellt (bei gegebenem Zinssatz i) die Leistungen des Gläubigers den Leistungen des Schuldners gegenüber, wobei man sich meist auf den Vergleichszeitpunkt $t = 0$ bezieht (Barwertvergleich).

Die Leistung des Gläubigers besteht in der Bereitstellung des Kreditbetrages S_0 zum Zeitpunkt Null (= Barwert), während der Barwert aller Zahlungen des Schuldners (wegen der vereinbarten Zahlungsweise der Annuitäten am Periodenende) gleich dem Barwert einer nachschüssigen Rente mit gleichbleibenden Raten in Höhe der gesuchten Annuität A ist. Daraus ergibt sich gemäß Formel (11) die Beziehung $S_0 = A \cdot \frac{q^n - 1}{q^n \cdot (q-1)}$. Durch Umformung erhält man daraus:

Annuität bei
Annuitätentilgung

$$A = S_0 \cdot \frac{q^n \cdot (q-1)}{q^n - 1} \tag{15}$$

Der bei A stehende Faktor heißt *Annuitäten-* oder *Kapitalwiedergewinnungsfaktor*. Er gibt an, welcher Betrag jährlich nachschüssig zu zahlen ist, um bei einem Zinssatz i in n Jahren eine Schuld von einer Geldeinheit zu tilgen.

Ohne Herleitung sollen nun Formeln für die vorkommenden Grundgrößen angegeben werden (für Details s. Luderer: Starthilfe, S. 91f.):

Tilgungsbetrag in der k-ten Periode:

$$T_k = T_1 \cdot q^{k-1} \quad \text{mit} \quad T_1 = A - S_0 \cdot i, \qquad k = 1, \ldots, n$$

Zinsbetrag in der k-ten Periode:

$$Z_k = Z_1 - T_1 \left(q^{k-1} - 1 \right) = A - T_1 q^{k-1}, \qquad k = 1, \ldots, n$$

Restschuld am Ende der k-ten Periode:

$$S_k = S_0 - T_1 \cdot \frac{q^k - 1}{q - 1} = S_0 \cdot q^k - A \cdot \frac{q^k - 1}{q - 1}, \qquad k = 1, \ldots, n$$

1.4.3 Prozentannuität

Ein wichtiger Fall in der Praxis wird *Prozentannuität* genannt. Hierbei ist die Annuität dadurch charakterisiert, dass die Tilgung im 1. Jahr vorgegeben wird (von der Bank, die oftmals auf einer Mindesttilgung besteht, oder auch vom Kunden); der Nominalzinssatz ist ohnehin fest in einem Darlehensvertrag. Die (konstante) Annuität ist dann gleich der Annuität in der 1. Periode, die sich wiederum aus dem Zinssatz und der Anfangstilgung zusammensetzt.

Gefragt ist nach der Zeit bis zur vollständigen Tilgung des Darlehens. Diese ergibt sich unmittelbar aus der Formel auf S. 286 mit $R = A$ und $B = S_0$:

Zeit bis zur vollständigen Tilgung
$$\boxed{\; n = \frac{1}{\ln q} \cdot \ln \frac{A}{A - S_0 i} \;} \tag{16}$$

1.5 Kursrechnung

In der Kursrechnung geht es darum, den fairen (= theoretischen) *Kurs* (*Preis*) eines Zahlungsstroms bei gegebenem Marktzinssatz zu berechnen. Dieser Preis stellt unter den vorhandenen Renditemöglichkeiten ein Äquivalent zu den durch den Zahlungsstrom festgelegten zukünftigen Zahlungen dar. Umgekehrt kann man bei gegebenem Preis die Rendite berechnen, die mit dem Zahlungsstrom erzielt wird.

Verwendete Bezeichnungen:

$p = p_{\text{nom}}$	– Kupon, Nominalzinssatz (in Prozent)
$i = i_{\text{eff}}$	– Zinssatz, Rendite
P	– Preis, Kurswert, Barwert
C	– Kurs (in Prozent)
Z_k	– Zahlung zum Zeitpunkt k, $\quad k = 1, \dots, n$

1.5.1 Kurs eines allgemeinen Zahlungsstroms

Gegeben sei der folgende allgemeine Zahlungsstrom:

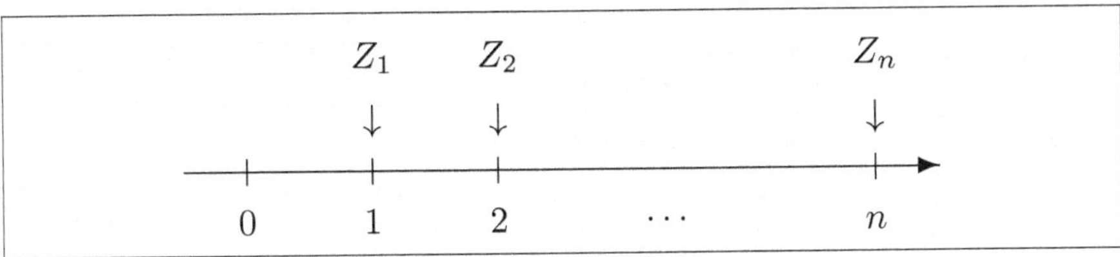

Abb. 35: Allgemeiner Zahlungsstrom

Unter dem in Prozent gemessenen *Kurs C* versteht man den mithilfe des Marktzinssatzes berechneten Barwert aller durch ein Wertpapier mit Nominalwert 100 generierten zukünftigen Zahlungen, während man als *Preis* bzw. *Kurswert)* P eines Wertpapiers den mithilfe des Marktzinssatzes berechneten Barwert aller zukünftigen Zahlungen bezeichnet, sodass gilt $P = \frac{C}{100} \cdot$ Nominalwert. Mit anderen Worten:

$$P = \sum_{k=1}^{n} \frac{Z_k}{(1+i)^k} \, .$$

Gilt $C = 100$, so sagt man, die Anleihe notiere zu *pari*, bei $C > 100$ *über pari*, bei $C < 100$ *unter pari*.

1.5.2 Kurs einer endfälligen Anleihe

Eine Anleihe (Bond, Plain-Vanilla Bond) mit ganzzahliger Laufzeit n und einem Nominalbetrag von 100 (das ist eine bequeme, standardisierende Annahme zur Vereinfachung der Rechnung) wirft jährlich Zinsen in Höhe von $p = p_{\text{nom}}$ ab (*Kupon*); am Ende der Laufzeit erfolgt eine Rückzahlung der Höhe R (die oftmals ebenfalls 100 beträgt, mitunter aber auch von 100 abweicht). Der Zahlungsstrom einer solchen Standard-Anleihe ist in der Abbildung auf S. 103 dargestellt (wobei $Z = p$ und $N = 100$ gilt). Zu beachten ist, dass es sich bei der Marktrendite $i = i_{\text{markt}}$ und dem Nominalzinssatz $p = p_{\text{nom}}$ hier um zwei sachlich verschiedene Größen handelt, die deshalb i. Allg. auch nicht durch die Beziehung $i = \frac{p}{100}$ miteinander verbunden sind.

Der faire (theoretische) Kurs einer Anleihe ergibt sich nun aus dem oben beschriebenen Kurs eines allgemeinen Zahlungsstroms mit $Z_k = p$, $k = 1, \ldots, n$, und Anwendung der Barwertformel der nachschüssigen Rentenrechnung (11):

$$P = \frac{1}{(1+i)^n} \left[p \cdot \frac{(1+i)^n - 1}{i} + R \right] .$$

1.5.3 Kurs eines Zerobonds

Ein *Zerobond* weist lediglich eine Einzahlung und eine Auszahlung auf, Zinsen werden während der gesamten Laufzeit nicht ausgezahlt, sondern verrechnet. Er wird deshalb auch *Null-Kupon-Anleihe* genannt:

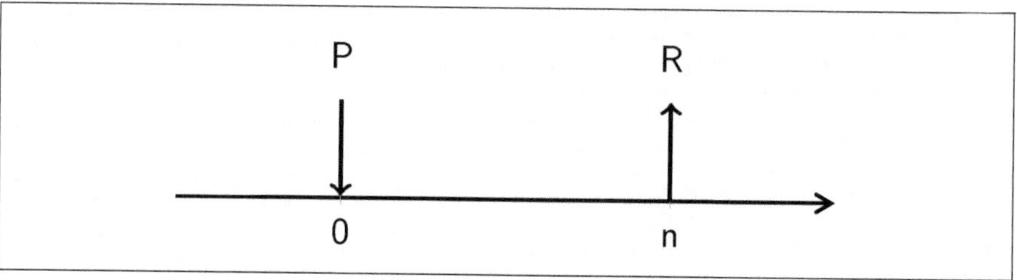

Abb. 36: Zahlungsstrom eines Zerobonds

Aus der Formel für den Kurs einer Anleihe erhält man mit $p = 0$ unmittelbar die Beziehung

$$P = \frac{R}{(1+i)^n} = \frac{R}{q^n},$$

was der Barwertformel der Zinseszinsrechnung (6) entspricht. Diese Formel kann ohne Weiteres auf nichtganzzahlige Laufzeiten n übertragen werden.

2 Stochastische Finanzmathematik

2.1 Grundbegriffe aus der Wahrscheinlichkeitsrechnung

Viele Entwicklungen am Finanzmarkt sind nicht mit Sicherheit vorherzusagen, weshalb eine Modellierung solcher Entwicklungen immer auch eine zufällige Komponente beinhalten muss. Deshalb geben wir in diesem Abschnitt eine Einführung in die Grundlagen der Wahrscheinlichkeitsrechnung, wobei wir uns im Wesentlichen auf die Behandlung reellwertiger Zufallsvariablen beschränken wollen. Für darüber hinausgehende elementare Beziehungen (z. B. Rechenregeln für Wahrscheinlichkeiten) und Darstellungen verweisen wir z. B. auf Hamacher et al. (2004) und Henze (1997).

Der Ausgangspunkt jeder Modellierung ist das *Zufallsexperiment* wie z. B. das Werfen einer Münze oder die Temperatur am morgigen Tag um 12:00 an einem bestimmten Ort. Weisen wir dem Ausgang eines solchen Experiments einen Wert X zu, der vom Ausgang abhängt, so nennen wir X eine *Zufallsvariable*. Dabei kann eine Zufallsvariable numerische Werte aber auch qualitative Werte wie *gut*, *schlecht*, Farben o. Ä. in Abhängigkeit vom Ausgang des Experiments annehmen.

Wir wollen uns im Folgenden immer auf reellwertige Zufallsvariablen X beschränken[1], ab und an auch Paare (X, Y) oder sogar Folgen $X_1, X_2, \ldots$ von reellwertigen Zufallsvariablen behandeln.

---

[1] X heißt *reellwertig*, wenn der Wertebereich von X in den reellen Zahlen liegt

© Springer Fachmedien Wiesbaden GmbH, ein Teil von Springer Nature 2019
R. Korn und B. Luderer, *Mathe, Märkte und Millionen*,
https://doi.org/10.1007/978-3-658-23717-2_65

Dabei betrachten wir oft den Fall, dass die Zufallsvariablen *unabhängig* voneinander sind. Zwei reellwertige Zufallsvariablen heißen *unabhängig*, wenn für die Teilmengen $A, B \subseteq \mathbf{R}$ die Beziehung

$$P(X \in A, Y \in B) = P(X \in A) \cdot P(Y \in B)$$

gilt, man also die Wahrscheinlichkeit für das gleichzeitige Beobachten, dass X Werte in A und Y Werte in B annimmt, gerade als Produkt der jeweiligen Wahrscheinlichkeiten für das separate Beobachten von $X \in A$ und $Y \in B$ erhält. Die beiden Zufallsvariablen beeinflussen sich hinsichtlich ihrer Wahrscheinlichkeitsverteilungen also nicht.

Typische Beispiele für unabhängige Zufallsvariablen sind die Ergebnisse beim zweimaligen Münzwurf oder beim zweimaligen Würfeln.

Eine reellwertige Zufallsvariable X ist bestimmt durch ihren Wertebereich, also die Zahlen, die sie annehmen kann, und durch ihre *Wahrscheinlichkeitsverteilung* P_X, die angibt, mit welcher Wahrscheinlichkeit die einzelnen Werte von X angenommen werden. Wir wollen uns hier auf zwei Arten von Wahrscheinlichkeitsverteilungen beschränken.

2.1.1 Diskrete Wahrscheinlichkeitsverteilungen

Eine Wahrscheinlichkeitsverteilung heißt *diskret*, wenn sie nur Elementen einer höchstens abzählbaren Menge $x_1, x_2, \ldots$ positive Wahrscheinlichkeiten zuweist. Besitzt X eine solche diskrete Wahrscheinlichkeitsverteilung, so gilt

$$P_X(x_i) = P(X = x_i),$$

d. h. die Wahrscheinlichkeitsverteilung P_X weist dem Wert x_i genau die Wahrscheinlichkeit $P(X = x_i)$ zu[2], mit der er von X angenommen wird.

---

[2]Der Buchstabe P als Abkürzung für Wahrscheinlichkeit wird wegen der englischen Entsprechung *Probability* verwendet.

Beispiele diskreter Wahrscheinlichkeitsverteilungen

Gleichverteilung

Der klassische Begriff von Zufälligkeit wird oft mit der *Gleichverteilung* identifiziert, bei der sich die Wahrscheinlichkeit auf die möglichen Werte $x_1, x_2, ..., x_n$ gleichmäßig verteilt, sodass also

$$P_X(x_i) = \frac{1}{n}, \quad i = 1, ..., n$$

gilt. Auch hier ist das Würfeln mit einem fairen Würfel und $x_i = i$ für $i = 1, 2, ..., 6$ ein Paradebeispiel.

Binomialverteilung

Das grundlegende Experiment der Binomialverteilung ist das *Null-Eins-Experiment*, bei dem als Ergebnis der Wert eins mit einer Wahrscheinlichkeit von p mit $0 < p < 1$ angenommen wird[3] und der Wert null mit der Gegenwahrscheinlichkeit $q = 1 - p$. Wir betrachten nun eine Folge unabhängiger solcher Null-Eins-Experimente (z. B. das wiederholte Werfen einer Münze, wobei nur die Anzahl des Eintreffens des Ereignisses *Zahl liegt oben* gezählt wird).

Es sei dann X die Zufallsvariable, die die Anzahl des Auftretens des Wertes eins bei diesen n unabhängigen 0-1-Experimenten zählt; X kann somit nur die Werte $0, 1, .., n$ annehmen. Wird in jedem einzelnen Experiment der Wert eins mit Wahrscheinlichkeit $0 < p < 1$ angenommen, so gilt

$$P_X(j) = \binom{n}{j} p^j (1 - p)^{n-j}, \quad j = 0, 1, ..., n.$$

Diese Wahrscheinlichkeitsverteilung wird *Binomialverteilung mit den Parametern $n \in \mathbf{N}$ und $p \in [0, 1]$* genannt (kurz: $\mathcal{B}(n, p)$).

---

[3]Man nennt p auch die *Erfolgswahrscheinlichkeit*.

2.1.2 Wahrscheinlichkeitsverteilungen mit Dichte

Eine Wahrscheinlichkeitsverteilung P_X heißt *Verteilung mit Dichte* $f(x)$, wenn eine nichtnegative, integrierbare Funktion $f(x)$ existiert, die auf dem Wertebereich der Zufallsvariablen X definiert ist und für die

$$P_X([a,b]) = P(X \text{ nimmt Werte in } [a,b] \text{ an}) = \int_a^b f(x)\,\mathrm{d}x$$

mit $a \leq b$ gilt.

Beispiele von Wahrscheinlichkeitsverteilungen mit Dichte

$\boxed{\text{Gleichverteilung}}$

Besitzt die Zufallsvariable X für $\infty < a < b < \infty$ die Dichte

$$f(x) = \begin{cases} \frac{1}{b-a}, & \text{falls } x \in [a,b], \\ 0 & \text{sonst,} \end{cases}$$

so sagt man, dass X auf dem Intervall $[a,b]$ gleichverteilt ist.

$\boxed{\text{Normalverteilung}}$

Besitzt die Zufallsvariable X die Dichte

$$f(x) = \varphi_{\mu,\sigma^2}(x) = \frac{1}{\sqrt{2\pi\sigma^2}} \cdot \exp\left(-\frac{(x-\mu)^2}{2\sigma^2}\right),$$

so wird die zugehörige Wahrscheinlichkeitsverteilung *Normalverteilung mit Parametern* μ, σ^2 genannt. Sie wird auch als *Gauß-Verteilung* bezeichnet. Gilt $(\mu, \sigma^2) = (0,1)$, so nennt man sie *Standardnormalverteilung*.

Will man die Wahrscheinlichkeit angeben, Werte $z \leq x$ zu beobachten, so führt man die *Verteilungsfunktion* $F(x)$ ein, die wie folgt definiert ist:

$$F(x) = P(X \leq x) = \begin{cases} \sum_{j:x_j \leq x} P_X(x_j), & \text{falls } X \text{ diskret verteilt ist,} \\ \int_{-\infty}^{x} f(y)\,\mathrm{d}y, & \text{falls } X \text{ die Dichte } f(x) \text{ hat.} \end{cases}$$

Im Fall, dass X normal verteilt ist, kann das zugehörige Integral nicht explizit ausgerechnet werden. Allerdings lässt sich die Verteilungsfunktion $\Phi_{\mu,\sigma^2}(x)$ der Normalverteilung $\mathcal{N}(\mu, \sigma^2)$ für allgemeine Parameter auf die der Standardnormalverteilung $\Phi_{0,1}(x) =: \Phi(x)$ zurückführen. Es gilt nämlich

$$\Phi_{\mu,\sigma^2}(x) = \Phi\left(\frac{x - \mu}{\sigma}\right),$$

sodass man alle Werte für die allgemeine Normalverteilung aus

$$\Phi(x) = \frac{1}{\sqrt{2\pi}} \int_{-\infty}^{x} \exp\left(-\frac{y^2}{2}\right)\,\mathrm{d}y$$

erhält. Diese Werte sind in Tabellen vorhanden bzw. in vielerlei Software implementiert. Da man z. B. weiß, dass

$$\Phi(1,96) \approx 0,975 \quad \text{und} \quad \Phi(-1,96) = 1 - \Phi(1,96) \approx 0,025$$

gilt, erhält man hieraus und aus der Umrechnung auf die allgemeine Normalverteilung die bereits mehrfach in den Geschichten verwendete *2σ-Regel*:

$$P(X \in [\mu - 2\sigma, \mu + 2\sigma]) \approx 0,95.$$

Der *Erwartungswert* $E(X)$ einer Zufallsvariablen X stellt den Mittelwert über die von ihr angenommenen Werte – jeweils gewichtet mit den Wahrscheinlichkeiten für ihr Auftreten – dar. Er ist in den von uns betrachteten Fällen wie folgt definiert:

$$E(X) = \begin{cases} \sum_{j=0}^{\infty} x_j P(X = x_j), & \text{falls } X \text{ diskret verteilt ist,} \\ \int_{-\infty}^{\infty} x f(x)\,\mathrm{d}x, & \text{falls } X \text{ die Dichte } f(x) \text{ besitzt,} \end{cases}$$

wobei wir voraussetzen, dass sowohl die unendliche Summe als auch das uneigentliche Integral existieren. Falls dies nicht der Fall ist, existiert für die zugehörige Zufallsvariable kein Erwartungswert.

Beispiele:

Im Fall der diskreten Gleichverteilung auf den Werten $x_1, ..., x_n$ gilt

$$E(X) = \frac{1}{n} \cdot \sum_{j=1}^{n} x_j,$$

d. h., der Erwartungswert ist gleich dem arithmetischen Mittel über alle möglichen Werte.

Für die kontinuierliche Gleichverteilung mit Dichte auf $[a, b]$ gilt

$$E(X) = \int_a^b x \cdot \frac{1}{b-a}\,\mathrm{d}x = \frac{a+b}{2},$$

d. h., auch hier ist der Erwartungswert gleich dem Mittelwert; letzterer entspricht dem Mittelwert über die beiden Extremwerte des Intervalls $[a, b]$.

Für die Binomialverteilung $\mathcal{B}(n, p)$ gilt $E(X) = np$, während für die Normalverteilung $\mathcal{N}(\mu, \sigma^2)$ der Erwartungswert $E(X) = \mu$ beträgt.

Addiert man Vielfache reellwertiger Zufallsvariablen X, Y mit endlichem Erwartungswert, so stellt man die *Linearität* des Erwartungswerts fest (a, b – reelle Zahlen):

$$E(aX + bY) = aE(X) + bE(Y).$$

Eine analoge Beziehung gilt auch für die Summe von n Zufallsvariablen mit jeweils endlichem Erwartungswert.

Um die Schwankungsbreite einer Zufallsvariablen X um ihren Erwartungswert herum beurteilen zu können, betrachtet man die *Varianz* von X, gegeben als

$$Var(X) = E\left((X - E(X))^2 \right).$$

Will man die Schwankung in derselben Einheit wie der des Erwartungswertes messen, betrachtet man die *Standardabweichung* von X als Wurzel aus der Varianz:

$$\sigma(X) = \sqrt{Var(X)}.$$

Ist die Varianz endlich, so gilt

$$Var(X) = E\left(X^2 \right) - (E(X))^2.$$

Für unabhängige Zufallsvariablen X, Y mit endlicher Varianz und für $a \in \mathbf{R}$ gelten die beiden Beziehungen

$$Var(X + Y) = Var(X) + Var(Y), \quad Var(aX) = a^2 \cdot Var(X).$$

Für Varianzen abhängiger Zufallsvariablen gilt eine solche Additionsformel i. A. nicht, denn die Varianz der Summe hängt wesentlich vom gemeinsamen Verhalten der Summanden ab. Um das gemeinsame Verhalten von X und Y zu beschreiben, werden daher die Begriffe der *Kovarianz* und der *Korrelation* von X und Y wie folgt eingeführt:

$$Cov(X, Y) = E\left((X - E(X))(Y - E(Y)) \right),$$

$$Corr(X, Y) = \varrho_{X,Y} = \frac{Cov(X, Y)}{\sigma(X) \cdot \sigma(Y)}.$$

Dabei kann $\varrho_{X,Y}$ nur Werte in $[-1, 1]$ annehmen. Insofern gibt auch nur die Korrelation die Intensität des Zusammenhangs zwischen X und Y an, denn die Kovarianz erhöht sich bei gleichen Zufallsvariablen, wenn man sie in feineren Maßeinheiten misst, also z. B. von Kilogramm zu Gramm wechselt.

Für Zufallsvariablen X, Y mit endlicher Varianz kann man zeigen, dass die Beziehung

$$Var(X + Y) = Var(X) + Var(Y) + 2 \cdot Cov(X, Y)$$

gilt, eine Beziehung, die wir mehrfach in den Geschichten zum optimalen Investment benutzen.

Wir beschließen diesen Abschnitt mit den beiden großen Grenzwertsätzen der Stochastik, die in den Geschichten zur Versicherung und zur Monte-Carlo-Methode Hauptrollen spielen:

Das Gesetz der großen Zahlen

Es sei $X_1, X_2, \ldots$ eine Folge unabhängiger Zufallsvariablen, die alle identisch verteilt sind und den endlichen Erwartungswert $\mu = E(X_1)$ besitzen. Führt man dann die zugehörigen Experimente durch und erhält die Ergebnisse $x_1, x_2, \ldots$, so gilt (mit Wahrscheinlichkeit eins) die Grenzbeziehung

$$\lim_{N \to \infty} \frac{1}{N} \sum_{i=1}^{N} x_i = \mu.$$

Diese Grenzbeziehung rechtfertigt es, an vielen Stellen in unseren Geschichten den theoretischen Erwartungswert durch das empirische Mittel über beobachtete Versuchsergebnisse zu ersetzen bzw. den Wert einer Summe von Zufallsvariablen durch die Summe der Erwartungswerte zu approximieren.

Um die Genauigkeit dieser Approximationen beurteilen bzw. den entstehenden Fehler abschätzen zu können, benötigen wir den nächsten großen Satz:

Zentraler Grenzwertsatz

Es sei $X_1, X_2, \dots$ eine Folge unabhängiger Zufallsvariablen, die alle identisch verteilt sind und den endlichen Erwartungswert $\mu = E(X_1)$ sowie die endliche Varianz $\sigma^2 = Var(X_1)$ besitzen. Dann gilt für die Verteilung des Quotienten

$$Z_N = \frac{\sum\limits_{i=1}^{N} X_i - N\mu}{\sqrt{N}\sigma}$$

die Konvergenzaussage

$$\lim_{N \to \infty} P\left(Z_N \in [a, b]\right) = \Phi(b) - \Phi(a)$$

für alle Werte $a < b$, wobei $\Phi(\cdot)$ die Verteilungsfunktion der Standardnormalverteilung ist.

Der Satz besagt also, dass man bei einer großen Anzahl N von Summanden unabhängiger Zufallsvariablen, die Verteilung von Z_N durch die Standardnormalverteilung annähern darf, egal, welche Verteilung die Summanden besitzen. Der Satz ist die Begründung für das Verwenden der Normalverteilung in vielen Anwendungsbereichen der Stochastik. Details hierzu und auch historische Anmerkungen zu den beiden Grenzwertsätzen finden sich z. B. in Henze (1997).

Eine Anwendung des zentralen Grenzwertsatzes besteht auch darin, dass die Verteilungsfunktion der Binomialverteilung $\mathcal{B}(n, p)$ für große Werte von n durch die Verteilungsfunktion der entsprechenden Normalverteilung $\mathcal{N}(np, np(1 - p))$ approximiert werden kann. Diese ist auch unter der Bezeichnung *Satz von de Moivre-Laplace* bekannt.

Satz von de Moivre-Laplace

Ist $0 < p < 1$ und S_n verteilt gemäß $\mathcal{B}(n,p)$, so gilt für alle $\alpha < \beta$ die Grenzwertbeziehung

$$\lim_{n\to\infty} \left\{ P(\alpha \le S_n \le \beta) - \left[\Phi\left(\frac{\beta - np}{\sqrt{npq}}\right) - \Phi\left(\frac{\alpha - np}{\sqrt{npq}}\right) \right] \right\} = 0,$$

wobei $q = 1 - p$ ist.

Der Vorteil der Approximation wird schnell klar: Will man z. B. die Wahrscheinlichkeit berechnen, bei 500 fairen Münzwürfen mindestens 245 und höchstens 255 Mal *Zahl liegt oben* zu beobachten, so muss man im Fall der Binomialverteilung $\mathcal{B}(500; 0{,}5)$ insbesondere 11 Binomialkoeffizienten berechnen, was sehr aufwendig ist. Nimmt man allerdings die Normalverteilungsapproximation aus dem Satz von de Moivre-Laplace, so genügt ein zweimaliges Auswerten der Verteilungsfunktion der Normalverteilung gemäß der Beziehung

$$P(245 \le S_{500} \le 255)$$

$$\approx \Phi\left(\frac{255 - 250}{\sqrt{125}}\right) - \Phi\left(\frac{245 - 250}{\sqrt{125}}\right) = 0{,}345.$$

2.2 Stochastische Modellierung von Aktienkursen

Aktienkurse werden in stochastischen Modellen in der Regel über ihre Renditen modelliert, d. h. über ihre relativen Preiszuwächse zwischen zwei Zeitpunkten t und $t + \Delta$ für ein gewisses $\Delta > 0$:

$$R(t) := \frac{P_{\text{Aktie}}(t + \Delta) - P_{\text{Aktie}}(t)}{P_{\text{Aktie}}(t)}.$$

Hierbei ist Δ eine kleine Zeiteinheit (je nach Betrachtung ein Tag, eine Stunde, ...). Der Wert $R(t)$ liegt zwischen -1 und $+\infty$, was aufgrund der Asymmetrie zwischen Gewinnen und Verlusten mathematisch nicht leicht zu modellieren ist. Da aber Preise stets positiv bleiben, kann man die logarithmierte Rendite (*Log-Rendite*)

$$\widetilde{R}(t) := \ln\left(\frac{P_{\text{Aktie}}(t + \Delta)}{P_{\text{Aktie}}(t)}\right)$$

betrachten, die potenziell alle möglichen reellen Werte annehmen kann und nur dann null wird, wenn der Preis gleich bleibt. Eine populäre Annahme (sowohl in diskreter als auch in zeitstetiger Modellierung) besteht darin, anzunehmen, dass die Log-Renditen eine Normalverteilung besitzen, also $\widetilde{R}(t)$ gemäß $\mathcal{N}(\mu, \sigma^2)$ verteilt ist.

Die eben beschriebene Annahme liegt z. B. dem berühmten Black-Scholes-Modell zugrunde, in welchem angenommen wird, dass für den Aktienkurs die Beziehung

$$(*) \qquad P_{\text{Aktie}}(t) = P_{\text{Aktie}} \cdot e^{\left(i - \frac{1}{2}\sigma^2\right)t + \sigma W_t}$$

gilt, wobei $i, \sigma > 0$ Konstanten sind und W_t die Brown'sche Bewegung ist, was insbesondere bedeutet, dass die Größe W_t gemäß $\mathcal{N}(0, t)$ verteilt und als Funktion der Zeit t stetig ist. Für weitere interessante Eigenschaften der Brown'schen Bewegung und die Möglichkeit ihrer Simulation verweisen wir auf Korn (2014). Der Aktienpreisprozess aus Gleichung $(*)$ wird auch als *geometrische Brown'sche Bewegung* bezeichnet.

Ein möglicher Verlauf der Brown'schen Bewegung über ein Jahr hinweg und der zugehörige Aktienkurs für die Parameterwahl $i = 0{,}05$ und $\sigma = 0{,}2$ sind in den Abbildungen 37 und 38 dargestellt, die sich sehr stark ähneln.

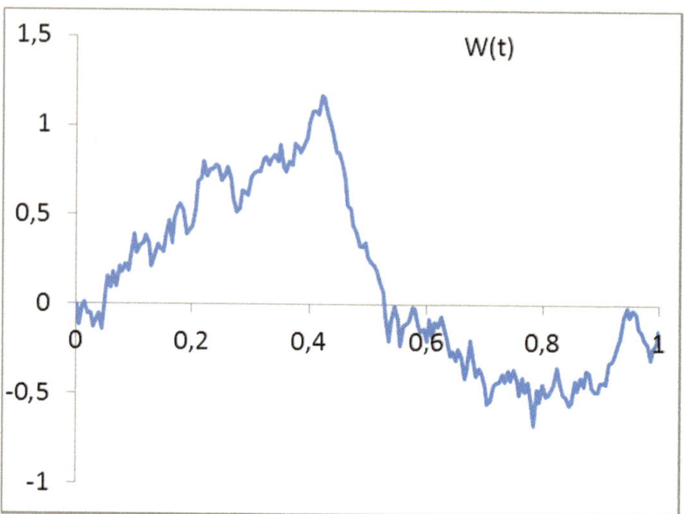

Abb. 37: Eine mögliche Entwicklung der Brown'schen Bewegung $W(t)$

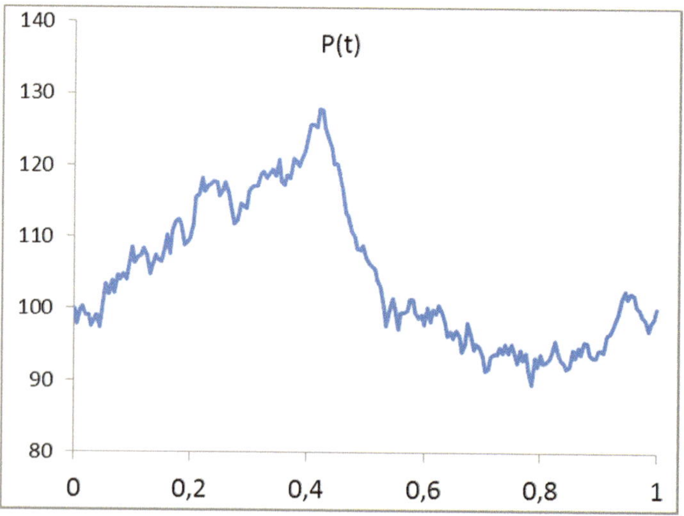

Abb. 38: Zur Brown'schen Bewegung $W(t)$ aus Abbildung 37 gehörender Aktienkursverlauf mit den Parametern $i = 0{,}05$ und $\sigma = 0{,}2$

Es kann gezeigt werden, dass für den Erwartungswert und die Varianz des Aktienkurses zur Zeit t diese Beziehungen gelten:

$$E(P_{\text{Aktie}}(t)) = P_{\text{Aktie}} \cdot e^{it},$$

$$Var(P_{\text{Aktie}}(t)) = P_{\text{Aktie}}^2 \cdot e^{2it} \cdot (e^{\sigma^2 t} - 1).$$

Wir haben bereits in der Geschichte über das Binomialmodell (siehe S. 153) ein Mehrperiodenbinomialmodell eingeführt, das bei hoher Periodenanzahl (pro Jahr) dem obigen Aktienpreismodell sehr ähnlich sah. Will man nun eine Approximation des Black-Scholes-Modells durch ein n-Perioden-Binomialmodell auf $[0, T]$ vornehmen, so sollten die Erwartungswerte und Varianzen der jeweiligen Aktienkursmodelle zu den Zeitpunkten $j\Delta$ mit $\Delta = T/n$ übereinstimmen, an denen das Binomialmodell definiert ist. Man kann nachweisen, dass diese Gleichheit an allen Punkten schon durch die Gleichheiten im Punkt $t = \Delta$ sichergestellt wird.

Genauer: Man betrachtet die Gleichheit von Erwartungswert und Varianz der jeweiligen Logarithmen der Zuwächse der geometrischen Brown'schen Bewegung und des Binomialmodells (für Details verweisen wir auf Korn (2014)), fordert also

$$E\left(\ln\left(\frac{P_{\text{Aktie}}(\Delta)}{P_{\text{Aktie}}}\right)\right) = E\left(\ln\left(\frac{P_{\text{Aktie}}^{(n)}(\Delta)}{P_{\text{Aktie}}}\right)\right),$$

$$E\left(\ln\left(\frac{P_{\text{Aktie}}(\Delta)^2}{P_{\text{Aktie}}^2}\right)\right) = E\left(\ln\left(\frac{P_{\text{Aktie}}^{(n)}(\Delta)^2}{P_{\text{Aktie}}^2}\right)\right),$$

wobei sich die Gleichheit der Varianzen wegen der Beziehung $Var(X) = E(X^2) - (E(X))^2$ aus der zweiten Gleichung unter Verwendung der ersten Gleichung ergibt.

Es kann gezeigt werden (und lässt sich sogar mit den von uns in den obigen Abschnitten bereitgestellten Mitteln nachrechnen!), dass die obigen Gleichheiten von Erwartungswert bzw. Varianz der logarithmischen Zuwächse der Aktienkurse beispielsweise für die Wahl nach Rendleman-Bartter mit

$$p = \frac{1}{2}, \quad u_n = \mathrm{e}^{\left(i - \frac{1}{2}\sigma^2\right)\Delta + \sigma\sqrt{\Delta}}, \quad d_n = \mathrm{e}^{\left(i - \frac{1}{2}\sigma^2\right)\Delta t - \sigma\sqrt{\Delta t}}$$

erfüllt sind. Es folgt dann (z. B. mithilfe des Satzes von Donsker; siehe Korn (2014)), dass die Folge der Verteilungen der durch lineare Interpolation zwischen den Zeitpunkten $j\Delta$ und $(j+1)\Delta$ in den n-Perioden-Binomialmodellen erhaltenen stochastischen Prozesse in allen Zeitpunkten $t \in [0, T]$ gegen die entsprechende Verteilung der geometrischen Brown'schen Bewegung konvergiert[4].

Will man nur im Zeitpunkt $t = T$ die Konvergenz der Verteilungen der Folge der Binomialprozesse gegen die Verteilung der geometrischen Brown'schen Bewegung zeigen, so geht dies etwas elementarer. Hierzu schreiben wir den Aktienpreis im n-Perioden-Binomialmodell geeignet um:

$$\begin{aligned}
P_{\mathrm{Aktie}}^{(n)}(T) &= P_{\mathrm{Aktie}} \cdot u_n^{X_n} \cdot d_n^{n - X_n} \\
&= P_{\mathrm{Aktie}} \cdot \exp\left(X_n \ln\left(\frac{u_n}{d_n}\right) + n \ln(d_n) \right).
\end{aligned}$$

Dabei beschreibt X_n die Anzahl der Upside-Bewegungen im Binomialbaum, für die für ein festes $0 < p < 1$

$$X_n \sim \mathcal{B}(n, p)$$

gilt. Speziell für die Wahl nach Rendleman-Bartter erhalten wir dann:

$$\begin{aligned}
P_{\mathrm{Aktie}}^{(n)}(T) &= P_{\mathrm{Aktie}} \cdot \exp\left(2\sigma\sqrt{\Delta}X_n + n\left(i - \frac{1}{2}\sigma^2\right)\Delta - n\sigma\sqrt{\Delta} \right) \\
&= P_{\mathrm{Aktie}} \cdot \exp\left(\frac{X_n - \frac{1}{2}n}{\frac{1}{2}\sqrt{n}}\sigma\sqrt{T} + \left(i - \frac{1}{2}\sigma^2\right)T \right).
\end{aligned}$$

---

[4]Es gilt sogar ein noch stärkerer Konvergenzbegriff, der aber weit über den Inhalt dieses Buchs hinausgeht.

Aus dem zentralen Grenzwertsatz (bzw. dem Satz von de Moivre-Laplace) folgt die Konvergenz der Verteilung des Quotienten in der letzten Zeile gegen die Standardnormalverteilung, was nichts anderes besagt, als dass die Grenzverteilung von $P_{\text{Aktie}}^{(n)}(T)$ mit der Verteilung von $P_{\text{Aktie}}(T)$ übereinstimmt.

2.3 Optionsbewertung

Wir wollen in diesem Abschnitt die berühmte Black-Scholes-Formel für Europäische Call-Optionen (20) heuristisch motivieren. Hierzu betrachten wir zunächst den Finanzmarkt im Black-Scholes-Modell, der aus einer risikolosen Geldanlage mit dem Zeitwert $B(t) = \mathrm{e}^{it}$ und einer Aktie mit Kursen

$$P_{\text{Aktie}}(t) = P_{\text{Aktie}} \cdot \mathrm{e}^{\left(i - \frac{1}{2}\sigma^2\right)t + \sigma W_t}$$

besteht, wobei der Aktienpreis einer bereits im Abschnitt 2.2 eingeführten geometrischen Brown'schen Bewegung entspricht. Man beachte, dass der relative Preiszuwachs der Aktie hier denselben Erwartungswert besitzt wie die risikolose Geldanlage, also

$$E\left(\frac{P_{\text{Aktie}}(t)}{P_{\text{Aktie}}}\right) = \mathrm{e}^{it}$$

gilt und man somit ein risikoneutrales Marktmodell vorliegen hat. Wir können in diesem Buch nicht die Grundlagen des Übergangs zum risikoneutralen Maß im Black-Scholes-Modell vorstellen und auch nicht, dass in ihm die Duplikation jeder Optionszahlung möglich ist, wollen aber trotzdem verwenden, dass es auch im Black-Scholes-Modell ein entsprechendes Argument gibt, warum die Optionsbewertung unter dem risikoneutralen Maß erfolgt (siehe Korn (2014) für eine detaillierte Herleitung).

Mit dieser Annnahme müssen wir nur noch den Erwartungswert der abgezinsten Endzahlung im Black-Scholes-Modell berechnen. Wir werden dabei sehen, dass der entsprechende Erwartungswert im Fall einer Europäischen Call-Option relativ einfach berechnet werden kann und tatsächlich auf die Black-Scholes-Formel führt.

Man beachte hierzu die folgende Zerlegung des Erwartungswerts[5]

$$(**) \quad \begin{aligned} &E\left(\mathrm{e}^{-iT}\left(P_{\mathrm{Aktie}}(T) - S\right)^+\right) \\ &= E\left(\mathrm{e}^{-iT} P_{\mathrm{Aktie}}(T) 1_{P_{\mathrm{Aktie}}(T) \geq S}\right) - E\left(\mathrm{e}^{-iT} S 1_{P_{\mathrm{Aktie}}(T) \geq S}\right), \end{aligned}$$

wobei die *Indikatorfunktion* 1_A gerade den Wert eins annimmt, wenn das Ereignis A eingetreten ist (in der Gleichung $(**)$ also, wenn der Aktienpreis zur Zeit T mindestens den Wert S errreicht), und sonst gleich null ist.

Wir wollen als nächstes die beiden auf der rechten Seite stehenden Erwartungswerte bestimmen und beginnen mit dem zweiten Term in dieser Formel:

$$\begin{aligned} E\left(S\mathrm{e}^{-iT} 1_{P_{\mathrm{Aktie}}(T) \geq S}\right) &= S\mathrm{e}^{-iT} P\left(P_{\mathrm{Aktie}}(T) \geq S\right) \\ &= S\mathrm{e}^{-iT} P\left(W(T) \geq \frac{\ln(S/P_{\mathrm{Aktie}}) - (i - \frac{1}{2}\sigma^2)T}{\sigma}\right) \\ &= S\mathrm{e}^{-iT} P\left(\frac{-W(T)}{\sqrt{T}} \leq \frac{\ln(P_{\mathrm{Aktie}}/S) + (i - \frac{1}{2}\sigma^2)T}{\sigma}\right) \\ &= S\mathrm{e}^{-iT} \Phi\left(\frac{\ln(P_{\mathrm{Aktie}}/S) + (i - \frac{1}{2}\sigma^2)T}{\sigma}\right), \end{aligned}$$

wobei wir mehrfach verwendet haben, dass der Erwartungswert der Indikatorfunktion 1_A gerade gleich $P(A)$ ist und $W(T)$ die $\mathcal{N}(0, T)$-

---

[5]Es gilt $z^+ = \max\{z, 0\}$.

Verteilung besitzt. Des Weiteren haben wir die Beziehung

$$(\circ) \qquad P_{\text{Aktie}}(T) \geq S \iff W(T) \geq \frac{\ln \frac{S}{P_{\text{Aktie}}} - (i - \frac{1}{2}\sigma^2)T}{\sigma} =: \widetilde{S},$$

in der zweiten Zeile verwendet.

Bevor wir den ersten Erwartungswert in Gleichung $(**)$ berechnen, soll noch bemerkt werden, dass wir aus der ersten und der letzten Zeile der Berechnung des zweiten Erwartungswerts die Beziehung

$$P\left(P_{\text{Aktie}}(T) \geq S\right) = \Phi\left(\frac{\ln(P_{\text{Aktie}}/S) + (i - \frac{1}{2}\sigma^2)T}{\sigma}\right)$$

erhalten haben, also die (risikoneutrale) Wahrscheinlichkeit bestimmt haben, mit der die Call-Option im Geld ist.

Die Rechnungen für den ersten Erwartungswert in Gleichung $(**)$ sind analog zu denen für den zweiten Erwartungswert, aber etwas technischer. Sie verwenden als entscheidenden Trick eine quadratische Ergänzung im Exponenten der im Erwartungswert vorkommenden Dichte. Der Vollständigkeit halber wollen wir die Rechnung vorführen. Unter erneuter Verwendung der Beziehung $(\circ)$ erhalten wir

$$E\left(\mathrm{e}^{-iT} P_{\text{Aktie}}(T) \cdot 1_{P_{\text{Aktie}}(T) \geq S}\right) =$$

$$= P_{\text{Aktie}} \int_{\widetilde{S}}^{\infty} \mathrm{e}^{-iT} \cdot \mathrm{e}^{iT - \frac{1}{2}\sigma^2 T + \sigma x} \cdot \frac{1}{\sqrt{2\pi T}} \cdot \mathrm{e}^{-\frac{x^2}{2T}} \, \mathrm{d}x$$

$$= P_{\text{Aktie}} \int_{\widetilde{S}}^{\infty} \frac{1}{\sqrt{2\pi T}} \cdot \mathrm{e}^{-\frac{(x - \sigma\sqrt{T})^2}{2T}} \, \mathrm{d}x$$

$$= P_{\text{Aktie}} \int_{\widetilde{S} - \sigma\sqrt{(T)}} \frac{1}{\sqrt{2\pi T}} \cdot \mathrm{e}^{-\frac{x^2}{2T}} \, \mathrm{d}x$$

$$= P_{\text{Aktie}} P\left(W(T) \geq \frac{\ln(S/P_{\text{Aktie}}) - (i + \frac{1}{2}\sigma^2)T}{\sigma}\right)$$

$$= P_{\text{Aktie}} \Phi\left(\frac{\ln(P_{\text{Aktie}}/S) + (i + \frac{1}{2}\sigma^2)T}{\sigma}\right),$$

wobei wir für die letzte Gleichheit ein Argument verwendet haben, das analog zum vorletzten Schritt aus der Berechnung des ersten Erwartungswerts ist.

Fassen wir die letzten beiden Schritte zusammen, so erhalten wir die Black-Scholes-Formel für den Preis einer Europäischen Call-Option mit Ausübungspreis S und Fälligkeit T:

$$P_{\text{Call}} = P_{\text{Aktie}} \cdot \Phi \left(\frac{1}{\sigma\sqrt{T}} \left(\ln\left(P_{\text{Aktie}}/S\right) + T \left(i + \frac{1}{2}\sigma^2 \right) \right) \right)$$

$$-Se^{-iT} \cdot \Phi \left(\frac{1}{\sigma\sqrt{T}} \left(\ln\left(P_{\text{Aktie}}/S\right) + T \left(i - \frac{1}{2}\sigma^2 \right) \right) \right).$$

Black und Scholes haben diese Formel mit Hilfe der Reduktion des Problems auf eine partielle Differentialgleichung vom Typ der Wärmeleitungsgleichung erhalten. Um diesen Reduktionsschritt vorzuführen, benötigt man allerdings den Begriff des Itô-Integrals sowie die sogenannte Itô-Formel, beides Konzepte, die den Rahmen unseres Buchs weit überschreiten, aber z. B. in Korn (2014) detailliert beschrieben werden.

Literatur:

Hamacher, H., Korn, E., Korn, R., Schwarze, S.: Mathe & Ökonomie – Neue Ideen für den praxisnahen Unterricht. Universum, Wiesbaden 2004

Henze, N.: Stochastik für Einsteiger. Vieweg, Wiesbaden 1994

Korn, R.: Moderne Methoden der Finanzmathematik, Bd. 1. Springer Spektrum, Wiesbaden 2014

Glossar

Aktuar	– Mathematiker mit Zusatzausbildung, der auf verschiedene Aufgaben im Versicherungsbereich spezialisiert ist
Anleihe; *Bond*	– festverzinsliches Wertpapier mit gegebener fester Laufzeit bzw. Restlaufzeit und gegebenem Kupon (zu zahlender Nominalzinssatz)
Äquivalenzprinzip	– wichtigstes Prinzip der Finanzmathematik; verschiedene Zahlungen werden – bezogen auf einen festen Zeitpunkt – einander gegenübergestellt; häufigste Ausprägungen sind der Bar- und der Endwertvergleich
Arbitrage	– Erzielen eines risikolosen Gewinns ohne den Einsatz eigenen Kapitals durch das Ausnutzen von Preisdifferenzen für dasselbe Produkt auf verschiedenen Märkten
Arten der Verzinsung	– lineare, geometrische oder stetige Verzinsung sind die am häufigsten anzutreffenden Zinsmodelle
Barwert; *Present Value*	– Gegenwartswert; Wert einer Zahlung zum Zeitpunkt null; das Äquivalent einer zu einem zukünftigen Zeitpunkt fälligen Zahlung bei gegebenem Zinssatz; Zeitwert einer Zahlung, der sich auf den Beginn einer finanziellen Vereinbarung bezieht

© Springer Fachmedien Wiesbaden GmbH, ein Teil von Springer Nature 2019
R. Korn und B. Luderer, *Mathe, Märkte und Millionen*,
https://doi.org/10.1007/978-3-658-23717-2

Barwertvergleich	– Form des Äquivalenzprinzips, die sich auf den Zeitpunkt null bezieht
Bruttobeitragsgarantie	– Garantie bei einer Riester-Rente, dass zum Ablauf der Ansparphase mindestens die Summe aller vom Kunden eingezahlten und zusätzlich erhaltenen staatlichen Förderungen zur Verrentung zur Verfügung stehen
Chancen-Risiko-Klasse	– eine von fünf Klassen, die das Verhältnis von Chancen und Risiken eines Altersvorsorgeprodukts beschreibt; dabei ist 1 die risikoärmste, aber chancenschwächste Klasse, während 5 die Klasse mit dem größten Chancen-Potenzial, gleichzeitig aber auch höchstem Risiko angibt
CPPI (Constant Proportion Portfolio Insurance)	– Handelsstrategie, bei der mittels Umschichten des Vermögens zwischen risikolosen und riskanten Gütern ein Mindestvermögen zu einem bestimmten Zeitpunkt garantiert werden kann, gleichzeitig aber auch eine Partizipation an riskanten Gütern erfolgt
Deckungsstock	– angelegtes Vermögen einer Lebensversicherung, das zur Sicherstellung zukünftiger Rentenversprechungen und sonstiger Verpflichtungen gegenüber den Versicherten dient
Derivat	– Finanzinstrument, dessen Wert von den künftigen Preisen des Basisguts (Aktie, Index, Zinssatz, Rohstoff) abhängt; »abgeleitetes« Produkt (lat. *derivare*: ableiten)
Diversifikation	– das Streuen von Vermögen auf verschiedene Investmentmöglichkeiten

Duplikations- prinzip	– finanzmathematisches Bewertungsprinzip, das darauf beruht, dass ein Finanzprodukt, welches durch bereits mit Preisen versehene Basisprodukte nachbildbar ist, genau den Wert besitzt, der sich durch den entsprechenden Kauf bzw. Verkauf der benötigten Basisprodukte ergibt
Effektivzins- satz	– Synonym für Rendite; tatsächlicher, durchschnittlicher, sich auf ein Jahr beziehender Zinssatz, der alle Besonderheiten (Gebühren, Auf- oder Abschläge, zeitliche Verschiebungen, nicht vollständige Auszahlung, unterjährige Verzinsung etc.) berücksichtigt
Endwert	– Zeitwert einer Zahlung, der sich auf das Ende einer finanziellen Vereinbarung bezieht
fairer Preis	– theoretischer Preis eines Finanzprodukts, der aus solchen Kenngrößen berechnet wird, die am Markt beobachtet werden können
Forward Rate	– Zinssatz für einen zukünftigen Zeitraum, den sich ein Anleger bereits heute mithilfe geeigneter Finanzprodukte sichern kann; die Forward Rates werden aus den Spot Rates berechnet
Hebeleffekt	– Möglichkeit, durch derivative Geschäfte auf ein Basisgut bei dessen Wertsteigerung prozentual mehr zu verdienen als bei einem Investment in das Basisgut
Hedging	– Absicherung gegen Risiken
Kupon	– Nominalzinssatz einer Anleihe, jeweils jährlich (oder auch unterjährig) nachschüssig zahlbar
Nominalzins- satz	– fest vereinbarter Zinssatz ohne Berücksichtigung irgendwelcher Besonderheiten

Option	– Recht, eine bestimmte Sache (Basisgut) in einer bestimmten Menge zu einem festgelegten zukünftigen Zeitpunkt zu einem vereinbarten Preis zu kaufen oder zu verkaufen
Plain-Vanilla-Produkt	– standardisiertes, einfaches Produkt (Anleihe, Option, Floater, Swap) ohne jegliche Besonderheiten
Rendite	– siehe Effektivzinssatz
Rentenrechnung	– über n Perioden hinweg in regelmäßigen Abständen geleistete n Zahlungen werden unter Berücksichtigung anfallender Zinsen zu **einem** Betrag zusammengefasst; da der Wert einer Zahlung vom Zeitpunkt abhängt, zu dem diese fällig ist, kann man sowohl den Rentenendwert als auch den Rentenbarwert berechnen
Riester-Rente	– im Jahr 2002 eingeführtes Rentenkonzept, benannt nach dem damaligen Bundesarbeitsminister Walter Riester; es soll die hierfür berechtigten Bürger motivieren, selbstständig für einen Teil ihres Alterseinkommens vorzusorgen; dabei erhalten Berechtigte bei Abschluss eines Riester-Produkts bei Versicherern, Banken oder Fondsanbietern staatliche Zuschüsse zu den geleisteten Beiträgen, die – je nach Familienstand – recht groß ausfallen können
Solvenzkapital	– benötigtes Vermögen eines Versicherers zu Jahresbeginn, um mit $99{,}5\,\%$ Wahrscheinlichkeit am Jahresende solvent zu sein
Spekulation	– auf die Gewinnerzielung aus der Differenz zwischen Kauf- und Verkaufspreis gerichtete Geschäftsstrategie

Spot Rate	– Zinssatz s_k bei Geldanlage oder -aufnahme von heute bis zum Zeitpunkt k; Spot Rates sind darstellbar mithilfe der Zinsstrukturkurve
Swap	– finanzielle Vereinbarung, bei der (im einfachsten Fall) variable gegen feste Zinsen zu tauschen sind
Termingeschäft	– Kauf, Tausch oder anderes Geschäft, das heute vereinbart wird, aber erst in der Zukunft zu erfüllen ist; bei einem unbedingten Termingeschäft müssen beide Partner die Vereinbarung erfüllen, bei einem bedingten Termingeschäft hat ein Partner ein Wahlrecht (Option)
Tilgungsrechnung	– Bestimmung der Zins- und Tilgungsbeträge für die Rückzahlung eines aufgenommenen Kapitalbetrages; die häufigste Tilgungsform ist die Annuitätentilgung
unterjährige Verzinsung	– Zinszahlungen erfolgen in kürzeren Zeitabständen als die vereinbarte Zinsperiode; Beispiel: jährlicher Zinssatz und monatliche Zinszahlungen
Volatilität	– Schwankung von Zeitreihen; Standardabweichung von Renditen
Wiederanlageprämisse	– bei der Berechnung der Rendite unterstellte Voraussetzung, die besagt, dass alle zwischenzeitlich erfolgenden Zahlungen zum Effektivzinssatz wiederanzulegen sind
Zeitwert	– vom betrachteten Zeitpunkt abhängiger Wert einer Zahlung
Zerobond	– Wertpapier ohne zwischenzeitliche Zinszahlungen; die anfallenden Zinsen werden zwar verrechnet, aber nicht ausgezahlt

Zertifikat	– Schuldverschreibung, deren Wertentwicklung von der anderer Finanzprodukte abhängig ist; es bietet die Möglichkeit, auch mit geringem Kapitaleinsatz in verschiedene Anlageklassen zu investieren; bei Insolvenz des Emittenten besteht das Risiko des Totalverlusts
Zinsperiode	– vereinbarter Zeitraum, für den Zinsen gezahlt werden; häufig (aber nicht ausschließlich) ein Jahr
Zinsstruktur-kurve	– spiegelt die Marktzinssätze in Abhängigkeit von der Laufzeit wider; typische Formen sind die normale, inverse und flache Zinsstruktur; Mischformen sind möglich
Zufallszahlen-generator	– Mechanismus zum Erzeugen von (meist gleichmäßig auf $[0,1]$ verteilten) Zufallszahlen; es kann sich hierbei um *echte* Zufallszahlen handeln, die mit Hilfe eines physischen Experiments (Münzwurf, Würfeln, ...) erzeugt werden oder aber durch einen deterministischen Algorithmus mit Hilfe eines Computers imitiert werden (im letzteren Fall spricht man von *Pseudozufallszahlen*)
Zufallsvariable	– funktionale Zuordnung von Zahlenwerten zu den Ausgängen eines Zufallsexperiments

Grundformeln

Endwertformel (einfache Zinsrechnung):

$$K_t = K_0 \cdot (1 + i \cdot t) \tag{1}$$

Barwertformel (einfache Zinsrechnung):

$$K_0 = \frac{K_t}{1 + i \cdot t} \tag{2}$$

Jahresersatzrate (vorschüssige Zahlung):

$$R^{\text{vor}} = r \cdot (12 + 6,5 \cdot i) \tag{3}$$

Jahresersatzrate (nachschüssige Zahlung):

$$R^{\text{nach}} = r \cdot (12 + 5,5 \cdot i) \tag{4}$$

Endwertformel der Zinseszinsrechnung:

$$K_t = K_0 \cdot (1 + i)^t \tag{5}$$

Barwertformel der Zinseszinsrechnung:

$$K_0 = \frac{K_t}{(1 + i)^t} \tag{6}$$

effektiver Jahreszinssatz:

$$i_{\text{eff}} = (1 + i_m)^m - 1 \tag{7}$$

äquivalenter unterjähriger Zinssatz:

$$i_m = \sqrt[m]{1 + i} - 1 \tag{8}$$

Endwertformel der stetigen Verzinsung:

$$K_t = K_0 \cdot \mathrm{e}^{it} \tag{9}$$

Endwertformel der Rentenrechnung (nachschüssig):

$$E_n^{\text{nach}} = R \cdot \frac{(1 + i)^n - 1}{i} \tag{10}$$

© Springer Fachmedien Wiesbaden GmbH, ein Teil von Springer Nature 2019
R. Korn und B. Luderer, *Mathe, Märkte und Millionen*,
https://doi.org/10.1007/978-3-658-23717-2

Barwertformel der
Rentenrechnung
(nachschüssig):

$$B_n^{\text{nach}} = R \cdot \frac{(1+i)^n - 1}{(1+i)^n \cdot i} \tag{11}$$

Endwertformel der
Rentenrechnung
(vorschüssig):

$$E_n^{\text{vor}} = R \cdot (1+i) \cdot \frac{(1+i)^n - 1}{i} \tag{12}$$

Barwertformel der
Rentenrechnung
(vorschüssig):

$$B_n^{\text{vor}} = R \cdot \frac{(1+i)^n - 1}{(1+i)^{n-1} \cdot i} \tag{13}$$

Barwert der ewigen
Rente (nach-
bzw. vorschüssig):

$$B = \frac{R}{i} \quad \text{bzw.} \quad B = \frac{R(1+i)}{i} \tag{14}$$

Annuität (Annui-
tätentilgung):

$$A = S_0 \cdot \frac{(1+i)^n \cdot i}{(1+i)^n - 1} \tag{15}$$

Laufzeit (Annui-
tätentilgung):

$$n = \frac{1}{\ln(1+i)} \cdot \ln \frac{A}{A - S_0 i} \tag{16}$$

Kursformel einer
Anleihe:

$$P = \frac{1}{(1+i)^n} \left[p \cdot \frac{(1+i)^n - 1}{i} + 100 \right] \tag{17}$$

Forward Rate:

$$f_k = \frac{(1 + s_{k+1})^{k+1}}{(1 + s_k)^k} - 1 \tag{18}$$

Swap Rate:

$$r_n = \frac{1 - d_n}{\sum_{j=1}^{n} d_j} \tag{19}$$

Black-Scholes- Formel:	$P_{\text{Call}} = P_{\text{Aktie}} \cdot \Phi(d_1) - S \cdot \mathrm{e}^{-iT} \cdot \Phi(d_2),$	(20)

$$d_1 = \frac{1}{\sigma\sqrt{T}}\left[\ln\frac{P_{\text{Aktie}}}{S} + T\left(i + \frac{1}{2}\sigma^2\right)\right],$$

$$d_2 = d_1 - \sigma\sqrt{T}$$

Erwartungswert (diskrete Zu- fallsvariablen):	$E(X) = \sum\limits_{j=1}^{\infty} x_j \cdot P(X = x_j)$	(21)

(bei endlich vielen Werten x_j wird
nur über diese summiert)

Erwartungswert (Zufallsvariablen mit Dichte):	$E(X) = \displaystyle\int_{-\infty}^{\infty} x \cdot f(x)\,\mathrm{d}x$	(22)
Varianz:	$Var(X) = E\left([X - E(X)]^2\right)$	(23)
Kovarianz:	$Cov(X, Y) = E\left[(X - E(X))(Y - E(Y))\right]$	(24)
Erwartungs- wert einer Summe:	$E(a_1 X_1 + \ldots + a_n X_n)$ $\quad = a_1 E(X_1) + \ldots + a_n E(X_n)$	(25)
Varianzregel 1 (Vielfaches):	$Var(aX) = a^2 \cdot Var(X)$	(26)
Varianzregel 2 (Summe):	$Var(X + Y) = Var(X) + Var(Y)$ $\quad\quad\quad + 2 \cdot Cov(X, Y)$	(27)
Varianzregel 3 (unabhängige Zufallsvariablen):	$Var\left(\sum\limits_{j=0}^{n} X_j\right) = \sum\limits_{j=0}^{n} Var(X_j)$	(28)

Literaturverzeichnis

[1] Adelmeyer, M., Warmuth, E.: *Finanzmathematik für Einsteiger. Von Anleihen über Aktien zu Optionen.* Vieweg + Teubner, Wiesbaden 2005

[2] Biermann, B.: *Die Mathematik von Zinsinstrumenten. Preise, Kennzahlen, Risikomanagement und Anwendung von Zinsinstrumenten in der modernen Investmentpraxis.* 2. Aufl., Oldenbourg Verlag, München 2002

[3] Cottin, C., Döhler, S.: *Risikoanalyse. Modellierung, Beurteilung und Management von Risiken mit Praxisbeispielen.* 2. Aufl., Springer Spektrum, Wiesbaden 2013

[4] Daume, P.: *Finanz- und Wirtschaftsmathematik im Unterricht. Bd. 1: Zinsen, Steuern und Aktien,* Springer Spektrum, Wiesbaden 2016

[5] Daume, P., Dennhard J.: *Finanz- und Wirtschaftsmathematik im Unterricht. Bd. 2: Optionen und Ökonomische Funktionen,* Springer Spektrum, Wiesbaden 2017

[6] Desmettre, S., Korn, R.: Moderne Methoden der Finanzmathematik – Theorie und praktische Anwendung. Bd. 2, Springer Spektrum, Wiesbaden 2018

[7] Grundmann, W., Luderer B.: *Finanzmathematik, Versicherungsmathematik, Wertpapieranalyse. Formeln und Begriffe.* 3. Aufl., Vieweg + Teubner, Wiesbaden 2009

[8] Hamacher, H., Korn, E., Korn, R., Schwarze, S.: *Mathe & Ökonomie – Neue Ideen für den praxisnahen Unterricht.* Universum Verlag, Wiesbaden 2004

[9] Heidorn, T., Schäffler, C.: *Finanzmathematik in der Bankpraxis. Vom Zins zur Option.* 7. Aufl., Springer Gabler, Wiesbaden 2016

[10] Henze, N.: *Stochastik für Einsteiger.* Vieweg Verlag, Wiesbaden 1997

© Springer Fachmedien Wiesbaden GmbH, ein Teil von Springer Nature 2019
R. Korn und B. Luderer, *Mathe, Märkte und Millionen,*
https://doi.org/10.1007/978-3-658-23717-2

[11] Higham, D.: *An Introduction to Financial Option Valuation: Mathematics, Stochastics and Computation.* Cambridge University Press, Cambridge 2004

[12] Hull, J. C.: *Optionen, Futures und andere Derivate.* 9. Aufl., Pearson Studium, München 2015

[13] Hull, J. C.: *Optionen, Futures und andere Derivate: Das Übungsbuch.* 9. Aufl., Pearson Studium, München 2015

[14] Korn, R.: *Moderne Methoden der Finanzmathematik – Theorie und praktische Anwendung*, Bd. 1. Springer Spektrum, Wiesbaden 2014

[15] Korn, R., Korn, E., Kroisandt, G.: *Monte Carlo Methods and Models in Finance and Insurance.* CRC-Press, Boca Raton (Florida) 2010

[16] Luderer, B.: *Starthilfe Finanzmathematik.* 4. Aufl., Springer Spektrum, Wiesbaden 2015

[17] Luderer, B.: *Facetten der Wirtschaftsmathematik. Eine unterhaltsame Einführung ganz ohne Formeln.* Springer Spektrum, Wiesbaden 2017

[18] Pfeifer, A.: *Finanzmathematik – Lehrbuch für Studium und Praxis. Mit Futures, Optionen, Swaps und anderen Derivaten.* 6. Aufl., Europa-Lehrmittel, Haan 2016

[19] Reitz, S.: *Mathematik in der modernen Finanzwelt. Derivate, Portfoliomodelle und Ratingverfahren.* Vieweg + Teubner, Wiesbaden 2011

[20] Steiner, P., Bruns, C., Stöckl, S.: *Wertpapiermanagement: Professionelle Wertpapieranalyse und Portfoliostrukturierung.* 11. Aufl., Schäffer-Poeschel, Stuttgart 2017

[21] Tietze, J.: *Einführung in die Finanzmathematik. Klassische Verfahren und neuere Entwicklungen.* 12. Aufl., Springer Spektrum, Wiesbaden 2014

[22] Uhlir, H., Steiner P.: *Wertpapieranalyse.* 4. Aufl., Physica-Verlag, Heidelberg 2001

[23] Wessler, M.: *Grundzüge der Finanzmathematik.* Pearson Studium, München 2013

[24] Zeidler, E. (Hrsg.): *Springer-Taschenbuch der Mathematik.* 3. Aufl., Springer Spektrum, Wiesbaden 2013

Sachwortverzeichnis

© Springer Fachmedien Wiesbaden GmbH, ein Teil von Springer Nature 2019
R. Korn und B. Luderer, *Mathe, Märkte und Millionen*,
https://doi.org/10.1007/978-3-658-23717-2